DIE NEUE BREHM-BÜCHEREI

648

Europäische Fledermäuse

Kennzeichen, Echoortung und Detektoranwendung

2., aktualisierte und erweiterte Auflage

Reinald Skiba

Die Neue Brehm-Bücherei Bd. 648
Westarp Wissenschaften · Hohenwarsleben · 2009

Mit 88 Abbildungen und 5 Farbtafeln

Titelbild: Nordfledermaus *Eptesicus nilssonii*. Foto: U. Hoffmeister. Darunter die Oszillogramme einer typischen Rufreihe dieser Art.

Weitere Fotos: Harvard University News Office, Cambridge (Abb. 4), I. Ahlén (Abb. 5). Alle übrigen Fotos und Grafiken vom Verfasser.

ISSN: 0138-1423
ISBN: 978-3-89432-907-5

Nachdruck der 2. Auflage von 2009

E-Mail: info@neuebrehm.de
Druck und Bindung: Klick-Verlag Media und Consulting GmbH, 14621 Schönwalde-Glien

Vorwort zur 2. Auflage

Unsere fortschreitende Zivilisation ist nicht nur ein Gewinn für die Lebensqualität des Menschen, sie hat auch bedeutende Beeinträchtigungen zur Folge. Eine dieser negativen Auswirkungen ist die Gefährdung der Vielfalt von Fauna und Flora durch die zwangsläufigen Lebensraumveränderungen. Rückgang und Aussterben vieler Pflanzen- und Tierarten sind so offenkundig, dass dadurch eine Sensibilisierung der Öffentlichkeit für Fragen des Landschafts- und Naturschutzes bewirkt wurde. Daher findet bei geplanten Umstrukturierungen unserer Landschaft, z.B. bei einem beabsichtigten Bau von Verkehrswegen und bei der Beratung von Flächennutzungsplänen, ein zähes Ringen zwischen gesellschaftlichen Kräften statt, die zivilisatorische Bedürfnisse zu erfüllen suchen, und solchen, die sich für den Erhalt einer natürlichen Fauna und Flora einsetzen. Leider wird dabei oft übersehen, dass Naturbelassenheit auch existentielle Grundlage des Menschen ist.

Die sensiblen Fledermäuse sind ein besonders geeignetes Beispiel dafür, wie Tierarten auf Veränderungen ihrer Umgebung reagieren. Um die Einflüsse auf den Bestand der einzelnen Fledermausarten qualitativ und quantitativ zu erkennen, bedarf es der Erforschung ihrer Lebensgrundlagen und ihrer Verbreitung. Bis vor wenigen Jahrzehnten war dies nur visuell möglich, z.B. in den Winterquartieren oder durch meist zufällige Funde im Sommerhalbjahr.

Mit Hilfe moderner Technik ist es seit einigen Jahren gelungen, den Ultraschall von Fledermäusen hörbar zu machen, dadurch zu erfassen, zu dokumentieren und zu analysieren. Auf diese Weise können viele Fledermausarten bei völliger Dunkelheit bestimmt und ihre Lebensgewohnheiten erkannt werden, ohne die einzelnen Individuen zu stören. Allerdings wird dabei oft unterschätzt, dass Detektorerfassung und Analyse des Ultraschalls von Fledermäusen spezifische Kenntnisse und Erfahrungen erfordern. Auch werden die Grenzen der Möglichkeiten der Artbestimmung nach Ultraschallrufen von Fledermäusen leicht übersehen. Zudem gibt es im Schrifttum widersprüchliche Angaben über das Ultraschallinventar einiger Fledermausarten.

Dieses Buch hat die Aufgabe, Möglichkeiten und Grenzen der Erfassung und Analyse des Ultraschalls von europäischen Fledermäusen praxisnah darzustellen. Zu diesem Thema soll auch das wesentliche im Schrifttum vorhandene Wissen zusammengefasst werden. Dadurch kann dem Anfänger und dem Fortgeschrittenen geholfen werden, mit Hilfe der Ultraschallaufnahmen auch verwertbare Ergebnisse über Vorkommen und Lebensgewohnheiten der Fledermäuse zu erhalten. Dabei wurde auf eine einfache und übersichtliche Darstellung der zum Teil sehr komplexen Materie Wert gelegt. Wer über das Leben der Fledermäuse mehr wissen will, dem seien die bisherigen bekannten Bücher, vor allem das vorzügliche neue Standardwerk von Dietz, v. Helversen & Nill (2007), empfohlen.

Der Zweck dieses Buches wäre erfüllt, wenn meine Ausführungen viele Naturfreunde dazu veranlassen würden, mit dem Detektor das heimliche Leben der Fledermäuse zu beobachten. Aus eigener Erfahrung weiß ich, dass solche Beobachtungen in schönen Sommernächten wundervolle Naturerlebnisse sein können. Wer sich darüber hinaus wissenschaftlich betätigen will, hat dazu ein weites Feld, da viele Fragen noch offen sind. Denn Wissenschaft lebt von der Suche nach Erkenntnis und auch vom Widerspruch. So soll dieses Buch nicht nur dazu anregen, bestehende Wissenslücken durch weitere Untersuchungen zu schließen, sondern auch die bisherigen Ergebnisse kritisch zu begutachten und erforderlichenfalls zu korrigieren.

Im Buch sind erhebliche Veränderungen vorgenommen worden. Einzelheiten dazu befinden sich auf der äußeren Umschlagseite. Bei der Vorbereitung der 2. Auflage unterstützten mich in technischen Fragen, bei den nächtlichen Aufnahmen von Ultraschall oder mit sonstigem Rat besonders: Prof. Dr. Ingemar Ahlén (Uppsala/S), Martin Biedermann (Schweina/D), Dorothea Barre (Meldorf/D), Irmgard Devrient (Holzwickede/D), Dr. Christian und Isabel Dietz (Horb/D), Dr. Joachim Haensel (Berlin/D), Uwe Hoffmeister (Schulzendorf/D), Gudrun Kolbe (Wuppertal/D), Bernd Ohlendorf (Stollberg/D), Engi Poulo (Azoren, Flores/P), Wolfgang Rackow (Osterode/D), Wolfgang Sauerbier (Bad Frankenhausen/D), Wigbert Schorcht (Walldorf/D), Dr. Ute Seifert (Föhr/D), Martin Starrach (Herford/D), Dr. Henning Vierhaus (Bad Sassendorf-Lohne/D), Ulrich Windhövel (Wuppertal/D), Reinhard Wohlgemuth (Holzwickede/D). Diesen und allen anderen Personen, die mir halfen, danke ich. Mein Dank gilt auch allen in- und ausländischen Forschern, deren Veröffentlichungen zum Gelingen dieses Buches beigetragen haben.

D-42111 Wuppertal, im Februar 2009 Reinald Skiba

Inhaltsverzeichnis

1	**Tipps für den Anfang**	**10**
2	**Aus dem Leben der Fledermäuse**	**14**
3	**Schutz der Fledermäuse**	**20**
4	**Die Echoortung der Fledermäuse**	**30**
4.1	Die Entdeckung der Echoortung von Fledermäusen	30
4.2	Physikalische Grundlagen der Echoortung von Fledermäusen	34
4.3	Ultraschallerzeugung und Gehör von Fledermäusen	40
4.4	Kennzeichen der Echoortung von Fledermäusen	43
4.5	Prinzipien und Leistungsvermögen der Echoortung von Fledermäusen	52
4.6	Sozialrufe von Fledermäusen	58
5	**Aufnahme- und Analysetechnik für den Ultraschall von Fledermäusen**	**61**
5.1	Aufnahmegeräte	61
5.2	Dokumentationsgeräte	66
5.3	Analysemöglichkeiten und -geräte	67
5.4	Ausrüstungserfordernisse	69
6	**Möglichkeiten der Fledermauserfassung durch Ultraschalldetektoren**	**72**
7	**Grenzen der Fledermauserfassung durch Ultraschalldetektoren**	**77**
8	**Kennzeichen und Ultraschallrufe**	**81**
8.1	Familie Flughunde – Pteropodidae	81
8.1.1	Nilflughund – *Rousettus aegyptiacus* (GEOFFROY 1810)	81

8.2 Familie Hufeisennasen – Rhinolophidae 83

8.2.1 Große Hufeisennase – *Rhinolophus ferrumequinum* (SCHREBER 1774) 84

8.2.2 Kleine Hufeisennase – *Rhinolophus hipposideros* (BECHSTEIN 1800) 87

8.2.3 Mittelmeer-Hufeisennase – *Rhinolophus euryale* (BLASIUS 1853) 90

8.2.4 Blasius-Hufeisennase – *Rhinolophus blasii* (PETERS 1866) 91

8.2.5 Mehely-Hufeisennase – *Rhinolophus mehelyi* (MATSCHIE 1901) 93

8.3 Familie Glattnasen – Vespertilionidae 94

8.3.1 Wasserfledermaus – *Myotis daubentonii* (KUHL 1819) 95

8.3.2 Langfußfledermaus – *Myotis capaccinii* (BONAPARTE 1837) 99

8.3.3 Teichfledermaus – *Myotis dasycneme* (BOIE 1825) 101

8.3.4 Große Bartfledermaus (= Brandtfledermaus) – *Myotis brandtii* (EVERSMANN 1845) 104

8.3.5 Kleine Bartfledermaus – *Myotis mystacinus* (KUHL 1817) 108

8.3.6 Nymphenfledermaus – *Myotis alcathoe* (HELVERSEN & HELLER 2001) 111

8.3.7 Wimperfledermaus – *Myotis emarginatus* (GEOFFROY 1806) 114

8.3.8 Fransenfledermaus – *Myotis nattereri* (KUHL 1818) 116

8.3.9 Bechsteinfledermaus – *Myotis bechsteinii* (KUHL 1818) 120

8.3.10 Großes Mausohr – *Myotis myotis* (BORKHAUSEN 1797) 122

8.3.11 Kleines Mausohr – *Myotis oxygnathus* (MONTICELLI 1885) 125

8.3.12 Punisches Mausohr – *Myotis punicus* (FELTEN 1977) 127

8.3.13 Großer Abendsegler – *Nyctalus noctula* (SCHREBER 1774) 129

8.3.14 Kleiner Abendsegler – *Nyctalus leisleri* (KUHL 1818) 135

8.3.15 Azoren-Abendsegler – *Nyctalus azoreum* (THOMAS 1901) 141

8.3.16 Riesenabendsegler – *Nyctalus lasiopterus* (SCHREBER 1780) 144

8.3.17 Breitflügelfledermaus – *Eptesicus serotinus* (SCHREBER 1774) 147

8.3.18 Küstenfledermaus – *Eptesicus anatolicus* (FELTEN 1971) 151

8.3.19 Nordfledermaus – *Eptesicus nilssonii* (Keyserling & Blasius 1839) 153

8.3.20 Zweifarbfledermaus – *Vespertilio murinus* (Linnaeus 1758) 156

8.3.21 Zwergfledermaus – *Pipistrellus pipistrellus* (Schreber 1774) 160

8.3.22 Mückenfledermaus – *Pipistrellus pygmaeus* (Leach 1825) 164

8.3.23 Madeira-Fledermaus – *Pipistrellus maderensis* (Dobson 1878) 169

8.3.24 Rauhautfledermaus – *Pipistrellus nathusii* (Keyserling & Blasius 1839) 171

8.3.25 Weißrandfledermaus – *Pipistrellus kuhlii* (Kuhl 1819) 175

8.3.26 Alpen-Fledermaus – *Hypsugo savii* (Bonaparte 1837) 178

8.3.27 Braunes Langohr – *Plecotus auritus* (Linnaeus 1758) 180

8.3.28 Alpen-Langohr – *Plecotus macrobullaris* (Kuzjakin 1965) 184

8.3.29 Kanaren-Langohr – *Plecotus teneriffae* (Barrett-Hamilton 1907) 185

8.3.30 Sardisches Langohr – *Plecotus sardus* (Mucedda, Kiefer, Pidinchedda & Veith 2002) 186

8.3.31 Graues Langohr – *Plecotus austriacus* (Fischer 1829) 186

8.3.32 Balkan-Langohr – *Plecotus kolombatovici* (Duliç 1980) 189

8.3.33 Mopsfledermaus – *Barbastella barbastellus* (Schreber 1774) 189

8.3.34 Langflügelfledermaus – *Miniopterus schreibersii* (Kuhl 1819) 193

8.4 Familie Bulldoggfledermäuse – Molossidae 196

8.4.1 Bulldoggfledermaus – *Tadarida teniotis* (Rafinesque 1814) 196

9 Bestimmungsschlüssel nach Ultraschall-Merkmalen 200

10 Körperbau einer Fledermaus 204

11 Artbestimmung von Fledermäusen durch Kot 205

12 Erklärung der Fachausdrücke 207

13 Literaturverzeichnis 210

14 Bezugsnachweise 215

15 Register 218

1 Tipps für den Anfang

Am Anfang dieses Buches möchte ich Sie ganz persönlich ansprechen: Vielleicht haben Sie bisher nur in der Abenddämmerung hin und wieder den geisterhaften Flug einer Fledermaus entdeckt, und nun besteht der Wunsch, sich mit diesen geheimnisvollen Tieren genauer zu befassen. Sie wissen schon, dass sich Fledermäuse mit Hilfe des vom Menschen nicht hörbaren Ultraschalls orientieren und dass es besondere technische Geräte gibt, mit denen dieser Ultraschall hörbar gemacht werden kann. Sie haben zwar Interesse daran, mit Hilfe dieser Ultraschalldetektoren (Batdetektoren) das Orten der Fledermäuse bei völliger Dunkelheit zu hören, aber Sie besitzen keine Kenntnisse, wie Sie dabei vorgehen müssen. Außerdem möchten Sie dafür möglichst wenig Geld ausgeben.

Ohne einen Ultraschalldetektor geht es leider nicht. Erfahrungsgemäß genügt es, sich einen einfachen Detektor zu kaufen, der nach dem Mischverfahren (= Heterodyne-Verfahren) arbeitet. Die billigsten ausreichend funktionierenden Detektoren kosten etwa 100-150 Euro (Kap. 14). Auch besteht bei einigen naturkundlichen Arbeitsgemeinschaften und Organisationen die Möglichkeit, sich einen solchen Detektor zu entleihen. Weiterhin brauchen Sie Batterien für den Detektor und einen einfachen Kopf- oder Ohrhörer. Auch eine lichtstarke Taschenlampe mit Fokussiermöglichkeit ist empfehlenswert (Kap. 14).

Dann gehen Sie an einem warmen und möglichst windstillen Abend mit dem Gerät an den Rand eines Sees bzw. nicht zu kleinen Teiches oder träge fließenden Flusses. Die unmittelbar über der Wasseroberfläche jagenden Wasserfledermäuse lassen sich gut mit dem Strahl einer lichtstarken Lampe verfolgen. In der Regel reagieren die Fledermäuse nicht oder nur schwach auf Taschenlampenlicht. Auch Zwergfledermaus und Großer Abendsegler finden sich regelmäßig an diesen Gewässern ein. Falls solche Biotope fehlen, sind Waldränder, Alleen und breite Forstwege auch geeignete Örtlichkeiten. Oft halten sich Fledermäuse auch in den Randlagen von Siedlungen an Straßenlampen auf, an denen sie die zum Lampenlicht fliegenden Insekten wegfangen. Besonders geeignet sind Leuchten, in

Abb. 1: Ruhige Teiche und Seen mit üppiger Randvegetation sind ideale Örtlichkeiten zum nächtlichen Beobachten von Fledermäusen.

denen Quecksilberdampf-Lampen weißes, Ultraviolett enthaltendes Licht abstrahlen. Auch Quarzlampen werden gerne aufgesucht. Das Licht zieht Insekten stärker an als die gelben Natrium-Lampen. In der Regel ist dann mit zunehmender Dämmerung mit Hilfe des Ultraschalldetektors das »Geknatter« der Ortungsrufe der Fledermäuse zu hören, und manchmal können sie auch gegen den noch nicht völlig dunklen Abendhimmel erkannt werden. Bei einer Frequenzeinstellung auf 20 kHz (Erklärung von kHz in Kap. 12) handelt es sich oft um den Großen Abendsegler, bei 27 kHz um die Breitflügelfledermaus und bei 45 kHz um die Zwergfledermaus oder auf Wasseroberflächen um die Wasserfledermaus, um einige der in Mitteleuropa häufigsten Fledermausarten zu nennen. Im Spätsommer sind auch bei verschiedenen Frequenzeinstellungen Ultraschallrufe von Heuschrecken zu hören, von denen einige sich mit Fledermausrufen verwechseln lassen.

Sie werden bald merken, dass die Rufe der einzelnen Arten nach Rhythmus, Frequenz, Tonqualität (trockentonal oder klangvoll), Lautstärke und Häufigkeit (Rufe/s) voneinander abweichen. Wenn Sie sich auch mit der Artbestimmung befassen wollen, empfehle ich, die durch den Detektor hörbar gemachten Rufe mit Hilfe eines Verbindungskabels auf einem Tonträger zu dokumentieren, z.B. einem Rekorder, Walkman oder einem Diktiergerät. Beispielsweise kann ein Diktiergerät nachts auch so eingesetzt werden, dass der Ton nur dann aufgenommen wird, wenn Fledermausrufe durch den Ultraschalldetektor hörbar sind. Sie können dabei eine Nacht schlafen und am folgenden Tag mit dem Tonträger prüfen, welche Fledermäuse vorbei geflogen sind. Alle Begleitumstände der Feststellungen von Fledermäusen sollten Sie immer notieren, vor allem Zeitpunkt, Wetter, Ortslage. Ihre akustischen Dokumentationen können Sie sich zu Hause nochmals in Ruhe anhören und vor allem mit käuflichen Referenzaufnahmen vergleichen (Adressen in Kap. 14).

Abb. 2: Typischer, von Fledermäusen für die Insektenjagd bevorzugter Lampenmast mit Quecksilberdampf-Lampen.

Wenn Sie dann nach einigem Üben in der Lage sind, die vorbeifliegenden Fledermäuse nach ihren Rufen in Gattungen und Gruppen sowie unter günstigen Umständen nach ihrer Art einzuordnen, haben Sie bereits die erste Stufe des Erwerbs von Fachkenntnissen über den Ultraschall von Fledermäusen erreicht. Für das faszinierende Erlebnis, in die Welt der Fledermäuse auch bei völliger Dunkelheit einzudringen, genügt dies.

Auch ich habe vor vielen Jahren so angefangen. Ich finde es auch heute noch faszinierend, beispielsweise von Wasserfledermäusen bei ihren Flügen auf einem Teich mit dem Detektor die an- und abschwellenden Rufe zu hören und mit Hilfe einer starken Taschenlampe zu sehen, wie die kreisenden Tiere dicht über dem Wasserspiegel wie Elfen »tanzen«. Für diese Erlebnisse andere Menschen, vor allem Kinder und Jugendliche, zu begeistern, ist eine gute Möglichkeit, Verständnis für die Natur und deren Schutz zu wecken. Das beweisen die Erfahrungen der Naturschutzorganisationen und die steigende Zahl derer, die sich mit Fledermäusen befassen und sie zu schützen versuchen. Dabei ist es keinesfalls notwendig und auch nicht immer möglich, in jedem Fall eine Artbestimmung vorzunehmen. Vielleicht ist auch bereits bekannt, um welche Art es sich handelt, z.B. beim Ausflug aus einer Wochenstube oder aus sonstigen Quartieren. Im Übrigen kann jeder getrost die speziellen Erläuterungen in Kap. 4.2-7 überschlagen und sich stattdessen dem Abschnitt 8 widmen.

Die bisherigen Ergebnisse haben jedoch gezeigt, dass Naturwissenschaftler und PC-Benutzer wissen möchten, wie am einfachsten Rufdarstellungen in Skizzen im DIN A4-Format, wie z.B. in Kap. 8, hergestellt werden können. Dafür empfehle ich die Verwendung von Ultraschallgeräten mit Zeitdehnverfahren (Kap. 5.1 und 5.4; Geräte Kap. 14). Die Rufe der Fledermäuse werden als Ultraschall digital gespeichert und anschließend zehnfach gedehnt in hörbaren Schall verwandelt. Die Ergebnisse werden von einer Analyse-Software (Kap. 14) übernommen, bearbeitet und vom PC mittels Monitor und Drucker fertiggestellt. Vor dem Kauf aller dieser Apparate empfiehlt es sich zu überlegen, welche einzelnen Geräte sinnvoll sind und ob eine »Horchbox« (Kap. 5.4 und 14) benutzt werden soll. In Abb. 3 werden beispielsweise von mitteleuropäischen Fledermäusen solche möglichen typischen Skizzen vorgestellt.

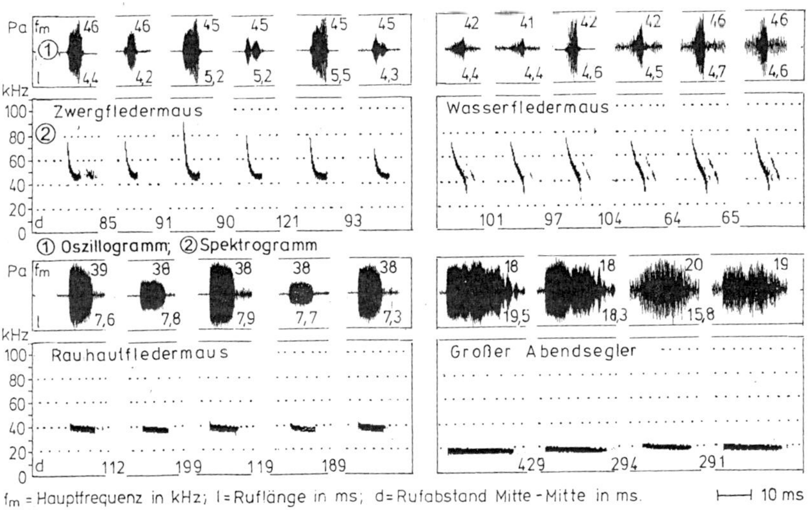

Abb. 3: Mit dem Ultraschalldetektor mittels Zeitdehnverfahren nachgewiesene Fledermäuse. 6.9.2003, Wuppertal/D.

2 Aus dem Leben der Fledermäuse

Evolution und Systematik

Systematisch gehört die Ordnung der Fledertiere (Chiroptera, aus dem Griechischen »Handflügler«; Cheir = Hand, Pteron = Flügel) zu der Klasse der Säugetiere, von denen in der Welt etwa 4500 Arten existieren. Die Ordnung der Fledertiere mit etwa 950 Arten umfasst die Unterordnungen Flederhunde – Megachiroptera mit etwa 170 Arten und Fledermäuse – Microchiroptera mit etwa 800 Arten. Beide Unterordnungen umfassen insgesamt 17 Familien. In Europa wurden bisher – von Irrgästen abgesehen – 41 Fledermausarten nachgewiesen, die den Familien der Flughunde – Pteropodidae, Hufeisennasen – Rhinolophidae, Glattnasen – Vespertilionidae und Bulldoggfledermäusen – Molossidae angehören.

Mehrere Fledermausarten sind erdgeschichtlich bereits vor etwa 50 Millionen Jahren im Wesentlichen in ihrer heutigen Gestalt durch fossile Funde nachgewiesen, z.B. in Europa in den tertiären (mittleres Eozän) Ölschiefern der Grube Messel bei Darmstadt/D. Die vorausgegangenen einzelnen Entwicklungsstufen konnten bisher wissenschaftlich nicht eindeutig belegt werden, doch haben sich Fledermäuse wahrscheinlich in den vergangenen erdgeschichtlichen Perioden des Mesozoikums aus baumbewohnenden Urinsektenfressern entwickelt. Mit der Zeit haben sich die Arme mit ihren Fingern zu Flügeln umgebildet, die die Tiere zunächst zu insektenfangenden Gleitflügen und später zum selbständigen Fliegen befähigten. Dabei muss sich die Echoortung mit Hilfe von Ultraschall allmählich ausgebildet haben. Mageninhalt und Gehörform der fossilen Funde in Messel haben ergeben, dass die Fledermäuse seinerzeit bereits über ein Ultraschall-Echoortungssystem verfügten. Dadurch wurden Fledermäuse befähigt, sich auch bei Nacht zu orientieren und Insekten oder andere Nahrung zu erkennen. Auf diese Art und Weise füllen die nachtaktiven Fledermäuse heute eine nahrungsreiche, fast konkurrenzlose und gefahrenarme ökologische Nische aus. In Europa besteht die Nahrung nahezu ausschließlich aus Insekten. Außereuropäisch gibt es auch Fledermäuse, die sich von Früchten, Blütenstaub, Fischen, Fröschen oder auch dem Blut von Tieren (Vampire) ernähren. Ausnahmsweise gehen Fledermäuse auch regelmäßig am Tage auf Insektenjagd, z.B. auf den Azoren der Azoren-Abendsegler (*Nyctalus azoreum*).

Das Fledertier mit dem geringsten Gewicht hat den Namen Hummelfledermaus – *Craseonycteris thonglongyai* und wurde erst 1973 in Thailand entdeckt. Die Art wiegt nur 2 g. Unter den Säugetieren wird dieses Gewichtsminimum nur noch von der Etruskerspitzmaus – *Suncus etruscus* erreicht. In Europa sind Mücken- und Nymphenfledermaus mit einer Flügelspannweite von etwa 20 cm und einem Gewicht von etwa 4-5 g die kleinsten Fledermäuse. Die größten Fledertiere der Welt sind die Flughunde, die Flügelspannweiten bis zu etwa 150 cm bei einem Gewicht von etwa 1 kg erreichen (Fruchtfressender Kalong – *Pteropus vampyrus*). In Europa ist der südlich beheimatete Riesenabendsegler mit einer Flügelspannweite von etwa 44 cm und einem Gewicht von etwa 50 g die größte Fledermaus.

Ruhestadien

Fledermäuse können ihre Körpertemperatur regulieren. Im Ruhestadium gleichen sie aus Gründen der Energieersparnis ihre Körpertemperatur der Außentemperatur an. Dies ist sowohl in den sommerlichen Tagesverstecken wie auch in den Winterquartieren der Fall, in denen dann nur noch vereinzelte Pulsschläge erfolgen und die Körpertemperatur sich bis auf wenige °C erniedrigt. Nur durch die dadurch bewirkte Verlangsamung des Stoffwechsels ist es möglich, dass die Tiere im Sommer Schlechtwetterperioden und den Winter ohne Nahrung überstehen können. Die Überwinterung erfolgt in Höhlen, abgeworfenen Bergwerksstollen, Schächten, Kammern in Talsperren und Autobahnbrücken, Kellern, Brunnen, an Hauskaminen, hinter Fassaden oder in gut wärmeisolierten Baumhöhlen, aber auch in Felsspalten, Holzstapeln und im Steinschotter. Die Fledermäuse verkriechen sich dabei gerne in Rissen und Spalten, hängen sich aber auch einzeln oder in energiesparenden Clustern mit dem Kopf nach unten an Decken und Wänden auf. Jede Art hat hinsichtlich des örtlichen Klimas (Temperatur, Feuchtigkeit, Luftgeschwindigkeit) ihre besonderen Ansprüche. Zum Beispiel bevorzugen Nordfledermaus und Mopsfledermaus sowie Braunes Langohr Kaltzonen an Quartiereingängen. Mausohren, Fransenfledermaus und Wasserfledermaus haben es lieber etwas wärmer und halten sich gerne in Zonen mit hoher Luftfeuchtigkeit und einer Temperatur von mindestens 8° C auf. Der Einflug erfolgt je nach klimatischem Umfeld, augenblicklichen Wetterverhältnissen und Art in Mitteleuropa von Ende September bis Dezember. Im März und April verlassen unsere heimischen Fledermäuse wieder ihre Winterquartiere. Auch kann beobachtet werden,

Farbtafel 1

Großer Abendsegler vor seinem Übertagungsquartier.

dass Fledermäuse manchmal an warmen Wintertagen selbst im Januar auf Insektenjagd gehen. Dies gilt besonders für Bulldoggfledermaus, Großen Abendsegler, Braunes Langohr, Zwergfledermaus und Wasserfledermaus.

Fortpflanzung

Fledermäuse gehören zu den Säugetieren. Die Paarung erfolgt in der Regel im Spätsommer und Herbst. Für die Paarung besetzen die Männchen Paarungsreviere, die sie ständig befliegen, oder Paarungsquartiere. Von dort aus verfolgen sie Weibchen oder locken sie in ihre Quartiere, um sie zu begatten. Ständige Revierflüge sind im Herbst beispielsweise von Zwergfledermaus und Zweifarbfledermaus mit dem Ultraschalldetektor nachweisbar. Die Kopula mit paarungswilligen Weibchen erfolgt dann nicht im Flug, sondern an geeigneten Örtlichkeiten wie Baumstämmen, Häuserwänden usw. Dagegen rufen die Männchen der Abendseglerarten und der Rauhautfledermaus an Eingängen ihrer Paarungsquartiere, z.B. Baumhöhlen und Häuserspalten, Fledermaus- und Vogelnistkästen, wo man sie lautstark und typisch mit dem Ultraschalldetektor hören kann. Bei Kontrollen konnte festgestellt werden, dass sich in solchen Quartieren oft mehrere Weibchen und nur ein Männchen befanden. Auch ist erwiesen, dass die Weibchen zumindest teilweise mehrere Männchenquartiere aufsuchen. Sommernachweise der Männchen von Großem Abendsegler, Rauhautfledermaus und Zweifarbfledermaus in Gegenden, in denen keine Wochenstuben der Weibchen festgestellt wurden, deuten darauf hin, dass die Männchen dieser Arten im Frühjahr teilweise nicht in die nordöstlich gelegenen Reproduktionsgebiete ziehen. Sie halten sich vielmehr südwestlicher auf, um dort die Weibchen im Spätsommer und Herbst auf dem Zug in die Überwinterungsgebiete zur Begattung »abzufangen«. Aus demselben Grund scheinen auch die Männchen einiger Arten eher als die Weibchen zu den Überwinterungsgebieten zu ziehen. Die Kopula kann bis zum Frühjahr hin außerdem in den Überwinterungsquartieren stattfinden. So konnte ich wiederholt beobachten, dass eine männliche Wasserfledermaus in einem Stollen ein schlafendes Weibchen weckte und es begattete. Die Spermien der Männchen ruhen im Winter im Körper (Gebärmutter) des Weibchens. Eisprung und Befruchtung der Eizelle erfolgen erst im Frühjahr.

Fledermäuse bringen in Europa jährlich ein oder selten zwei Junge zur Welt, Langstreckenzieher bekommen wegen ihrer besonderen Gefährdung und entsprechend höheren Todesrate oft zwei Jungtiere. Die Jungen werden in Weibchenkolonien, sogenannten Wochenstuben, geboren und gesäugt. Diese Wochenstuben sind ab Mai voll besetzt. Sie befinden sich an versteckten Plätzen vorwiegend auf Dachböden, zwischen Dachsparren, hinter Fassaden und Fensterläden, an Kaminen, in Baumhöhlen, Fledermauskästen und künstlichen Vogelnisthöhlen, aber auch in Kellern und in Südeuropa in natürlichen Felshöhlen. Jede Fledermaus hat dabei ihre spezifischen Ansprüche. Im Juni oder Juli werden die Jungen geboren. Sie werden in 3-5 Wochen flügge und dann von den Müttern zur Insektenjagd angelernt. Die jährlich geringe Jungenzahl wird durch ein verhältnismäßig hohes Alter von etwa 10-30 Jahren ausgeglichen. Als bisher älteste Fledermaus Europas wurde ein Kleines Mausohr in der Schweiz nachgewiesen. Das Tier wurde 1999 im Dachgewölbe einer Kirche entdeckt, wo es vor 33 Jahren beringt wurde (Mitteilungsblatt der BAG Fledermausschutz 1999 (4):12). Nach dem Flüggewerden der Jungen lösen sich die Wochenstuben im Juli und August auf. Auch die Männchen bilden im Sommer vielfach Kolonien oder suchen am Tage Einzelverstecke auf.

Wanderungen und Schwärmen

Sommer- und Winterquartiere können bei ortstreuen Fledermäusen in unmittelbarer Nähe liegen oder auch dieselbe Örtlichkeit sein. Einige wandernde Fledermausarten legen jedoch regelmäßig große Strecken über 1000 km im Frühjahr und Herbst zurück. Dazu gehören vor allem Großer Abendsegler, Kleiner Abendsegler, Zweifarbfledermaus und Rauhautfledermaus (Langstreckenzieher). Sie überqueren dabei auch Nord- und Ostsee sowie das Mittelmeer, wie eigene Beobachtungen beweisen. Andere Arten, z.B. Wasser- und Teichfledermaus, ziehen lediglich aus der Ebene in die nächstgelegenen, geeigneten Winterquartiere des Berg- und Hügellandes. Die Entfernungen liegen oft zwischen 100 km und 300 km. Nicht selten werden dabei auch Zwischenquartiere benutzt und die eigentlichen Winterquartiere erst bei Frostbeginn bezogen. Auch sind die zurückgelegten Entfernungen individuell sehr unterschiedlich. Jungtiere von ansonsten ortstreuen Arten können manchmal weit umherstreifen, bis sie sesshaft werden, z.B. Zwergfledermaus und Nordfledermaus. Alttiere neigen oft zu Ortstreue und benutzen im Sommer wie im Winter dieselben Quartiere. Derartiges Verhalten und Wanderungen wurden durch Beringungen nachgewiesen, wobei der Ring mit dem Namen der Beringerzentrale und einer Zahl der Fledermaus an den Oberarm geklemmt wird. Eigene Feststellungen mit dem Ultraschalldetektor lassen vermuten, dass auch andere Arten teilweise lange Strecken zwischen Winter- und Sommerquartier zurücklegen, z.B. Breitflügelfledermaus und Zwergfledermaus. Das Wanderverhalten und die Art der Orientierung, z.B. durch erdmagnetische Felder, lassen noch viele Fragen offen.

Oft werden auch »schwärmende« Fledermäuse vor allem an Höhlen, Tunneln, Brunnen, Häusern und Kirchen beobachtet. Meist sind es zahlreiche Tiere, manchmal ist es aber auch nur eine einzelne Fledermaus. Sie fliegen an einem Ort längere Zeit hin und her. Dabei sind Ort und Zeitpunkt sehr unterschiedlich. Viele der schwärmenden Tiere zeigen soziales Verhalten. Gründe sind: Beginn und Ende des Fluges nach der Jagd am Quartier, Kontaktaufnahme am Wochenstubenquartier, Suche nach geeignetem Winterquartier, Verhaltenshilfe für Jungtiere, Kontakt am Balz- und Paarungsrevier.

3 Schutz der Fledermäuse

Situation

Einschneidende Lebensraumveränderungen und die Verwendung von Pestiziden – Fungiziden gegen Pilze, Herbiziden gegen Unkräuter und Insektiziden gegen Insekten – haben die Zahl und Artenvielfalt der Fledermäuse in den letzten Jahrzehnten wesentlich reduziert. Die Kleine Hufeisennase ist beispielsweise deswegen vielerorts in Europa ausgestorben und hat ihre nördliche Verbreitungsgrenze nach Süden verlegt. In vielen Mausohrkolonien ist der Bestand wesentlich zurückgegangen, andere Vorkommen sind ganz erloschen. Mopsfledermäuse sind aus ganzen Landstrichen verschwunden. Auch die Bestände der Breitflügelfledermaus haben sich vielerorts reduziert. Durch die Weiterentwicklung der Zivilisation drohen weitere Gefahren: So darf die Zahl der verunglückten Fledermäuse durch den Verkehr (Stratmann, B. 2006), durch Windenergieanlagen (Dürr 2002, Trapp et al. 2002, Skiba 2007), bei der Quartiersuche durch Hohlraumfallen mit glatten Wänden (Rackow 1990) und durch Stacheldraht (Hinkel & Rackow 1994) nicht unterschätzt werden. Durch das Verbot der Verwendung von DDT (in Deutschland seit 1975) wurde bei einigen Fledermausarten eine weitere Reduzierung verhindert. Seitdem haben sich die Bestände, z.B. des Mausohrs und der Mopsfledermaus, wieder leicht erholt. Fledermausarten, die infolge ihrer Lebensweise nicht so stark schädigenden Einflüssen ausgesetzt waren, haben ihre Bestände auch in etwa erhalten können. Dazu gehören Wasserfledermaus und Nordfledermaus. Bei der Zwergfledermaus ist die Entwicklung gebietsweise unterschiedlich. Sie hat in Gebieten mit intensiver Landwirtschaft und in einigen Großstädten abgenommen. Anderseits ist in den letzten Jahren besonders in ländlichen Gegenden eine Zunahme festzustellen. Die alten Bestände, wie sie im vergangenen Jahrhundert vorhanden waren, wurden jedoch nicht wieder erreicht. Alle Fledermausarten – eine Ausnahme bilden zur Zeit Zwergfledermaus und Wasserfledermaus – sind in ihren Beständen bedroht und gebietsweise bereits ausgestorben. Darum bedürfen Fledermäuse unseres besonderen Schutzes.

Was können wir tun? Fledermäuse benötigen drei Dinge: Insektenreiche Nahrungsgründe, geeignete Sommerquartiere (Tages-, Wochenstuben- und Paarungsquartiere) und Winterquartiere, die für die meisten Arten frostfrei sein müssen.

Nahrungsgründe

Die Mehrzahl der Fledermausarten jagt gerne in Feuchtgebieten, insbesondere an Teichen und Seen mit vegetationsreichen Randzonen, an denen sich viele Insekten aufhalten. Einige Arten, vor allem die Zivilisationsfolger wie Zwergfledermaus und Breitflügelfledermaus, bevorzugen eine strukturreiche Landschaft. Waldfledermäuse, z.B. Bechsteinfledermaus, Großer und Kleiner Abendsegler, halten sich gerne in, über oder am Rande von Wäldern mit alten Bäumen auf. Einzelbäume und Baumalleen in Siedlungsbereichen werden von einigen Arten ebenfalls gerne beflogen. Insgesamt gelten alle Gebiete, die naturbelassen und insektenreich sind, als fördernd für Fledermausbestände. Solche Biotope müssen also erhalten oder neu angelegt werden. Dazu gehören auch Hecken, Bäume und sonstige Gehölze in Dörfern, Städten und in der Landschaft.

Auch ultraviolettes Licht abstrahlende Quecksilberdampflampen (HQL oder ähnliche Lampen mit UV-A 315-380 nm Wellenlänge), die gerne als Straßenbeleuchtung benutzt werden, und Quarzlampen für Sportplätze oder Industrieanlagen, die durch ihr Licht Insekten anziehen, können sich durch großes Nahrungsangebot bestandsfördernd auswirken, wie beispielsweise deutlich an der Nordfledermaus erkennbar ist. Andererseits ist es natürlich fraglich, ob HQL- und Quarzlampen insgesamt den Naturschutz fördern, weil sich an ihnen große Mengen auch seltener Nachtfalter sammeln, die nicht nur von Fledermäusen gefangen werden, sondern auch an den Lampen zu Schaden kommen.

Der Nahrungsbedarf von Fledermäusen beträgt je Jagdnacht etwa ¼ bis ⅓ des Körpergewichtes. So benötigen Abendsegler 10-15 g Insektennahrung je Nacht. Rechnet man bei der Wasserfledermaus den Bedarf auf das Gewicht der Beute um, so muss sie vom Frühjahr bis zum Herbst etwa 80.000 Insekten, vorwiegend Zuckmücken, fangen.

Sommerquartiere und Wochenstuben

Jede Fledermausart hat ihre besonderen Ansprüche an Sommerquartiere, insbesondere an solche, in denen die Weibchen ihre Jungen zur Welt bringen (Wochenstuben). Für viele Arten sind Baumhöhlen als Tages-,

Balz- und Wochenstubenquartiere von existentieller Bedeutung. Altholz mit natürlichen Baumhöhlen begünstigt die Vorkommen der Waldfledermäuse. Solche oft kommerziell nicht verwertbaren Bäume müssen erhalten bleiben. Spezielle Fledermauskästen können die Bestände erhöhen. Sie dienen den Fledermäusen im Sommer nicht nur als Tagesquartiere, in ihnen wurden auch Wochenstuben nachgewiesen. Rauhautfledermaus, Kleiner und Großer Abendsegler benutzen Fledermauskästen im Herbst auch als Balzquartiere. Es hat sich gezeigt, dass Brutkästen für Vögel außerhalb der Brutsaison ebenfalls gerne als Tages- und Balzquartiere von Fledermäusen benutzt werden.

Zivilisationsfolgende Fledermausarten bevorzugen Dachböden von Häusern, Kirchen und historischen Gebäuden als Tages- und Wochenstubenquartiere. Mausohren hängen beispielsweise gerne kopfunter in den Nischen von Dachböden und benutzen für An- und Abflug entsprechende Öffnungen, z.B. Dachluken, Lüftungsziegel oder besonders eingebaute Fledermausziegel, die eine Öffnung zum Durchkriechen besitzen. Nord- und Breitflügelfledermaus suchen sich oft Spalten in der Nähe von Kaminen als Verstecke aus. Zwergfledermäuse kriechen häufig hinter verkleidete Fassaden, wobei sie auch Neubauten und niedrige Garagen nicht meiden. Wir müssen alle diese Möglichkeiten des Aufenthalts von Fledermäusen erhalten und künstlich erweitern, z.B. durch Fledermauskästen (Kap. 14). Außerdem ist darauf zu achten, dass unschädliche Holzschutzmittel verwendet werden (Straube 1996).

Winterquartiere

Hinsichtlich der Winterquartiere sind die Ansprüche der Fledermausarten ebenfalls sehr unterschiedlich. Gut wärmeisolierende Höhlen alter Bäume sind beispielsweise für den Abendsegler zum Überleben im Winter von erheblicher Bedeutung. Es ist wichtig, solche alten Bäume nicht zu fällen. Frostfreie Keller, Höhlen und alte Grubenbaue für überwinternde Fledermäuse müssen besonders geschützt sein. Derartige Quartiere sind möglichst so zu verschließen, dass zwar die Fledermäuse ein- und ausfliegen können, Menschen und Raubzeug jedoch keinen Zutritt haben. Auch die in frostsicheren Bereichen von Häusern, z.B. in der Nähe von Kaminen oder hinter Fassaden überwinternden Fledermäuse, bedürfen unseres Schutzes. In der Regel wissen die dort wohnenden Menschen überhaupt nicht, dass sie solche Untermieter beherbergen. Werden die überwinternden Fledermäuse z.B. bei Renovierungsarbeiten freigelegt, so können sie bei geeigneter Witterung selbständig andere Quartiere aufsuchen. Bei Temperaturen unter etwa 0° C bedürfen die aus der Winterlethargie erwachten Fledermäuse jedoch unserer Pflege.

Farbtafel 2

Zweifarbfledermaus vor ihrem Übertagungsquartier

Farbtafel 3

Zwei überwinternde Nordfledermäuse in »Tuchfühlung«.

Pflege und Aufzucht von verunglückten Fledermäusen

Werden Fledermäuse verletzt oder erschöpft aufgefunden, so müssen diese sachkundigen Fledermauskundlern übergeben oder selbst gesund gepflegt werden, soweit dies möglich ist. Erfahrungsgemäß haben solche Fledermäuse zunächst Bedarf an Wasser, das sie gerne von einem flachen Teller auflecken. Als Futter haben sich Mehlkäferlarven bewährt, die in jedem Zoogeschäft zu erhalten sind und zunächst mit einer Pinzette verabreicht werden müssen. Bei längeren Pflegezeiten sind schwache Dosen Vitamine und Mineralien zuzugeben. Auch laktosereduzierte Katzenmilch aus der Drogerie hat sich bewährt. Sobald solche Fledermäuse wieder bei Kräften sind bzw. entsprechend zugenommen haben und Witterung sowie Temperatur geeignet sind, sollen sie in die Freiheit entlassen werden, und zwar am besten am Fundort, weil sie dort die Umgebung und damit Quartiere kennen.

Viele Fledermäuse verenden erfahrungsgemäß trotz sachgerechter Pflege, weil sie durch schädigende Chemikalien, z.B. Holzschutzmittel auf Dachböden oder Pestizide in der Landwirtschaft, vergiftet sind oder Parasiten im Körper besitzen. Auch äußere Parasiten können Fledermäusen sehr zu schaffen machen.

Unter Wochenstuben liegen häufig heruntergefallene Junge. Wenn es irgendwie möglich ist, müssen sie in die Kolonie zurückbefördert werden. Die Mutter findet das Junge dort sicher. Auch hat sich bewährt, das Junge in der Abenddämmerung auf einen Stein oder eine Erhöhung in eine flache Schüssel zu legen. In der Abenddämmerung wird das rufende Jungtier von der Mutter weggeholt. Allerdings muss sehr darauf geachtet werden, dass Katze, Ratte, Eichhörnchen, Elster oder Rabenkrähe nicht eher dort sind. Ist ein Großziehen unvermeidbar, so werden die Jungtiere mit ungezuckerter, möglichst fetter (10%) Kondensmilch ernährt, die mit Pipetten bzw. Einweg-Injektionsspritzen verabreicht wird. Bewährt hat sich eine Zusammensetzung von zwei Teilen Kondensmilch mit einem Teil Wasser, anfänglich alle zwei Stunden verabreicht. Besonders zu beachten ist, dass Jungtiere in den ersten zwei Wochen noch nicht ihre Körpertemperatur regulieren können, also warm gehalten werden müssen. Der Versuch des Großziehens eines Fledermausjungen darf nur erfolgen, wenn alle Möglichkeiten zur Rückführung in die Kolonie erschöpft sind, weil die Handaufzucht häufig nicht gelingt. Außerdem zeigen handaufgezogene Fledermäuse später oft anormales Verhalten und lassen sich nur schwer auswildern. Gute Anleitungen und viele Anregungen für die Pflege und Aufzucht von Fledermäusen befinden sich im »Fledermausbrevier« von Gebhard (1998).

Aufgefundene Fledermäuse, die abnormes Verhalten zeigen, z.B. Aggressivität oder Lähmungserscheinungen, können an Tollwut erkrankt sein. Von 1954-2005 wurden in Europa 780 (Müller & Freuling 2006) Fälle von Tollwut bei Fledermäusen festgestellt, vor allem in Dänemark, Norddeutschland und den Niederlanden, und zwar bevorzugt bei der Breitflügelfledermaus. Es handelt sich bei Fledermäusen um ein Virus, das nicht mit den bis heute bekannten Tollwutviren identisch ist und als Europäischer Fledermaus-Tollwutvirus – European Bat Lyssavirus (EBLV) bezeichnet wird. Die Übertragung auf den Menschen erfolgt in der Regel durch Biss, der tödliche Folgen haben kann. Bisher sind in Europa nur vier von einer Fledermaus übertragene Tollwutfälle beim Menschen bekannt geworden. Gestorben ist bisher in Europa nur ein Schotte im November 2002 (Marek 2005). Besitzer von Fledermausquartieren sind keinem erhöhten Risiko ausgesetzt, wenn sie nicht direkten Kontakt zu Fledermäusen haben.

Beim Fund einer tollwutverdächtigen lebenden Fledermaus ist das Tier unter Verwendung dicker Handschuhe in einem möglichst kühl gelagerten Karton zu deponieren und das Veterinäramt zu informieren, das über Weiteres entscheidet. Bei einem Biss ist sofort ein Arzt zwecks nachträglicher Impfung und Behandlung aufzusuchen. Totfunde lassen sich nur fünf bis sieben Tage nach Eintritt des Todes sicher auf Tollwut diagnostizieren. Eine vorsorgliche Impfung empfiehlt sich für Personen, die beruflich mit Fledermäusen in Kontakt kommen. Das Friedrich-Loeffler-Institut/Bundesinstitut für Tiergesundheit (Seestraße 55, 16868 Wusterhausen, Tel. 033979/800) hat ein Informationsblatt über Tollwut von Fledermäusen herausgegeben, das man auf dessen Interseite (http://www.fli.bund.de) auch als PDF herunterladen kann.

Rechtsgrundlagen

In Europa wird der Schutz von Fledermäusen durch folgende Konventionen, Abkommen und Richtlinien gewährleistet, die in das Recht der einzelnen Länder direkt oder durch die Naturschutzgesetzgebung (Bundesnaturschutzgesetz, Bundesartenschutz-Verordnung, spezielle Landesnaturschutzgesetze usw.) übernommen wurden.

Bonner Konvention vom 23.6.1979: Übereinkommen über den Schutz wandernder, wildlebender Tierarten und Begrenzung der Naturentnahme zum Schutz einzelner Arten. In Anhang II (10.1985) sind die Hufeisennasen und einige Glattnasen als Arten aufgeführt, deren Schutzstatus internationale kooperative Abkommen benötigt.

Berner Konvention vom 19.9.1979: Übereinkommen über den Schutz der europäischen wildlebenden Pflanzen und Tiere. In Anhang II sind die Fledermäuse als streng geschützte Arten aufgelistet. Nur die Zwergfledermaus ist in Anhang III als geschützte Art aufgenommen. Diese Angaben sind inzwischen durch neue Richtlinien und Gesetze abgelöst.

Abkommen zur Erhaltung der Fledermäuse in Europa vom 4.12.1991: Festlegung von Maßnahmen für den Fledermausschutz auf der Basis der Bonner und Berner Konventionen. Dazu gehören:

- Verbot von Tötung, Belästigungen, Haltung und Fang von Fledermäusen.
- Erfassung und Schutz der Fledermausquartiere und der Lebensräume.
- Benennung einer Institution für Informationsweitergabe und Öffentlichkeitsarbeit.
- Durchsetzung von Schutzmaßnahmen für gefährdete Arten.
- Unterstützung von internationalen Forschungsprogrammen zum Schutz der gefährdeten Arten.
- Ersatz schädlicher Pestizide und chemischer Holzschutzmittel durch ungefährliche Produkte.

FFH (Fauna-Flora-Habitat)-Richtlinie zur Erhaltung der natürlichen Lebensräume sowie der wildlebenden Tiere und Pflanzen vom 21.5.1992: Verpflichtung der Staaten der Europäischen Union zur Anlage eines Netzes von Schutzgebieten, die herausragende Bedeutung für Flora und Fauna haben. In Anhang II sind u.a. besonders gefährdete Fledermausarten angegeben, deren Lebensräume durch Schaffung besonderer Schutzzonen zu sichern sind. Dazu gehören: Große und Kleine Hufeisennase, Großes Mausohr, Bechstein-, Wimper-, Teich-, Mops- und Langflügelfledermaus. Anhang IV enthält alle übrigen europäischen Fledermausarten, die eines strengen Schutzes bedürfen. Die Koordinierung der Tätigkeiten erfolgt durch das EURO-BATS-Sekretariat in Bonn.

Bundesnaturschutzgesetz (BNatSchG) vom 25.3.2002, geändert vom 10.5.2007: Es ist verboten, Tieren der besonders geschützten Arten, u.a. Fledermäusen, nachzustellen, sie zu fangen, zu verletzen, zu töten oder ihre Brut-, Wohn- oder Zufluchtstätten der Natur zu entnehmen, zu beschädigen oder zu zerstören. Fledermäuse dürfen als streng geschützte Arten (§ 10 Abs. 2 N. 11 b BNatSchG) an ihren Brut-, Wohn- oder Zufluchtstätten nicht durch Aufsuchen, Fotografieren, Filmen oder ähnliche Handlungen gestört werden. Dies gilt für Fledermäuse besonders im Sommer für Wo-

Farbtafel 4

Zwei sich gegenseitig schützende Große Mausohren im Winterschlaf an einer Höhlenwand

chenstuben und im Winter für Quartiere. Auch dürfen sie nicht in Besitz genommen werden. Behördliche Ausnahmegenehmigungen sind möglich. Zulässig ist es, verletzte Fledermäuse aufzunehmen und gesund zu pflegen. Sie sind jedoch den zuständigen Behörden zu melden. Die Tiere müssen nach ihrer Gesundung wieder in die Freiheit entlassen werden.

Von großer Bedeutung für die Windenergieanlagen ist die Tatsache, dass nach § 19 Abs. 3 BNatSchG ein Eingriff in Natur und Landschaft nicht zugelassen oder durchgeführt werden darf. Wenn als Folge des Eingriffs Biotope der streng geschützten Fledermäuse nicht ersetzt werden können, ist der Eingriff in Deutschland nur zulässig, wenn es aus zwingenden Gründen überwiegender öffentlicher Interessen gerechtfertigt ist. Die Schwierigkeit besteht darin, ob eine Genehmigung für die Windenergieanlage wegen eines möglicherweise zwingenden Grundes des überwiegenden öffentlichen Interesses, z.B. durch das Deutsche Recht des Erneuerbaren-Energien-Gesetzes (EEG), erteilt werden kann, wenn dort andererseits wandernde Fledermäuse – darunter auch vom Aussterben bedrohte – gefährdet werden, die wegen ihres strengen Schutzes nach § 42 BNatSchG und der nach europäischem Recht geltenden Bonner Konvention ebenso im öffentlichen Interesse geschützt werden müssen. Hinzu kommt, dass das Erneuerbare-Energien-Gesetz mit der Angabe »Natur und Umwelt zu schützen« hier nicht zutreffend ist, wenn Fledermäuse und ebenso die Vögel erheblich gefährdet werden (Skiba 2007). Im Übrigen enthält § 62 BNatSchG genaue Einzelheiten der Möglichkeiten zur Befreiung von den Verboten des § 42 BNatSchG.

Wer vorsätzlich oder fahrlässig gegen diese Vorschriften verstößt, begeht in der Regel eine Ordnungswidrigkeit, die hohes Bußgeld zur Folge haben kann. In besonders schweren Fällen kann der Verstoß auch als strafrechtliches Vergehen geahndet werden. Außerdem können Zwangsgelder verhängt werden, z.B. für die Wiederherstellung des alten Zustandes bei einem zugeschütteten Fledermausstollen. Verstöße gegen die Naturschutzgesetzgebung sind keinesfalls selten, z.B. vorsätzliche Beseitigung von Fledermausquartieren, Fällen von Bäumen mit bekannten Fledermaushöhlen oder Sommerarbeiten auf Dachstühlen, die eine Wochenstube besitzen. Zu beachten ist, dass nach dem Umweltschadensgesetz vom 10.05.2007 beruflich tätige Personen bedeutende Pflichten haben. Bei Schädigungen und entsprechenden unverzüglichen Gefahren für Fledermäuse durch fahrlässiges oder vorsätzliches Handeln durch beruflich tätige Personen müssen diese damit rechnen, hohe Kosten zu tragen.

Bei Vorsatz und Uneinsichtigkeit hilft meist nur Härte, d.h. konkret eine Anzeige bei der Ortspolizei und der unteren Naturschutzbehörde des Kreises oder der Stadt zu erstatten.

4 Die Echoortung der Fledermäuse

4.1 Die Entdeckung der Echoortung von Fledermäusen

Fledermäuse gelten in Europa seit alters her als geheimnisvoll, weil sie im Verborgenen leben und in der Lage sind, in der Dunkelheit mit großer Sicherheit zu fliegen. Ihr oft rätselhaftes Verhalten hat die Phantasie der Menschen angeregt, die den Fledermäusen magische Kräfte zuordneten und sie vielfach als Unglücksboten oder teuflisch ansahen (Berg 1985). Auch den ersten Wissenschaftlern des Mittelalters gaben die Fledermäuse Rätsel auf. So ist es nicht verwunderlich, dass die seinerzeitigen Wissenschaftler die Fledermäuse nach ihrem Äußeren als Zwischenglieder zwischen Mäusen und Vögeln betrachteten.

Die Geschichte der Erforschung und Entdeckung der nächtlichen Orientierung der Fledermäuse ist spannend (Hinkel 1999, 2000, Mac Arthur 2000) und zeigt geradezu beispielhaft, wie sehr die wissenschaftliche Aufdeckung von Kausalzusammenhängen nicht nur von ideenreichen Versuchen, sondern ebenso von einer richtigen Interpretation des objektiv Festgestellten abhängig ist.

Der italienische Priester und Naturforscher L. Spallanzani (1729-1799) war wohl der erste, der sich um die Lüftung des Geheimnisses der Orientierung von Fledermäusen mit wissenschaftlichen Methoden bemüht hat. 1793 machte er erste Versuche in seinem Arbeitszimmer mit einer zahmen Eule und mit Fledermäusen. Er stellte fest, dass bei völliger Dunkelheit die Eule gegen Hindernisse im Zimmer flog, nicht jedoch die Fledermäuse. Das Ergebnis bestätigte sich, als er kreuz und quer Fäden mit daran befestigten kleinen Glöckchen durch den Versuchsraum spannte. In weiteren Versuchen überzog er die ganzen Köpfe der Fledermäuse mit undurchsichtigen Kappen, worauf sie desorientiert waren. Daraus schloss L. Spallanzani zunächst, dass Fledermäuse sich optisch mit sehr geringen Lichtmengen orientieren, die für den Menschen nicht mehr sichtbar waren. Diese Lösung erschien ihm aber fraglich, und so führte er weitere Versuche durch und stellte fest, dass eine über den Kopf gestülpte durchsichtige Kapsel die Fledermäuse ebenso behinderte wie eine undurchsichtige. Schließlich blendete er mit einer glühenden Nadel im Jahre 1794 52 Fledermäuse, die im Glockenturm der Kathedrale zu Pavia übertagten, und stellte vier Tage später erstaunt fest, dass einige wieder zurückgekehrte geblendete Fledermäuse genauso viel Nahrung wie die nicht geblendeten Fledermäuse aufgenommen hatten.

Damit war nachgewiesen, dass das Licht nicht zur Orientierung beim nächtlichen Fledermausflug dienen konnte. L. Spallanzani stand vor einem Rätsel, glaubte an einen »sechsen Sinn« und unterrichtete von seinen Versuchsergebnissen andere Wissenschaftler, u.a. auch J. Senebier in Genf, der wiederum seinen Landsmann L. Jurine (1751-1819) von dem Sachverhalt informierte. Dieser ergänzte die Versuche von L. Spallanzani, indem er die Gehörgänge von Fledermäusen mit Wachs verstopfte, wodurch sich diese nicht mehr orientieren konnten. Angeregt durch diese 1798 veröffentlichten Versuchsergebnisse führte L. Spallanzani im selben Jahr in die Ohren von Fledermäusen winzige Messingröhrchen ein und verklebte sie mit den Ohrwandungen schalldicht durch Pech. Wenn er diese Röhrchen verschloss, waren die Fledermäuse desorientiert. Ließ er die Röhrchen offen, so wichen sie allen Hindernissen geschickt aus. Um eine eventuelle Bedeutung des Tastsinns auszuschließen, überzog L. Spallanzani den Fledermauskörper mit Firnis. Es zeigte sich, dass dies keinen Einfluss auf das Orientierungsvermögen der Fledermäuse hatte.

Aus heutiger Sicht sollte man meinen, dass damit der Nachweis einer akustischen Orientierung der Fledermäuse erbracht war. Niemand hielt jedoch eine solche Schlussfolgerung für glaubhaft, weil kein Schall hörbar war, und Ultraschall konnte seinerzeit noch nicht nachgewiesen werden. So ist auch zu verstehen, dass der seinerzeit als Experte der vergleichenden Anatomie geltende Franzose G. Cuvier (1769-1832) eine Schallorientierung von Fledermäusen verwarf und statt dessen unter Ignorierung wesentlicher Versuchsergebnisse von L. Spallanzani die Orientierung der Fledermäuse mittels Körperoberfläche und Flughäuten zu erklären versuchte, was in der damaligen Zeit auch allgemein einleuchtete. Andererseits äußerte seinerzeit schon G. Mangili, der die Experimente von L. Spallanzani wiederholte, die Vermutung, dass Fledermäuse für ihre Orientierung unhörbare Laute verwenden.

1912 suchte der amerikanische Ingenieur H. Maxim, der Erfinder des Maschinengewehrs, nach dem tragischen Untergang der Titanic infolge einer Kollision mit einem Eisberg nach Möglichkeiten, Hindernisse frühzeitig festzustellen. Dabei vermutete er, dass das Sonarsystem von Fledermäusen vielleicht imstande sei, solche Hindernisse rechtzeitig zu erkennen. Zwar erklärte er das Prinzip der später auch tatsächlich technisch eingeführten Echoortung richtig, doch beschrieb er Ursprung und Natur des Fledermausschalls falsch, denn er meinte, dass der Schall in seiner Frequenz unterhalb des menschlichen Hörvermögens läge und durch den Flügelschlag mit etwa 15 Schwingungen je Sekunde erzeugt würde.

Schließlich äußerte 1920 der englische Physiologe H. Hartridge die Vermutung, dass die Fledermäuse Ultraschall aussenden könnten, um sich damit zu orientieren. Erst 1938 gelangen entsprechende Nachweise durch den Physiker G.W. Pierce und den seinerzeitigen Biologiestudenten D.R. Griffin (1915-2003, Abb. 4) im Laboratorium der Harvard-Universität in Cambridge, Massachusetts/USA, an der Little brown myotis (Kleine Braune Myotis) – *Myotis lucifugus* und ebenfalls an der Big brown bat (Große Braune Fledermaus) – *Eptesicus fuscus* mit Hilfe eines Hochfrequenzdetektors und eines Oszilloskopes. G.W. Pierce hatte bereits vorher festgestellt, dass einige Insekten Laute von sich gaben, die mit dem menschlichen Ohr nur teilweise gehört werden konnten. Es interessierte ihn, ob auch bei Fledermäusen hochfrequente Laute zu hören waren. D.R. Griffin befasste sich um diese Zeit mit den Wanderungen von Fledermäusen und besorgte die Versuchstiere (Griffin 1974).

Abb. 4: Donald R. Griffin, Prof. Dr., USA (1915-2003). Foto: Harvard University News Office, Cambridge.

Abb. 5: Ingemar Ahlén, Prof. Dr., Schweden (1936). Foto: I. Ahlén.

In den folgenden Jahren wurden von D.R. Griffin, R. Galambos und anderen weitere Versuche durchgeführt. So konnte festgestellt werden, dass bei den meisten Fledermausarten der Verschluss des Mundes zur Desorientierung führte, also der Schall in der Regel durch den Mund ausgesandt wurde. Etwa zur gleichen Zeit nahm der Niederländer S. Dijkgraaf mit seinem besonders sensiblen Gehör ohne Zuhilfenahme von Elektronik das Ticken der Fledermausrufe wahr. Auch konnte er durch Versuche bestätigen, dass der Verschluss von Ohren oder Mund eine Desorientierung der Fledermäuse zur Folge hatte.

Insgesamt konnte also nachgewiesen werden, dass Fledermäuse sich orientieren, indem sie systematisch Ultraschall durch den Mund oder die Nase aussenden und sich an Hand der Echos ein Hörbild ihrer Umgebung machen sowie in gleicher Weise auch Insekten orten und fangen. Es handelt sich also prinzipiell um eine Echoortung mit Hilfe von Ultraschall. Weiterführende Forschungsarbeiten vor allem in den USA und in Europa zeigten, dass die Echoortung ein sehr genaues Hörbild liefert und diese im Übrigen je nach Art, Umgebungsbedingungen sowie augenblicklicher Verhaltenszielsetzung der Fledermaus sehr unterschiedlich ist und Ultraschall bei einigen Arten auch durch die Nase ausgesandt wird. Erstmals veröffentlichte in Europa Ahlén (1980/81, 1981, Abb. 5) Lautäußerungen der bedeutendsten 14 Fledermausarten, u. a. als Oszillogramme und Spektrogramme. 1990 wurden von Ahlén erstmals sämtliche seinerzeit bekannten europäischen Fledermäuse (30 Arten) nach ihren Lautäußerungen beschrieben.

Einzelheiten enthalten die späteren Ausführungen in diesem Buch. Auch sind einige Fledermausarten in der Lage, ohne Aussendung von Ultraschall sich auf dem Erdboden oder im Blattwerk bewegende Insekten zu orten und zu fangen, in Europa z.B. das Große Mausohr, wie bereits der Bamberger Zoologe Kolb 1959 nachwies. Fledermäuse geben außerdem auch hörbare Laute von sich, und zwar in erster Linie bei sozialen Interaktionen, vor allem bei der Balz, bei Beunruhigung oder zur Abwehr. Auch Ortungsrufe einiger Arten sind für Menschen gut hörbar, z.B. die der Bulldoggfledermaus, des Großen Abendseglers oder des Riesenabendseglers, in hindernisreichem Gelände manchmal auch die der Fransenfledermaus.

Fledermäuse sind also in einer über viele Millionen Jahre andauernden Evolution zu hochentwickelten Säugetieren geworden, deren Fähigkeiten uns große Bewunderung und Achtung abverlangen. Dies gilt ganz besonders für ihr perfektes Ortungssystem, während wir Menschen erst in den letzten Jahrzehnten nur mit hohem Aufwand keinesfalls so perfekte Geräte für die Echoortung entwickeln konnten.

4.2 Physikalische Grundlagen der Echoortung von Fledermäusen

Zum Verständnis der Echoortung von Fledermäusen müssen wir uns zunächst mit den physikalischen Grundlagen des Schalls befassen. Dazu soll im Folgenden auf einige Grundgrößen, Begriffe und Vorgänge eingegangen werden.

Frequenz

Zu Schwingungen angeregte elastische Körper, z.B. Membranen im Kehlkopfbereich von Fledermäusen, erzeugen in der umgebenden Luft periodische Luftschwankungen, die als Schwingungen bezeichnet werden. Zu Ehren des deutschen Physikers Heinrich Rudolf Hertz (1857-1894) wird die Zahl der Schwingungen je Sekunde Hertz (Hz) genannt. Ein Mensch mit gesundem Hörvermögen nimmt Schall zwischen etwa 16 Hz (tiefer Ton) und 16.000 Hz = 16 kHz (hoher Ton) wahr, wobei individuell und altersbedingt (Nachlassen der Hörfähigkeit hoher Frequenzen) erhebliche Abweichungen möglich sind. Der Bereich menschlicher Sprache umfasst etwa (250) 300 bis 3000 (5000) Hz. Dies ist gleichzeitig der Bereich, in dem das frequenzabhängige Hörvermögen des Menschen am besten ist. Schall mit höheren Frequenzen als 16 kHz wird Ultraschall, Schall mit niedrigeren Frequenzen als 16 Hz Infraschall genannt.

Schall pflanzt sich in festen, flüssigen und gasförmigen Körpern wellenförmig fort. In Luft beträgt die Schallgeschwindigkeit bei 0° C 331 m/s, bei 15° C 340 m/s und bei 30° C 349 m/s. Bei 1° C Temperaturdifferenz ändert sich die Schallgeschwindigkeit um etwa 0,6 m/s. Die Schallgeschwindigkeit ist in der Luft nicht von der Frequenz oder vom Schalldruck bzw. der Schallenergie abhängig, sie ändert sich jedoch mit dem Feuchtigkeitsgehalt der Luft. In flüssigen und festen Körpern ist die Schallgeschwindigkeit wesentlich höher, sie beträgt z.B. im Wasser etwa 1435 m/s und in Eisen etwa 5000 m/s.

Im Gegensatz zu elektromagnetischen Wellen (Licht, ionisierende Strahlung, Funk), die sich durch Transversalwellen ausbreiten, handelt es sich bei Schall in Luft um Longitudinalwellen (Pressung und Dehnung der Moleküle in Ausbreitungsrichtung). Schall wird jedoch aus praktischen Gründen in der Regel als Transversalwelle in Abhängigkeit von Zeit und Schalldruck aufgezeichnet, z.B. mit dem Oszilloskop. Dabei wird die longitudinale Schallwelle über ein Mikrofon in eine transversale elektrische Spannungswelle umgeformt, die für einen reinen Ton sinusförmig (harmonisch) verläuft (Abb. 6).

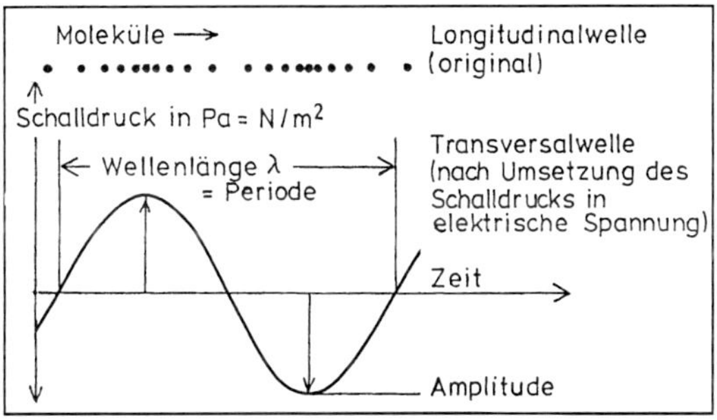

Abb. 6: Verlauf der Schallwelle eines Tons.

Die Höhe der von Fledermäusen benutzten Frequenzen beträgt für Ortungsrufe in der Regel 15 bis 100 kHz. Die Bulldoggfledermaus benutzt geringere und damit hörbare Frequenzen von etwa 10 bis 15 kHz. Hufeisennasen orientieren sich je nach Art mit Hilfe von Frequenzen zwischen etwa 80 und 115 kHz. Die Frequenzen von Sozialrufen von Fledermäusen liegen in der Regel tiefer als die Ortungsrufe, oft zwischen 10 und 30 kHz.

Schalldruck

Schalldruck ist der Wechseldruck, der durch die Schallschwingungen hervorgerufen wird. Maßeinheit ist das Pascal (Pa). 1 Pa = 1 N (Newton)/m² = 10 µbar (mikrobar). Aus Gründen der praktischen Handhabung wird der Schall(druck)pegel gemessen. Maßeinheit ist das Dezibel (dB). Die Schall(druck)pegelskala steht im logarithmischen Verhältnis zur Schalldruckskala:

$L_p = 10 \lg p^2/p_o^2 = 20 \lg p/p_o$

L_p = Schall(druck)pegel
p = effektiver Schalldruck in Pa
p_o = Bezugsschalldruck (pauschale Hörschwelle) 2×10^5 Pa

Eine Verdoppelung des Schalldrucks entspricht im logarithmischen Maß +3 dB ($10 \lg p^2/p_o^2 \times 2 = 10 \log p^2/p_o^2 + 10 \log 2 = 10 \log^2/p_o^2 + 3$).

In der Regel ist es weder notwendig noch üblich, die Ordinate in einem Oszillogramm mit Einheiten von Schalldruck oder Schallpegel zu skalieren. Eine Skalierung ist auch sehr schwierig, weil sich die dafür erforderliche Kalibrierung nicht nur auf Oszilloskop oder Soundkarte des PC zu beziehen hat, sondern auch die Einstellungen von Rekorder und Detektor berücksichtigen muss. Üblicherweise wird auf der Ordinate von Oszillogrammen daher nur unskaliert »Amplitude« oder die elektrische Spannung in V (Volt) oder der Schalldruck unskaliert in Pa (Pascal) angegeben.

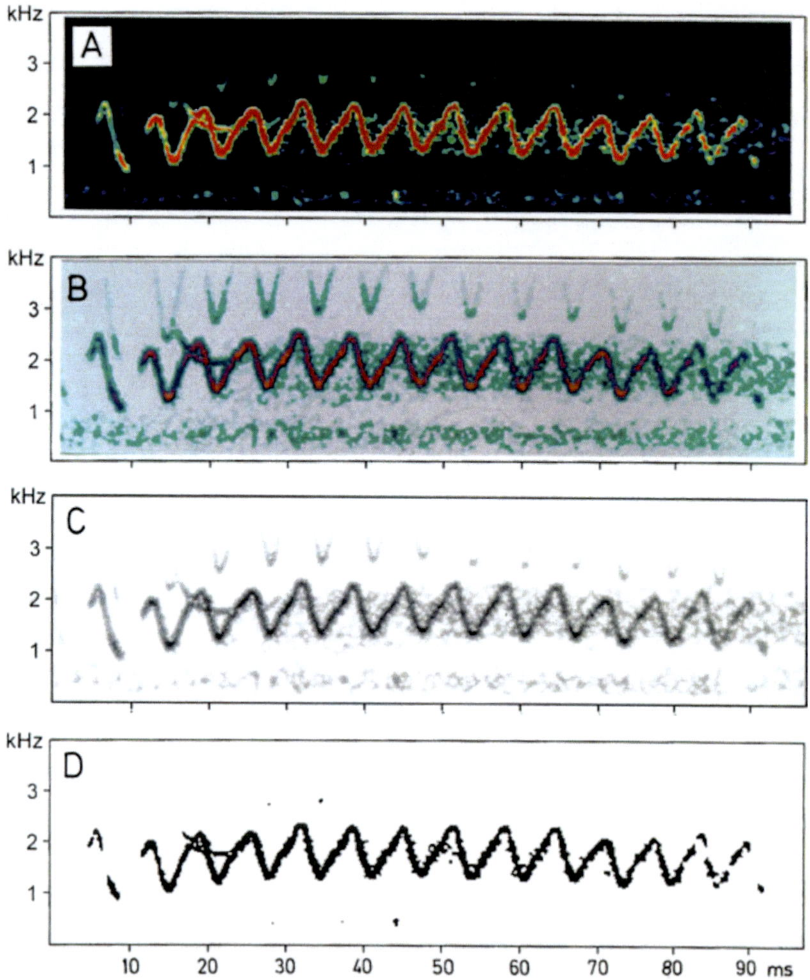

Farbtafel 5

Möglichkeiten der Darstellung von Spektrogrammen mittels PC am Beispiel eines Trillers des Großen Abendseglers. **A**: farbdunkel. **B**: farbhell. **C**: schwarzweiß weich. **D**: schwarzweiß hart, wie in diesem Buch benutzt. Programm: Avisoft SASLab Pro. 6.5.2002, Eger/H.

Die Schallleistung P (= Schallenergie) in W (Watt) und Schallintensität I (= Schallstärke) in W/m^2 sind bei harmonischen Schwingungen proportional dem Quadrat der Schwingungsweite (= Amplitude). Somit kann die Amplitude einer Schallschwingung auch als Ausdruck der Schallleistung und Schallintensität gelten.

Der Schalldruck der von Fledermäusen ausgesandten Ortungs- und Sozialrufe ist sehr unterschiedlich. Abendsegler sind dafür bekannt, dass ihre Ortungsrufe sehr hohen Schalldruck aufweisen, weil sie sich über große Entfernungen orientieren müssen. In einer Entfernung von etwa 10 cm vom Mund des Tieres wurden Schallpegel über 120 dB gemessen. Könnte der Mensch diese Ultraschallrufe voll hören, wäre damit die Schmerzschwelle bereits erreicht.

Wellenlänge

Die Wellenlänge (= Periodenlänge) λ (Lambda) eines Tones lässt sich aus der Schallgeschwindigkeit v und der Frequenz f errechnen: $\lambda = v/f$. Beträgt beispielsweise die Schallgeschwindigkeit 340 m/s und die Frequenz 40 kHz, so ist die Wellenlänge 340 m/40.000 = 0,0085 m = 8,5 mm lang. Die Frequenz ist umgekehrt proportional der Wellenlänge.

Die Wellenlänge – und damit entsprechend die Frequenz – hat Einfluss auf die Schallabsorption und die Auflösung der Strukturen im Hörbild einer Fledermaus:

Die rechnerisch geometrische Abschwächung des Schalldrucks ist mit zunehmender Entfernung quadratisch, d.h. bei Verdoppelung der Entfernung verringert sich der Schalldruck um das Vierfache, im logarithmischen Schall(druck)pegelmaß also um 6 dB. Hinzu kommt eine atmosphärisch bedingte Abschwächung durch Absorption, die besonders von der Wellenlänge des Schalls beeinflusst wird. Schall mit hohen Frequenzen und entsprechend kleinen Wellenlängen hat größeren Widerstand in der Atmosphäre. Er wird daher eher absorbiert und hat damit eine geringere Reichweite als niederfrequenter Schall.

Andererseits hat eine zunehmende Schallfrequenz und eine entsprechend sich verkürzende Wellenlänge den Vorteil, dass sich im Hörbild einer Fledermaus die Strukturauflösung von Gegenständen, Hindernissen, Insekten usw. verbessert (Kap. 4.5). Durch kurze und frequenzmodulierte Rufe wird eine Fledermaus zusätzlich in die Lage versetzt, Entfernungen genau berechnen und Beuteobjekte vom Umgebungshintergrund besser unterscheiden zu können, da die exakte Ankunft einzelner Teile des frequenzmodulierten Ultraschallrufes im Schneckengang des Innenohrs mit seiner partiellen Frequenzempfindlichkeit registriert und an das Gehirn zur Verarbeitung weitergeleitet wird. Eine Fledermaus, die eine hohe Auflösung von nahen Objekten benötigt, wird also hochfrequent und frequenzmoduliert rufen. Eine Fledermaus, die größere Objekte oder nur grobe Strukturen auf große Entfernung orten will, benutzt besser niederfrequenten frequenzkonstanten Ultraschall, da infolge geringer atmosphärischer Schallabschwächung und erhöhten Schalldrucks wegen der Summenwirkung von Schallamplituden mit gleicher Wellenlänge die Luft besser durchdrungen wird. Zwischen diesen beiden Extremen passen Fledermäuse innerhalb artgebundener Toleranzen je nach Umgebungsbedingungen und Ortungszielen die Frequenzen von Einzelrufen und Rufreihen an. Als Kompromiss zwischen beiden Extremen zeitabhängiger Frequenzverläufe besteht ein Ruf einer an Strukturen jagenden Fledermaus in der Regel aus einem von hoher zu niedriger Frequenz modulierten Anfangsteil, der zum Rufende in einen (fast) konstantfrequenten Endteil übergeht.

Ton, Klang, Geräusch

Ein T o n ist physikalisch ein zeitabhängiger Frequenzverlauf von ungestörten akustischen Sinusschwingungen, die durch einen Schallerreger erzeugt werden, z.B. durch eine Stimmgabel. Darum wird dieser Ton in der hier benutzten physikalischen Definition auch als rein bezeichnet. Ein Ton kann im zeitlichen Ablauf seine Frequenz wechseln. Ein solcher Vorgang wird Frequenzmodulation genannt.

Ein K l a n g besteht aus mehreren zeitlich parallel verlaufenden Tönen. Diese können harmonisch und disharmonisch sein. Bei Fledermäusen handelt es sich in der Regel um harmonische Gemische aus 1. und weiteren höheren Harmonischen. Als 1. Harmonische wird ein Ton bezeichnet, der in einem Klang die niedrigste Frequenz hat. Weitere Harmonische sind ganzzahlige Vielfache der 1. Harmonischen. Beträgt die 1. Harmonische z.B. 25 kHz, so beträgt der 2. Harmonische 50 kHz, die 3. Harmonische 75 kHz usw. Fälschlicherweise werden auch gelegentlich die 1. Harmonischen als Grundton bezeichnet und die 2. und folgenden Harmonischen als Obertöne, weil Obertöne auch disharmonisch sein können. Der Ton mit dem größten Schalldruck (= energiereichster Ton) wird Hauptton genannt. Er ist bei Glattnasen-Fledermäusen die 1. Harmonische und im Vergleich zu den weiteren Harmonischen verhältnismäßig lautstark. Nur bei den Hufeisennasen und manchmal auch bei Langohren ist die 2. Harmonische der Hauptton. Bei Vorliegen von harmonischen Tongemischen werden die Schwingungsverläufe des Haupttons durch die weniger energiereichen übrigen Töne überlagert, indem sich die Amplituden der einzelnen

Schwingungen addieren bzw. subtrahieren. Dabei entstehen kompliziert verlaufende abgewandelte Sinuswellen, die im Oszillogramm sichtbar werden (Abb. 7). Unser Gehör vernimmt diese Abwandlung als Klangfarbe, die bekanntlich entsprechend der Anzahl und dem Schalldruck der einzelnen Harmonischen z.B. für jedes Musikinstrument anders ist, je nach dem Resonanzverhalten des Instrumentes und der Art, wie die Töne erzeugt werden.

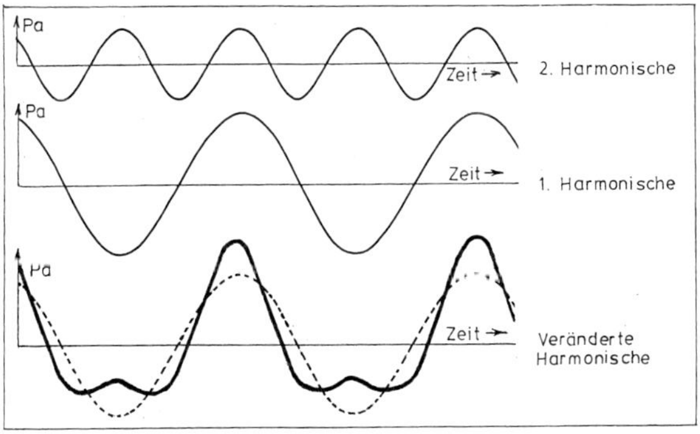

Abb. 7: Klang durch Überlagerung von zwei Harmonischen.

Die Ultraschallrufe von Fledermäusen können allein aus einem reinen Ton (1. Harmonische) oder auch aus Klängen mit 2. und weiteren Harmonischen bestehen, wobei die Anzahl der 2. und weiteren Harmonischen und deren Schalldruck je nach Art und Ortungszweck sehr verschieden ist. Frequenzen mit ausgeprägten 2. und weiteren Harmonischen werden von Fledermäusen bevorzugt, die auf Grund ihrer Lebensweise oder situationsbedingt eine hohe Nahauflösung ihrer Umgebung benötigen, z.B. bei der Insektenjagd im dichten Wald, am Strauchwerk oder auf dem Boden, auch bei der Identifizierung eines plötzlichen Hindernisses, einer anderen Fledermaus oder der Orientierung in einer Höhle oder einem sonstigen Quartier. Auch Sozialrufe enthalten in der Regel mehrere Harmonische mit verhältnismäßig starkem Schalldruck.

Als G e r ä u s c h wird ein Komplex von Tönen unterschiedlicher Frequenzen bezeichnet, die zueinander keine geregelte mathematische Beziehung haben, z.B. das Rauschen der Bäume im Wind oder des Wassers im Gefälle eines Flusses. Geräusche werden von Fledermäusen selten erzeugt, fast ausschließlich als Sozialrufe vor allem von Jungtieren.

Dopplereffekt

Bewegt sich eine Schallquelle auf uns zu, z.B. ein Motorrad, oder bewegen wir uns auf eine Schallquelle zu, so ist die Frequenz des wahrgenommenen

Tones höher als wenn sich dieselbe Schallquelle von uns entfernt oder wir uns von der Schallquelle entfernen. Die Frequenzverschiebung entsteht dadurch, dass durch die laufende Veränderung der Entfernung von uns zur Schallquelle mehr oder weniger Schallwellen je Zeiteinheit an unser Ohr dringen. Dieser Effekt wird nach dem Physiker CHRISTIAN DOPPLER (1803-1853) als Dopplereffekt bezeichnet und hat vor allem bei der Ultraschallortung von Hufeisennasen, aber auch der Glattnasen und Bulldoggfledermäuse, Bedeutung.

Der Betrag der Frequenzdifferenz lässt sich nach folgender Formel berechnen:

$$f_{Diff} = f_o \times v_o / v_{Sch}$$

f_{Diff} = Frequenzdifferenz in kHz

f_o = von der Fledermaus abgegebene Frequenz in kHz

v_o = Fluggeschwindigkeit der Fledermaus in m/s

v_{Sch} = Schallgeschwindigkeit in m/s

Für die Annäherung einer Fledermaus an den Detektor auf direktem Wege ergibt sich also z.B. für eine mit 40 kHz rufende Rauhautfledermaus, die mit einer Geschwindigkeit von 6 m/s (= 22 km/h) bei 15° C (Schallgeschwindigkeit 340 m/s) fliegt: f_{Diff} = 40 x 6 kHz / 340 = +0,7 kHz. Entsprechend ist die Differenz beim Abflug vom Detektor -0,7 kHz.

Dieser Wert wird in der Regel nicht erreicht, da eine Fledermaus nur sehr selten direkt in Richtung Detektor fliegt. Die berechnete Differenz ist also ein Maximalwert. Das Rechenbeispiel zeigt im Übrigen, dass genaue Angaben über Hauptfrequenzen nur möglich sind, wenn ganze Rufreihen mit eventuellem An- und Abflug ausgewertet werden.

Für einen von einer Fledermaus abgegebenen und durch Echo zurückkommenden Ruf gilt entsprechend die doppelte Frequenzdifferenz, also bei obiger Berechnung +1,4 kHz.

4.3 Ultraschallerzeugung und Gehör von Fledermäusen

Ultraschallerzeugung und -aussendung

Fledermäuse erzeugen ihre Lautäußerungen wie andere Säugetiere im Kehlkopf, der sogenannten Larynx. Der Kehlkopf sitzt beim Menschen im Rachenraum, wo Luft- und Speiseröhre sich überkreuzen. Bei Fledermäusen ist er nach oben in den Nasen-Rachenraum verlagert, wodurch auch während des Schluckens durch die Nase geatmet werden kann. Die Stimmritze befindet sich in einer Membranröhre und ist durch ihre Stimmbänder verschließbar. Das Atmen erfolgt durch die geöffnete Stimmritze. Bei der Erzeugung von Schall wird die Stimmritze während des Ausatmens kurzzeitig zum Aufbau von Luftdruck verschlossen und anschließend so geöffnet, dass nur etwas Ausatemluft mit hoher Geschwindigkeit durchgelassen wird. Dadurch werden die Stimmbänder zum Vibrieren gebracht und zum Schallerzeugen angeregt. Die Energie des Schalls wird dabei durch die Höhe des Drucks der Ausatemluft vor der Stimmritze bestimmt. Ein Frequenzabfall innerhalb eines Rufes ist die Folge nachlassender Spannung der Stimmbänder. Wird die Stimmritze ganz geöffnet, endet die Schallerzeugung. Ausatmung, Flügelschlag und Schallerzeugung sind so aufeinander abgestimmt, dass für die Schallabgabe nur geringer oder nach Speakman & Racey (1991) kein Energieaufwand notwendig ist. Der erzeugte Schall besteht oft aus mehreren Harmonischen, die durch Form und Inhalt des Schall leitenden Rachens und Mundraumes (vorwiegend bei Glattnasen und Bulldoggfledermäusen) oder Nasenraumes (bei Hufeisennasen) betont oder unterdrückt werden. Der durch den Mundraum abgestrahlte Schall von Glattnasen besitzt in der Regel ein Energieverhältnis der einzelnen Harmonischen zueinander, wie es der Erzeugung durch die Stimmbänder etwa entspricht. Hauptenergieträger ist dabei meistens die 1. Harmonische. Bei der Hufeisennase erfolgt nach Neuweiler (1993) auf dem Schallleitungsweg insbesondere durch Resonatoreigenschaften im Nasenraum eine Unterdrückung der 1. und eine starke Betonung der 2. Harmonischen, die dann im Wesentlichen von der Fledermaus für die Ortung benutzt wird.

Der Schall wird bei den Glattnasen durch den geöffneten Mund abgestrahlt, wobei das als Schalltrichter geformte Mundinnere den Schall in Vorwärtsrichtung bündelt. Hufeisennasen senden den Schall durch ihre beiden Nasenlöcher aus, wobei die Form der Nasenlöcherumgebung ähnlich einer Parabolscheibe einer Zentrierung des Ultraschalls in Vorwärtsrichtung dient. Hinzu kommt, dass zwischen den von den Nasenlöchern ausgehenden Schallstrahlen Interferenzen auftreten. Sie bewirken in Vorwärtsrichtung eine Energieverstärkung. Seitlich wird jedoch die Energie mehr oder weniger abgeschwächt.

Lautaussendung, Flügelschlag und Atmung korrelieren im Such- und Transferflug miteinander, wie in Versuchen u.a. im Windkanal und in freier Natur nachgewiesen wurde. Beispielsweise erzeugt die Große Hufeisennase einen Laut oder eine Lautgruppe je Flügelschlag (Schnitzler 1971; Heblich 1986). Ähnlich ist es bei anderen europäischen Fledermäusen (Kalko 1991 u. 1994).

Das Gehör der Fledermaus

Das Gehör einer Fledermaus ist prinzipiell wie bei allen Säugetieren aufgebaut (Abb. 8). Zu unterscheiden sind Außenohr, Mittelohr und Innenohr.

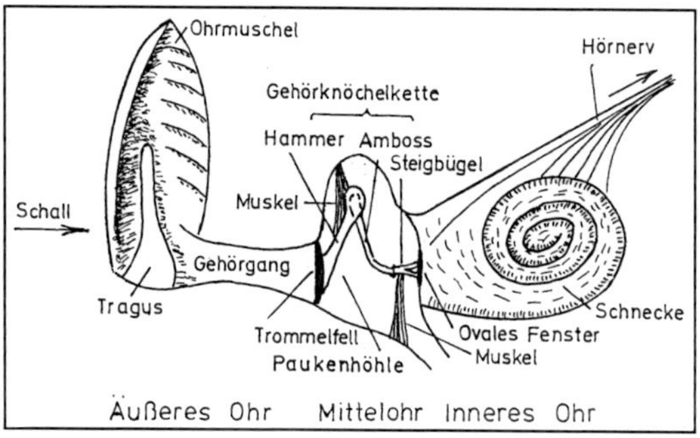

Abb. 8: Prinzip der Schallverarbeitung im Ohr einer Fledermaus (unmaßstäblich dargestellt).

Das Außenohr besteht aus Ohrmuschel, Gehörgang und Trommelfell. Die Ohrmuscheln sind je nach Art mehr oder weniger beweglich, um den Schall besser auffangen zu können. Die Ohrmuscheln der Hufeisennase können sogar unabhängig voneinander in verschiedene Richtungen bewegt werden. Die Ohrmuschelformen sind bei den einzelnen Arten auffallend unterschiedlich. Glattnasen besitzen in der Ohrmuschelöffnung eine steife Hautfalte, die Tragus (Ohrdeckel) genannt wird. Bei der Bulldoggfledermaus ist dieser nur schwach ausgebildet, bei den Hufeisennasen fehlt er ganz, doch besitzen diese eine horizontale Hautfalte am Boden der Ohrmuschel, die Antitragus genannt wird. Außerdem besitzen fast alle Ohrmuscheln mehr oder weniger Querfalten. Die Ohrmuschel dient der gerichteten Wahrnehmung von Schall und der möglichst verstärkten Weiterleitung an das Trommelfell. Die Richtwirkung ist umso größer, je hochfrequenter der Schall ist. Große Ohren ermöglichen im hochfrequenten Bereich eine besonders gute Nahauflösung von strukturreichen Untergründen und von Insekten. Fledermäuse, die langsam fliegen und die für die Nahrungssuche auf Raschelgeräusche angewiesen sind, also passiv detektieren, haben entsprechend auffallend große Ohren, z.B. das Braune Langohr. Bei dieser Art ist nach Neuweiler (1993) die Schallverstärkung durch das Außenohr im Frequenzbereich 6-10 kHz am größten. Für die Bedeutung des Tragus und der Ohrfalten ist anzunehmen, dass diese u.a. durch die Bildung von Interferenzmustern infolge der Schallreflexion im Ohr vorwiegend der Richtungserkennung der Schallquellen dienen und damit das Richtungserkennen mittels beider Ohren unterstützen. Der Tragus scheint auch Einfluss auf den Empfang hoher Frequenzen zu haben und schützt im Übrigen vor dem Eindringen von Fremdkörpern in den Gehörgang.

Im Mittelohr wird in der Paukenhöhle die Schallenergie vom Trommelfell über die Gehörknöchelkette Hammer, Amboss und Steigbügel auf das ovale Fensterchen, das die Begrenzung zum Innenohr bildet, übertragen. Dabei tritt eine Verstärkung der Schallintensität auf, weil die Knöchelkette Hebelwirkung besitzt und die Fläche des Trommelfells um ein Vielfaches (16fach bei Hufeisennasen, 53fach bei Bulldoggfledermäusen) größer ist als die des ovalen Fensterchens. Bei Fledermäusen ist das Trommelfell besonders dünn, wodurch die Übertragung von hohen Frequenzen erleichtert wird. Außerdem wirkt das Mittelohr durch seine Resonanzfrequenz gleichzeitig wie ein Frequenzfilter. Eine Besonderheit des Fledermausgehörs besteht darin, dass Hammer und Steigbügel je mit dem umgebenden Ohrkörper durch einen beweglichen Muskel verbunden sind. Auf diese Weise lassen sich Trommelfell und ovales Fensterchen während der Aussendung des Ultraschalls schützen und störende Schallübertragungen in das Innenohr verhindern.

Im Innenohr wird die Schallenergie durch einen komplizierten und hochempfindlichen hydraulischen Mechanismus auf die Basilarmembran übertragen, die sich in einer mehrfach kreisförmig gewundenen Schnecke befindet. Diese unterschiedlich breite und dicke Membran enthält Haarzellenreihen mit Sinneszellen, die je nach Ortslage auf die verschiedenen Frequenzen ansprechen. Ihre Erregungen werden an das Zentralnervensystem weitergeleitet und im Gehirn verarbeitet.

4.4 Kennzeichen der Echoortung von Fledermäusen

Aktive Ortung

Mit Hilfe der aktiven Echoortung verschafft sich eine Fledermaus ein Hörbild von ihrer Umgebung und der Beute. Zu diesem Zweck wird das Ultraschallecho mit den Ohren aufgefangen und im Gehirn nach Laufzeit (Entfernung), Richtung und Qualität (Größe, Form und Oberflächenstruktur des reflektierenden Gegenstandes) ausgewertet. Die Eigenarten des ausgesandten Ultraschalls richten sich innerhalb artgebundener Toleranzen nach dem augenblicklichen Ortungszweck und den Umgebungsbedingungen. Zu unterscheiden sind nach dem Ortungszweck:

Suchrufe im hindernisarmen Flug: Sie dienen der Suche nach Insektennahrung in Gebieten mit wenig oder keinen Hindernissen und charakterisieren in der Regel eine Fledermausart am besten.

Transferrufe: Das sind Ortungsrufe beim Flug zum Überwinden größerer Entfernungen, z.B. beim Wandern im Frühjahr und Herbst oder bei Flügen zwischen Übertagungsort und Nahrungsgrund. Derartige Rufe sind innerhalb der artgebundenen Toleranzen im Vergleich zu den Suchrufen oft niederfrequenter und länger. In der Regel wird die Frequenzbandbreite geringer als beim Jagdflug mit Suchrufen. Die Rufreihen besitzen dann verhältnismäßig lange und konstante Rufabstände. Transferrufe sind von Suchrufen, die im hindernisarmen Gelände benutzt werden, manchmal nicht unterscheidbar, zumal beim Transfer oft auch Insekten gefangen werden.

Suchrufe im hindernisreichen Flug: Bei der Nahidentifizierung von Hindernissen und sonstigen Strukturen, also beim Erfordernis guter Raumauflösung, können die Rufe wesentlich anders als im hindernisarmen Flug sein. In der Regel sind sie unter solchen Umständen bei größerer Frequenzbandbreite stärker moduliert und kürzer, besitzen geringeren Schalldruck und eine oft höhere Hauptfrequenz, auch steigt die Rufrate dann an. Derartige Rufe geben bei der Artidentifikation leicht Anlass zu Verwechslungen.

Fangrufe: Sie dienen zum unmittelbaren Identifizieren und Fangen von Insekten. Dabei ändert sich die Struktur der Rufe in Abhängigkeit von der Entfernung zur Beute, um bestmögliche Identifikation hinsichtlich Größe, Oberflächenbeschaffenheit, Flugrichtung und Geschwindigkeit des beschallten Objektes zu erreichen. Es werden drei Phasen unterschieden (Abb. 9): In der Annäherungsphase, die mit der Entdeckung der Beute beginnt, wird die Frequenzbandbreite der Einzelrufe erhöht. Auch werden manchmal 2. und weitere Harmonische verstärkt oder zusätzlich erzeugt. Ruflängen und Rufabstände verringern sich allmählich mit der Annäherung an das Ortungsziel. In der Verfolgungsphase wird der Frequenzverlauf des Einzelrufs steiler, Ruflänge und Rufabstände verringern sich weiter und der Schalldruck nimmt ab. In der Endphase bleibt der Frequenzverlauf der Einzelrufe steil. Ruflänge, Rufabstand und Schalldruck verringern sich weiter. Die Hauptfrequenz wird bei den Glattnasen in der Regel wesentlich abgesenkt. Die Anzahl der Rufe steigt bis auf etwa 160-210/s an. Im Detektor hören sich die Fangrufe der zweiten und dritten Fangphase wie ein charakteristisches Brummen oder Summen (»buzz«) an. Der geschilderte Ablauf der Fangrufe in drei Phasen ist im Wesentlichen bei allen europäischen Fledermausarten gleich, doch kann der oben geschilderte Ablauf individuell abweichen.

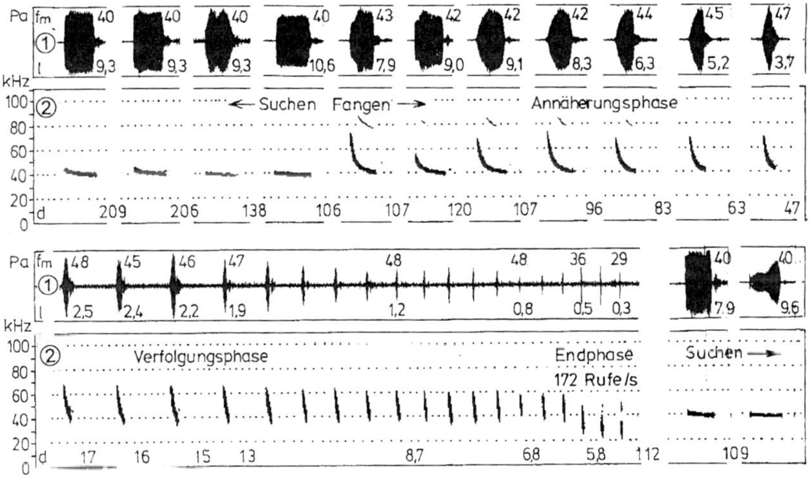

① Oszillogramm; ② Spektrogramm; f_m = Hauptfrequenz in kHz; l = Ruflänge in ms; d = Rufabstand Mitte–Mitte in ms. ⊢⊣ 10 ms

Abb. 9: Die drei Phasen des Fangrufs einer Rauhautfledermaus. 1.9.2000, Nordseeinsel Helgoland/D.

Passive Ortung

Von einigen Arten wird neben der aktiven auch die passive Ortung angewandt. Oft haben diese Fledermäuse große Ohren, z.B. Bechsteinfledermaus, Braunes und Graues Langohr, und erhorchen mit ihnen alle Insekten, die sich auf dem Boden, im Gras, an der Baumrinde oder den Blättern bewegen, um auf diese Weise tierische Beute zu erlangen.

Auswertung der Ortungsrufe

Die von Fledermäusen abgegebenen Rufe können durch folgende Merkmale beschrieben werden:

1. Schalldruck- und Schallpegelspektrum: Aus einem Oszillogramm, das den zeitlichen Frequenzverlauf durch die Wellenlängen und den Schalldruckverlauf durch die Amplitudenhöhen der Wellen wiedergibt, lässt sich die frequenzabhängige (spektrale) Verteilung des Schalldrucks bestimmen und grafisch darstellen. Auf die eine Achse des Diagramms wird der Schalldruck, auf die andere Achse die Frequenz aufgetragen (Abb. 10). Ein solches Diagramm wird Schalldruckspektrum (Frequenzspektrum des Schalldrucks) genannt. Bei den einzelnen Fledermausarten ergeben sich in einem Schalldruckspektrum mehr oder weniger ausgeprägt Spitzenwerte bei einer bestimmten Frequenz, die als Hauptfrequenz (Frequenz mit

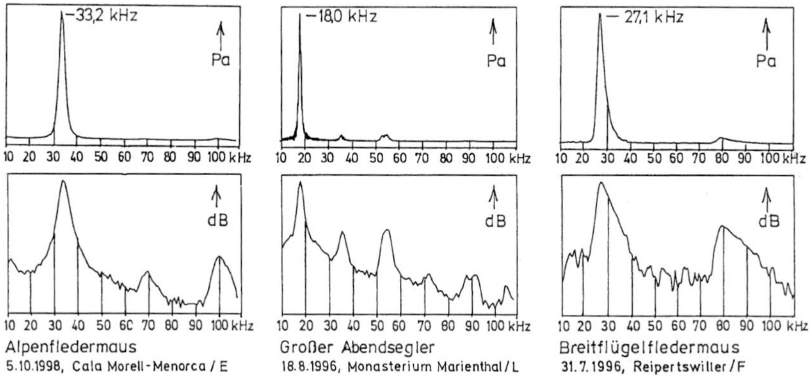

Abb. 10: Schalldruckspektrum (in Pa) und Schallpegelspektrum (in dB) desselben Rufes von Alpen-Fledermaus, Großem Abendsegler und Breitflügelfledermaus.

dem größten Schalldruck) bezeichnet wird. Innerhalb eines Rufes stimmt das Amplitudenmaximum der Wellen im Oszillogramm nicht zwangsläufig mit der Hauptfrequenz überein, da sich der größte Schalldruck einer Frequenz (Hauptfrequenz) aus mehreren Wellen derselben Frequenz ergeben kann. Die Hauptfrequenz wird beim Hören mit einem Detektor, der nach dem Mischverfahren (Kap. 5.1) arbeitet, als lauteste Frequenz wahrgenommen. Das ist beispielsweise bei den schmalbandig rufenden Hufeisennasen extrem der Fall, lässt sich aber auch bei Arten gut feststellen, deren frequenzmodulierte Rufe in der Regel mit einer exakt oder angenähert konstanten Frequenz enden, beispielsweise bei Zwerg-, Rauhaut- und Zweifarbfledermaus. Rufe einiger anderer Arten, z.B. der Gattung *Myotis* oder *Plecotus* (Frequenzverlauf mit in der Zeiteinheit weitgehend gleichbleibender Modulation = lineare Modulation), haben keine ausgeprägten Hauptfrequenzen.

In der Praxis hat es sich bewährt, in einem Schallspektrum nicht den Schalldruck, sondern den Schall(druck)pegel darzustellen (Kap. 4.2). Wie aus Abb. 10 hervorgeht, bezeichnet ein Schalldruckspektrum zwar die Hauptfrequenz besonders gut, doch ist entsprechend dem logarithmischen Maßstab in einem Schallpegelspektrum die Verteilung der 2. und weiteren Harmonischen mit geringem Schalldruck besser zu erkennen. Die Berechnung eines Schalldruck- oder Schallpegelspektrums erfolgt nach der »Fast Fourier Transformation« (FFT = Schnelle Fourier Umwandlung) aus dem Originalultraschall, der in der Regel auf einem Tonträger nach dem Zeitdehnverfahren dokumentiert und damit für den Menschen hörbar ist. Auch Dokumentationen von Ultraschall nach dem Frequenzteilverfahren lassen die Herstellung von Schalldruck- und Schallpegelspektren mit Ausweis von allen Harmonischen zu, sofern die Aufnahmen mit Präzisionsdetektoren gemacht wurden. Schallpegelspektren mit dem Ausweis der Hauptfrequenz sind eine gute Bestimmungshilfe für viele Arten. Dagegen hat die Aufzeichnung von der 2. und weiteren Harmonischen für die Artbestimmung nur untergeordnete Bedeutung.

2. Oszillogrammform: Grafischer Ausdruck der Intensität der Schalldruckwellen ist die jeweilige Amplitude, also innerhalb eines Rufes die Hüllkurve des Oszillogramms. Wie aus Abb. 11 hervorgeht, kann in einem Oszillogramm der zeitabhängige Amplitudenverlauf eines Ultraschallrufs sehr unterschiedlich sein:

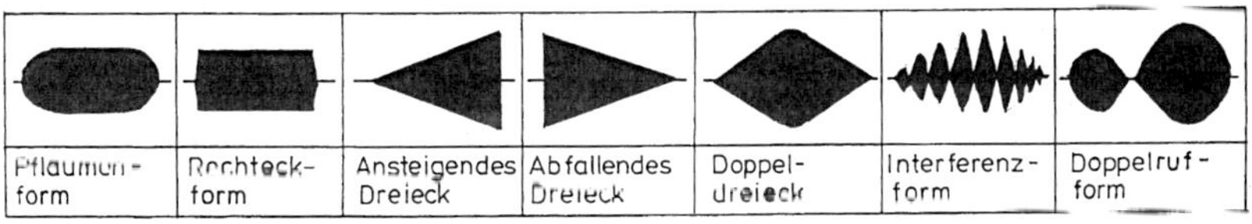

Abb. 11: Grundtypen der Oszillogrammformen von Fledermausrufen.

Pflaumenform: Typisch für die Gattung *Pipistrellus*.

Rechteckform: Typisch für den Kleinen Abendsegler, wenn er z.B. auf fester Bahn an einer Allee oder Lampenreihe entlang jagt. Der Schalldruck beginnt mit großer Heftigkeit (dp/dt).

Ansteigendes Dreieck: Ein Ansteigen des Schalldrucks mit zum Teil großer Heftigkeit während der ersten zwei Drittel des Rufes ist typisch für die Vertreter der Gattung *Myotis*. Ein Ansteigen mit geringer Heftigkeit ist beispielsweise typisch für die Zweifarbfledermaus oder für die Breitflügelfledermaus.

Abfallendes Dreieck: Selten.

Doppeldreieck: Wird u.a. gelegentlich bei der Wasserfledermaus festgestellt.

Interferenzform: Typisch für Wasser- und Teichfledermaus, manchmal auch bei anderen Arten festzustellen, z.B. beim Großen Abendsegler, wenn der Ultraschall am Wasserspiegel oder an einer Hauswand reflektiert wird und es dadurch zu Interferenzen kommt.

Doppelrufform: zwei oder drei unmittelbar aufeinander folgende Impulse, zum Teil ineinander übergehend. Diese Oszillogrammform wird in der Regel durch den originären Ruf verursacht, kann aber auch durch Interferenzen entstehen.

Die einzelnen Oszillogramme von Ultraschallrufen einer Rufreihe unterscheiden sich zwar immer nach Form und Länge, ihre Grundformen können aber bei der Gattungs- und Artbestimmung behilflich sein. Zu beachten ist, dass die Hüllkurven (Oszillogrammformen) innerhalb einer Art je nach dem Ortungszweck, Umgebungsbedingungen und individuellen Eigenarten sehr unterschiedlich sein können.

3. Frequenz: In der Regel wird bei einem Ruf zunächst die Hauptfrequenz = Frequenzmaximum (fm) festgestellt. Das ist die lautstärkste Frequenz in einem Geräusch oder Ton des Rufs. Der grafische Ausweis erfolgt in einem frequenzabhängigen Schalldruck- oder Schallpegelspektrum, wie in Kap. 8 zu sehen ist.

Die grafische Darstellung des zeitabhängigen Frequenzverlaufs eines Rufs erfolgt in einem Diagramm:

Der Frequenzverlauf lässt sich aus Periodogrammen, Spektrogrammen oder Schalldruck- bzw. Schallpegelspektren frequenzgeteilter oder zeitgedehnter Rufe ablesen. Ein Frequenzverlauf kann auch im Feld durch Abtasten mit dem Frequenzwähler eines Detektors, der nach dem Mischverfahren arbeitet, angenähert bestimmt werden.

Für die Darstellung des zeitlichen Frequenzverlaufs unter gleichzeitiger Berücksichtigung des Schalldrucks ist eine dreidimensionale Darstellung erforderlich, in der die Parameter Zeitablauf, Frequenz und Schalldruck miteinander verbunden werden. Um solche Darstellungen zu vereinfachen, wird ein zweidimensionales Diagramm mit dem zeitabhängigen Verlauf der Frequenz hergestellt und der frequenzbezogene Schalldruck durch den Schwärzungsgrad oder die Dicke der Frequenzkurve berücksichtigt, bei farbigen Ausdrucken auch zusätzlich durch unterschiedliche Farben (Farbtafel 5). Ein solches Diagramm wird abhängig vom physikalisch-technischen Verfahren seiner Herstellung als Sonagramm oder Spektrogramm bezeichnet. Die früher ohne PC nur mit Hilfe eines teuren Sonagrafen arbeitenden Sonagramme werden heute nicht mehr verwendet. Ein Spektrogramm entsteht durch Aneinanderreihung der punktuellen Ergebnisse von Fouriertransformationen in möglichst vielen kleinen Zeitachsenfenstern, wie das mit Hilfe von PC-Software einfach und schnell möglich ist.

Ein Periodogramm (Frequenzverlaufsdiagramm) stellt den schalldruckunabhängigen zeitlichen Frequenzverlauf des Rufes durch Punkte dar, deren Koordinaten den jeweiligen im Zeitablauf vorhandenen einzelnen Wellenlängen entsprechen. Die Punkte können miteinander zu einer Linie verbunden werden. Die Erstellung eines Periodogramms ist nur für eine Harmonische möglich oder nur, wenn diese durch zusätzliche weitere Harmonische lediglich sehr gering gestört wird.

Die Differenz zwischen höchster und niedrigster Frequenz wird Frequenzbandbreite genannt. In Kap. 8 und 9 werden dabei für einen Ruf Frequenzanfang → Frequenzende aufgenommen.

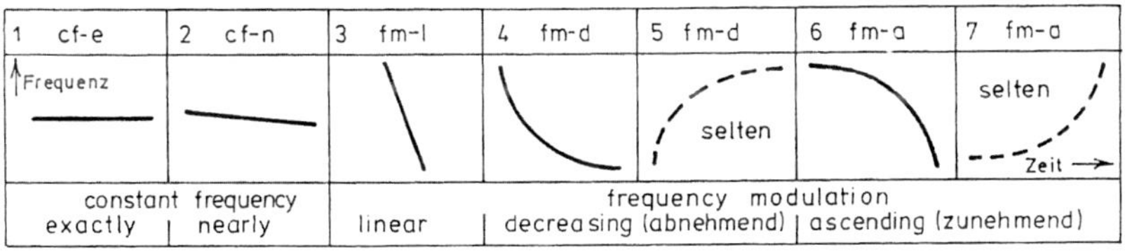

Abb. 12: Grundtypen der Frequenzverläufe von Fledermausrufen.

Der zeitliche Frequenzverlauf innerhalb eines Rufs lässt sich in folgende Grundtypen einteilen (Abb. 12), wobei im Einzelfall unterschiedliche Grundtypen miteinander verbunden sein können, z.B. bei den Suchrufen der Hufeisennasen:

- Genau (exakt) konstantfrequenter Verlauf: Frequenzabweichung der Grundfrequenz zwischen Rufanfang und -ende maximal etwa 2 kHz. Abgekürzt cf-e = constant frequency, exact (Abb. 12, Fall 1).
- Fast (nahezu) konstantfrequenter Verlauf: Frequenzabweichung der Grundfrequenz zwischen Rufanfang und -ende etwa 1 bis maximal 5 kHz. Abgekürzt cf-n = constant frequency, near (Abb. 12, Fall 2).
- Frequenzmoduliert, Modulation in der Zeiteinheit (ft/dt) etwa gleichbleibend. Abgekürzt fm-l = frequency modulation, linear (Abb. 12, Fall 3).
- Frequenzmoduliert, Modulation in der Zeiteinheit (ft/dt) abfallend. Abgekürzt fm-d = frequency modulation, decreasing. Dabei kann die Frequenz abnehmen (Abb. 12, Fall 4) oder sich erhöhen (Abb. 12, Fall 5). Bei Fledermäusen kommt praktisch nur ein Abfallen der Frequenz vor. Im Folgenden wird daher unter fm-d ein abfallender Frequenzverlauf verstanden, wenn nichts anderes vermerkt ist.
- Frequenzmoduliert, Modulation in der Zeiteinheit (ft/dt) zunehmend. Abgekürzt fm-a = frequency modulation, ascending. Dabei kann die Frequenz ebenfalls abfallen (Abb. 12, Fall 6) oder sich erhöhen (Abb. 12, Fall 7). Auch in diesem Fall kommt bei Fledermäusen fast nur ein Abfallen der Frequenz vor. Im Folgenden wird daher unter fm(a) ein abfallender Frequenzverlauf verstanden, wenn nichts anderes vermerkt ist.

Die Fenster bedürfen einer Bewertung, um Verfälschungen an den Fensterrändern zu dämpfen, z.B. am Anfang und Ende eines Rufes. Starke Dämpfung bewirkt eine Verringerung der Frequenzauflösung bei zunehmender Zeitauflösung. Bei der Erstellung der folgenden Spektrogramme wurde aus den zahlreichen Bewertungsmöglichkeiten die Fensterbewertung »Hamming« gewählt, weil sie bei guter Frequenzauflösung eine ausreichende Dämpfung (Störunterdrückung) gewährleistet.

Das Verhältnis der Frequenzänderung in der Zeiteinheit (df/dt) charakterisiert die Heftigkeit der Frequenzmodulation.

4. Ruflänge: Die Rufe europäischer Glattnasen-Fledermäuse sind in der Regel ohne Sozialrufe bis zu etwa 25 ms lang. Die Ruflänge ist vom Ortungszweck, den Umgebungsbedingungen und der Art abhängig. Erfahrungsgemäß werden innerhalb der artgebundenen Toleranzen lange Rufe bei der Fernorientierung und beim Suchflug in hindernisarmer Umgebung benutzt, während kurze Rufe bei der Jagd in hindernisreichem Gelände, bei der Nahorientierung und bei Identifikation und Fang von Beute üblich sind. Beispielsweise besitzen Suchrufe der großen, hoch fliegenden Glattnasen-Arten eine Dauer von etwa 8-25 ms, während bei denselben Arten im hindernisreichen Niedrigflug und bei kleineren Arten die Dauer der Suchrufe in der Regel 1-10 ms beträgt. Hufeisennasen benutzen außer bei der Nahidentifikation grundsätzlich lange Rufe bis zu etwa 80 ms Dauer, die Mehely-Hufeisennase nach Ahlén (1990) sogar bis 140 ms. Sozialrufe können in Rufreihen sehr kurz sein, sind jedoch als Einzelrufe oft sehr lang, zuweilen ca. 30-50 ms.

5. Rufabstand: Die zeitliche Entfernung zwischen zwei Rufmaxima Mitte-Mitte wird in ms aufgenommen. Besonders häufig vorkommende ähnliche Entfernungen werden in Bereiche von ms-ms zusammengestellt, z.B. für die Zwergfledermaus 75-130 ms. Aus der Anzahl der häufigen Abstände werden außerdem die typischen Rufe/s errechnet, z.B. für die Zwergfledermaus 7,7-13,3 Rufe/s. Die Häufigkeit der Rufe/s liegt für europäische Fledermäuse bei Wanderungen und beim Jagdflug je nach Art und Umgebungsbedingungen in der Regel bei 2-25 Rufe/s. Dabei handelt es sich hier nicht um Rufraten, die im Folgenden erläutert werden.

6. Rufrate: Die Rufabstände lassen sich in Abstandsklassen einordnen. Üblich sind Klassen mit der Bandbreite von 5 oder 10 ms. Als zweckmäßig hat es sich erwiesen, 200 Rufabstände von Suchrufreihen des hindernisarmen Jagdfluges zu klassieren und die Besetzung der einzelnen Abstandsklassen grafisch darzustellen (Abb. 13). Oft sind diese Grafiken für eine Fledermausart oder -gattung typisch.

Bei Annäherung an ein Hindernis erhöht sich genauso wie beim Beutefang (s. oben) die Rufrate stark. Ruflängen und Rufabstände werden beim Beutefang allerdings extrem kürzer, während der Schalldruck sinkt.

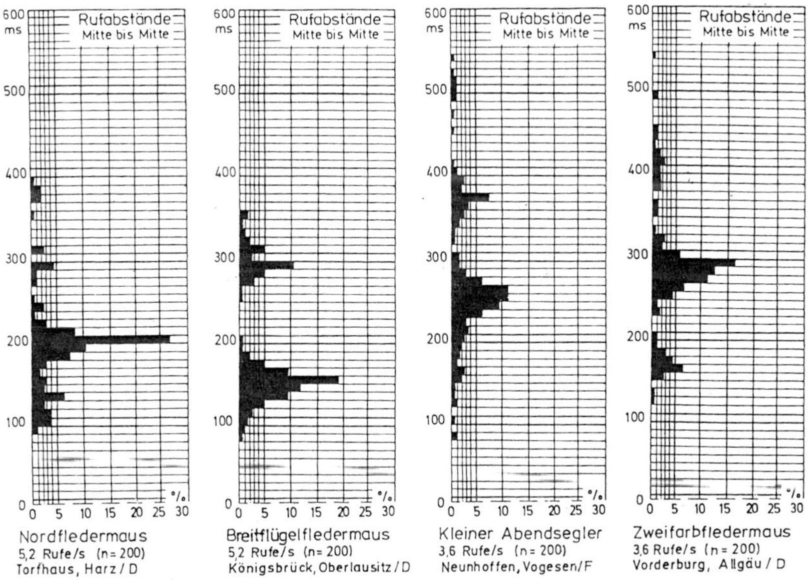

Abb. 13: Typische Rufabstandsklassierungen von 4 ähnlich rufenden Fledermäusen.

7. Höreindruck: Der Höreindruck des Rufrhythmus kommt in erster Linie durch die Variabilität von Schallintensität, Hauptfrequenz und Abstand der Einzelrufe zustande. Beim Rufreihenklang haben auch Amplitudenverlauf (knallartige oder weiche Töne) und Harmonische der Einzelrufe Bedeutung. Das benutzte Verfahren des Hörbarmachens von Ultraschall und die Bauweise des Detektors besitzen großen Einfluss auf das subjektive Klangempfinden. Beispielsweise hören sich nach dem Mischverfahren (Kap. 5.1) aufgenommene Rufreihen im hindernisarmen Suchflug der Zwerg- und Rauhautfledermaus oft wie schnell tropfendes Wasser an. Rufreihen der Wasserfledermaus klingen in der Regel »trocken« und scharf, als wenn Stecknadeln auf eine Glasplatte fallen. Die Ortungsrufe des Großen Abendseglers erinnern an Klatschlaute (»nass«) und zeichnen sich durch typischen Frequenzwechsel von Ruf zu Ruf (»Plipp-Plopp«-Rufe) aus. Die Rufe des Braunen Langohrs sind häufig wie ein leises Rattern oder Surren zu vernehmen. Breitflügelfledermäuse haben oft einen gleichmäßigen Rhythmus (etwa gleicher Rufabstand) mit einigen Aussetzern (doppelter Rufabstand), ähnlich einem Dieselmotor mit Zündaussetzern. Die Rufe von Hufeisennasen erinnern an das Fiepen von Jungvögeln oder Flügelklingeln von Enten. Völlig anders klingen die nach dem Zeitdehnverfahren aufgenommenen Rufe, bei denen Einzelheiten eines Rufes oder einer Rufreihe hörbar werden. Z.B. ist ein Anstieg des Schalldrucks im Ruf, der für Arten der Gattung *Myotis* typisch ist, als Endbetonung deutlich zu hören. Besonders Sozialrufe können in Zeitdehnung sehr melodisch und artbezeichnend sein.

4.5 Prinzipien und Leistungsvermögen der Echoortung von Fledermäusen

Echoortung von Glattnasen und Bulldoggfledermäusen

Europäische Glattnasen können Ultraschall in einer großen Frequenzbandbreite erzeugen und hören. Sie sind dadurch in der Lage, die Vor- und Nachteile niedriger und hoher Frequenzen miteinander zu kombinieren und je nach dem augenblicklichen Ortungszweck ihre Ortungsrufe zu variieren. Auch die Bulldoggfledermaus ist in ihrem arttypischen niedrigen Frequenzbereich imstande, die Frequenzhöhe dem jeweiligen Ortungszweck anzupassen. Die Ortungsechos der Glattnasen und der Bulldoggfledermaus werden im Zeitraum zwischen den Rufaussendungen empfangen. Ob und inwieweit sie auch während der Ultraschallaussendung wahrgenommen und verarbeitet werden können, ist ungeklärt.

Echoortung von Hufeisennasen

Europäische Hufeisennasen, die Ultraschall durch die Nase aussenden und durch eine parabolscheibenähnliche Form des Gesichtes in eine Richtung verstärken, besitzen einen engen Bereich optimaler Hörfähigkeit. Dieser beträgt z.B. bei der Großen Hufeisennase etwa 82 kHz, bei der Kleinen Hufeisennase etwa 110 kHz. Hufeisennasen orten in der Regel ihre fliegende Beute, indem sie die durch den Insektenflug, insbesondere durch den Flügelschlag, bewirkte Frequenzmodulation des Echos wahrnehmen. Die ausgesandte konstante Trägerfrequenz wird also durch die Insektenbewegung infolge des Dopplereffektes verändert. Auch der Schalldruck der Echos ändert sich mit dem Flügelschlag des Insekts und ist am größten, wenn die Flügel quer zur Ultraschall-Ortungsrichtung stehen. Logischerweise können Hufeisennasen also nur Insekten wahrnehmen, wenn sie sich bewegen. Der Vorteil dieses Ortungssystems besteht vor allem darin, dass eine Insektenjagd auch in dichtem Gebüsch ermöglicht wird. Durch die Verwendung einer schmalbandigen Aussendefrequenz fällt jede Frequenz- und Schalldruckmodulation eines sich bewegenden Insekts in einer unbewegten Umgebung sofort auf, gleichgültig, ob auf festem Boden oder fliegend. Hufeisennasen können während der Rufaussendung ihre Echos empfangen. Ihre Rufe sind verhältnismäßig lang und die Abstände zwischen den Rufen nur kurz.

Eine schmalbandige Hörfähigkeit der Hufeisennasen setzt voraus, dass die Echos in Hörfrequenz zurückkommen. Beim Anflug eines Objekts tritt jedoch der Dopplereffekt auf, d.h. die ausgesandte Frequenz wird als Echo in etwas höherer Frequenz als die Aussendefrequenz wahrgenommen, weil sich der Abstand zwischen Fledermaus und Ortungsobjekt verringert. Mit Rücksicht auf den engen sensiblen Hörfähigkeitsbereich passt daher eine Hufeisennase ihre Aussendefrequenz so den örtlichen Gegebenheiten an, dass das Echo stets im optimal hörbaren Bereich wieder an ihr Ohr dringt. Beispielsweise senkt die Große Hufeisennase ihre normale Aussendefrequenz von 82 kHz um bis zu 4 kHz ab, damit das Echo wieder mit 82 kHz und damit im Hörbarkeitsmaximum an ihr Ohr gelangt. Hufeisennasen sind also zu einer präzisen Feinabstimmung ihrer Ortungsfrequenz mit den Umgebungsbedingungen imstande, wie bei Ultraschallaufnahmen mit dem Detektor auch gut hörbar ist. Nach Neuweiler (1993) kompensieren Hufeisennasen Echos aus der Umgebung und nicht die von fliegenden Insekten. Bei fliegenden Insekten ist dies auch nicht notwendig, weil die durch den Flügelschlag bewirkte Frequenzmodulation in der Regel auch den optimalen Hörbereich berührt und intermittierend an- und abschwellend wahrgenommen werden kann. Außerdem besteht bei Hufeisennasen auch eine Hörfähigkeit außerhalb des optimalen Bereichs, da die konstantfrequenten Rufe mit einem kurzen frequenzmodulierten Ende versehen sind, das nach meinen Erfahrungen mit der Kleinen Hufeisennase bei Nahortungsrufen auch ohne den frequenzkonstanten Teil ausgesandt werden kann.

Reichweite der Echoortung, Entfernungs- und Richtungsfeststellungen

Aus zahlreichen Feldbeobachtungen und Laborversuchen ist das Leistungsvermögen des Echoortungssytems von Fledermäusen bekannt.

Werfen wir ein Steinchen in den Schallkreis einer Fledermaus, so reagiert sie darauf sofort und verfolgt den Gegenstand eine kurze Strecke. Ist das Steinchen zu weit entfernt, so lässt sie es unbeachtet. Die Entfernung, in der eine Fledermaus noch einen Gegenstand oder ein Hindernis wahrnehmen kann, ist von den arteigenen Eigenschaften der Ultraschallerzeugung sowie von Größe und Beschaffenheit des den Ultraschall reflektierenden Gegenstandes abhängig. Je größer und glatter der Gegenstand, umso größer ist auch die Entfernung, in der die Fledermaus den Gegenstand wahrnimmt. Kleinere Gegenstände, z.B. kleine Insekten, werden im hindernisarmen Jagdflug in Entfernungen von etwa (0,4) 0,8-4 (8) m je nach Fledermausart und Größe der Beute wahrgenommen. Begegnen wir in einem Stollen beispielsweise einer fliegenden Wasserfledermaus, so entdeckt sie uns in der Regel in 1,2-2,8 m Entfernung. Mit dem Detektor ist dann ein starker Anstieg der Ultraschallrufe zu hören. Häuserwände sowie großflächige Strukturen können über größere Entfernungen wahrgenommen werden, wie aus der elektronischen Auswertung von Rufechos geschlossen werden kann.

Die Entfernung des Echo auslösenden Gegenstandes wird aus der Zeit zwischen Aussendung und Empfang im Gehirn ermittelt. Experimente haben ergeben, dass Entfernungen von Fledermäusen genau eingeschätzt werden können. Die nordamerikanische Große Braune Fledermaus, die unserer europäischen Breitflügelfledermaus sehr ähnelt, die Große Hufeisennase und andere Arten sind in der Lage, zwei in einer Entfernung von 12-13 mm hintereinander liegende identische Gegenstände zu unterscheiden (Hill & Smith 1988).

Die Richtung, aus der ein Echo eine Fledermaus erreicht, wird aus der Schalldruck- und Ankunftszeitdifferenz zwischen beiden Ohren vom Gehirn ermittelt. Dabei ist beachtlich, dass Ankunftszeitdifferenzen von wenigen Mikrosekunden (1 µs = 1 millionstel Sekunde) verarbeitet werden.

Auflösung der Ortungsziele

Schon aus den Versuchen von L. Spallanzani geht hervor, dass Fledermäuse bei völliger Dunkelheit Fäden wahrnehmen und sie im Flug nicht berühren. Zahlreiche Versuche haben ergeben, dass solche Fäden oder Drähte je nach Art bei einem Durchmesser über 0,1-0,3 mm wahrgenommen werden. Hufeisennasen sind zu noch größeren Leistungen fähig. Beispielsweise erkennt die Mittelmeerhufeisennase bereits Drähte mit einem Durchmesser von 0,05-0,08 mm Durchmesser aus einer Entfernung von 0,3-0,4 m (Schnitzler 1968). Vermutlich kommt es dabei zu Echoerscheinungen, deren Intensität und vor allem Qualität (z.B. spektrale Zusammensetzung) apparativ bisher nicht vollständig nachgewiesen werden konnten.

Laborversuche haben ergeben, dass Fledermäuse nach einem längeren Training in der Lage sind, Formen und Materialien zu unterscheiden. Die Unterscheidung von Materialien deutet darauf hin, dass Fledermäuse Mikrostrukturen an ihrer unterschiedlichen schalldämpfenden und zu Interferenzen des Schallechos führenden Eigenschaften unterscheiden können.

Um so erstaunlicher erscheint die übereinstimmend im Schrifttum angegebene Feststellung, dass Hufeisennasen auf dem Boden oder auf Blättern unbewegt sitzende Insekten nicht identifizieren können, jedoch in der Lage sind, diese bei nur geringer Bewegung zu orten. Diese Fähigkeit deutet darauf hin, dass bereits durch geringe Bewegung bewirkte Veränderungen des Schallechos für die Beutesuche zumindest bei Hufeisennasen entscheidend sind.

Insgesamt ergibt sich aus Feldbeobachtungen und zahlreichen Laborversuchen, dass die Sinnesorgane von Fledermäusen in der Lage sind, Entfernung und Richtung auf Grund der Echolaufzeit mit hoher Genauigkeit zu beurteilen und sich aus der Qualität des Echoschalls, vor allem der spektralen Zusammensetzung, Reflexionsintensität und Interferenzen, ein differenziertes Hörbild zu machen. Neuweiler (1993) nennt anschaulich das Interferenzmuster der Struktur einer beschallten Oberfläche entsprechend der Farbwahrnehmung durch den Menschen »Echofarbe«. Vermutlich wird durch die Aussendung unterschiedlicher Frequenzen innerhalb eines Rufes das Hörbild verfeinert und damit die Echofarbe abgestufter, da Echointensität und Qualität der Echointerferenzen frequenzabhängig sind. So wäre auch erklärlich, dass Fledermäuse für die genaue Nahortung (außer für die Endphase von Fangrufen) hohe Frequenzen und große Frequenzbandbreiten bevorzugen, weil durch geringere Wellenlänge und ihre spektrale Differenzierung Interferenzen deutlicher werden und große Frequenzbandbreiten Wahrnehmung und Vergleich unterschiedlicher Reflexionsgrade und frequenzbezogener Interferenzen begünstigen.

Reaktion von Insekten

Viele Insekten können den von Fledermäusen ausgesandten Ultraschall nicht wahrnehmen und werden so leichte Beute. Einige Insektenarten, z.B. die auch nachts fliegende Gammaeule – *Phytometra gamma*, haben ein Hörorgan und reagieren entsprechend auf Ultraschall durch Zickzackflug oder Fallenlassen, wie manchmal im Umkreis einer Lampe beobachtet wird, um die eine Fledermaus kreist. Schließlich sind einige Nachtfalter in der Lage, dem Ultraschall von Fledermäusen ähnelnde Klicklaute oder den Sozialrufen ähnelnde Rufe von sich zu geben. Fledermäuse lassen dann oft, aber nicht immer von ihrer Beute ab, sei es, dass sie ihresgleichen vermuten oder die Laute für Anzeichen ungenießbarer Beute halten (Rydell & Young 2002).

Fangerfolg

Der Umfang der Beute je Zeiteinheit ist von Art zu Art sehr unterschiedlich und hängt vom Insektenangebot ab. Bei der in Nordamerika häufigen Kleinen Braunen Myotis wurde eine Fangrate von etwa 500 Insekten/h festgestellt, also etwa 1 Insekt je 7 s. Gewichtsmäßig entspricht dies etwa 2 g/h. Derartige Fangraten werden auch in Europa von kleinen und mittelgroßen Arten, z. B. nach eigenen Beobachtungen von Nord-, Wasser- und Zwergfledermaus, unter günstigen Umständen erreicht, z.B. in warmen Sommernächten. Eine Fledermaus kann in einer Nacht etwa ein Drittel ihres Gewichtes, also eine Wasserfledermaus mit einem Gewicht von 12 g ca. 1000 Insekten (Durchschnittsgewicht eines Insektes 0,004 g, d.h. 1 g = 250 Insekten) verzehren. Natürlich kann die Zahl der gefangenen Insekten auch wesentlich höher oder geringer sein.

Unterstützung durch Sehvermögen

Die Ultraschallortung von Fledermäusen kann durch deren Sehvermögen unterstützt werden. Unsere europäischen Fledermäuse haben verhältnismäßig kleine Augen mit kurzen Brennweiten und hoher Brechkraft, ihre Netzhaut besteht nur aus Stäbchen. Fledermäuse können also keine Farben wahrnehmen. Auch sind europäische Fledermäuse nicht zur Akkommodation (Brennweitenveränderung der Linse besonders für Nahsehen) fähig. Sie ist auch wegen der großen Tiefenschärfe bei den kleinen Linsenbrennweiten nicht notwendig. Die Augen von Fledermäusen sind jedoch sehtüchtig. Wie NEUWEILER (1993) berichtet, konnten Mausohren waagerechte und senkrechte Balken auf weißem Hintergrund noch unterscheiden, als die Helligkeit nicht mehr dafür ausreichte, dass der Laborleiter das Versuchstier sehen konnte. Von der nordamerikanischen Großen Braunen Fledermaus, einer nahen Verwandten der europäischen Breitflügelfledermaus, ist bekannt, dass sie starke Kontraste noch bis in die Nähe der absoluten Dunkelheit unterscheiden kann. Eine bei mir gepflegte Zweifarbfledermaus versuchte regelmäßig während der ersten Pflegetage in der späten Dämmerung oder nachts durch eine Fensterscheibe des Kellers zu entweichen, obwohl der Ultraschall die Fensterscheibe signalisierte.

Europäische Fledermäuse verzichten auch am Tage nicht auf die Ultraschallortung. So konnte ich mit dem Detektor die üblichen Ultraschallrhythmen feststellen, wenn Zwergfledermäuse ausnahmsweise und Azoren-Abendsegler regelmäßig am Tage flogen und jagten.

Speicherfähigkeit von Hörbildern

Da der von Fledermäusen ausgesandte Ultraschall zielgerichtet und dessen Reichweite begrenzt ist, kann durch die Echoortung lediglich ein augenblickliches, räumlich eng begrenztes Hörbild entstehen. Um über einen größeren Raum, z.B. ein Jagdgebiet, ein Hörbild zu erhalten, müssen Fledermäuse die einzelnen durch die Echoortung erhaltenen Teilinformationen zu einem Gesamtbild zusammensetzen und speichern. Fledermäuse können dies in großem Ausmaß und bewundernswerter Präzision. Einmal durch die Echoortung erkannte und gespeicherte Strukturen werden zur Orientierung später immer wieder benutzt. Viele Fledermäuse erreichen über bestimmte akustisch und teilweise wohl auch optisch wahrgenommene Landschaftsstrukturen ihre Jagdhabitate. Solche Flugstraßen sind besonders bei Arten ausgeprägt, die bestimmte, oft entfernt liegende Jagdhabitate benötigen, z.B. Wasserflächen bei Wasser- und Teichfledermäusen. Wasserfledermäuse übertagen nicht selten mehrere Kilometer vom Jagdhabitat entfernt. Abends konnte beobachtet werden, wie Wasserfledermäuse eine nach der anderen entlang von landschaftlichen Strukturen auf genau derselben Flugstraße, die nicht der Luftlinienverbindung über unstrukturiertes Gelände entspricht, ein Gewässer erreichten und sich erst dort verteilten. Diese Flugstraßen sind auch bei einigen anderen Arten zu beobachten. Viele Fledermäuse fliegen auch nachts bestimmte gespeicherte Routen bei der Insektenjagd ab. Sie verlassen sich dabei auf gespeicherte Hörbilder so stark, dass Veränderungen oft zunächst nicht wahrgenommen werden. So umkreisten Fledermäuse noch tagelang den Luftraum eines inzwischen gefällten Baumes. Auch wurde beobachtet, dass Änderungen an einem von Fledermäusen in seinen Ausmaßen gewohnten und als Hörbild gespeicherten Stolleneingang zu Kollisionen führten. Gebhard (1997) berichtet, dass eine soeben flügge gewordene Fransenfledermaus das um einen halben Meter tiefer aufgehängte Quartier an der Hauswand vergeblich suchte und erst das Einflugloch fand, als das Quartier wieder in seine ursprüngliche Lage gebracht wurde. Auch bei den Wanderungen der Fledermäuse und dem Aufsuchen der Winterquartiere scheint die Speicherfähigkeit des Hörbildes von Fledermäusen von großer Bedeutung zu sein. Wie anders ist zu erklären, dass durch Beringung gekennzeichnete Fledermäuse oft Jahr für Jahr ein bestimmtes Winterquartier aufsuchen und dort an genau derselben Stelle Winterschlaf halten? Es ist aber anzunehmen, dass für die Fernorientierung auf Wanderungen, wie sie z.B. vom Großen Abendsegler und von der Rauhautfledermaus im Frühjahr und Herbst erfolgen, andere, noch unerforschte, vermutlich den Zugvögeln gleichende Sinnesorgane ausschlaggebend sind.

4.6 Sozialrufe von Fledermäusen

Unter Sozialruf einer Fledermaus wird eine Lautäußerung verstanden, die der Verständigung untereinander dient. Sozialrufe müssen ihrem Zweck entsprechend eine große Reichweite und dadurch tiefe Frequenz besitzen. Sie werden in der Regel im unteren Ultraschallbereich und im oberen Bereich des durch den Menschen hörbaren Schalls von sich gegeben. Außerdem sind Sozialrufe in der Regel frequenzmoduliert und oft, aber nicht immer, länger als Ortungsrufe. Häufig enthalten sie auch stark ausgeprägte obere Harmonische. Manchmal gehen sie direkt von einem Ortungsruf in einen Sozialruf über. Folgende Arten von Sozialrufen werden nach ihrer Funktion unterschieden:

Balzrufe

Die Männchen vieler Fledermausarten geben zur Paarungszeit Balzrufe von sich, die das Revier anzeigen und Weibchen anlocken sollen. Diese Balzrufe können von Art zu Art sehr unterschiedlich sein. So werden von der fliegenden Zweifarbfledermaus im Herbst typische Rufreihen abgegeben, die auch mit bloßem Ohr hörbar sind. Die Männchen des Kleinen und Großen Abendseglers geben von ihrer Höhle aus kräftige, weit hörbare Rufe von sich. Ob auch die im Flug zu hörenden »Schnurrlaute« (in Zeitdehnung klangvolle Triller) beider Arten dazu gehören, also nur von den Männchen abgegeben werden, ist zu vermuten, bedarf jedoch noch der Bestätigung. Männchen der Zwerg- und Weißrandfledermaus kennzeichnen ihre Reviere fliegend durch Abgabe mehrteiliger Rufe, die sich in Zeitdehnung wie kurze, aber laute Triller anhören. Die Rauhautfledermaus ruft in ähnlicher Weise aus ihrem Paarungsquartier oder im Flug und lässt außerdem in Hochstimmung während der Paarung typische »Quietschlaute« von sich hören.

Aggressions- und Abwehrrufe

Aggressions- und Abwehrlaute werden dann von Fledermäusen abgegeben, wenn sie sich bedroht fühlen, z.B. bei Streitereien um einen Quartierplatz, bei Fang in einem Netz und bei Verfolgung durch einen Greifvogel oder eine Eule, aber ebenfalls bei Verteidigung ihrer Balz- und Nahrungsreviere. Auch das mit bloßem Ohr hörbare Zetern des Großen Abendseglers in dessen Sommerquartieren dürfte unter diese Rufgruppe fallen. Bei den oben genannten zeitgedehnten Trillern von Kleinem und Großem Abendsegler sowie von der Zwergfledermaus ist oft nicht zu unterscheiden, ob es sich um Droh- oder Balzrufe handelt, wobei nicht ausgeschlossen ist, dass sie manchmal beides gleichzeitig sind.

Kontaktrufe

In den Wochenstuben werden von den Jungtieren Rufe abgegeben, die in der Regel im niederfrequenten Ultraschallbereich liegen oder auch mit dem bloßen Ohr zu hören sind und sich mit dem Alter der Jungen ändern. Sie dienen dem Kontakt zwischen Müttern und Jungen. Die Mütter erkennen ihre eigenen Jungen allerdings auch olfaktorisch (nach dem Geruchssinn). Ähnliche Rufe werden nach dem Ausfliegen der Jungen in jagenden Fledermausgruppen gehört.

Kontaktrufe werden auch bei anderen Anlässen vernommen, z.B. bei Begegnungen mit Artgenossen und in der Morgendämmerung beim Schwärmen vor einem Übertagungsquartier.

Kontaktrufe können Artgenossen ein Quartier anzeigen. So konnte ich beobachten, dass sich in der Morgendämmerung einige Große Abendsegler zusammen mit Breitflügelfledermäusen hinter einer Blendlade eines Hauses versteckten. Einige dieser Abendsegler zeigten ihren später eintreffenden Artgenossen das Quartier durch Abgabe lauter Sozialrufe an. Die in großer Höhe fliegenden, wohl durchziehenden Artgenossen wurden bereits von den Quartierbewohnern wahrgenommen, wenn ich sie mit meinem sensiblen Ultraschalldetektor noch nicht hören konnte, auch waren sie noch nicht sichtbar. Nach kurzer Zeit konnte ich dann sehen, wie die Großen Abendsegler hoch über dem Quartier flogen, sich dann einzeln im Sturzflug dem Quartier näherten und sofort hinter der Blendlade verschwanden.

Artbestimmung durch Sozialrufe

Die Wahrnehmung von Sozialrufen kann die Artbestimmung in manchen Fällen wesentlich erleichtern. Beispielsweise sind die Balzrufreihen der Zweifarbfledermaus mit denen anderer Arten unverwechselbar. Kleine und Große Bartfledermaus sowie Wasserfledermaus sind der Tonart nach oft schwer zu erkennen. Zeigt der Monitor eine »Spazierstockform«, so war es sicher ein balzendes Männchen der Wasserfledermaus. In den südlichen Ländern kommen manchmal Rauhautfledermaus und Weißrandfledermaus gemeinsam vor. Sie sind wegen ihrer sehr ähnlichen Ortungsrufe mit dem Detektor in der Regel nicht zu unterscheiden. Im Gegensatz zur Weißrandfledermaus hat die Rauhautfledermaus jedoch einen Balzruf, der mit einem höherfrequenten zweiten Triller endet und damit artbezeichnend ist. Aber Vorsicht: Dieser feine Unterschied ist nach dem Mischverfahren nur aus der Nähe unter Abtasten des Frequenzbereichs von 20 bis 40 kHz zu hören. Auch das »Schnurren« von Kleinem und Großem Abendsegler, dass in Zeitdehnung als schöner Triller zu hören ist, gilt als ein sicheres Bestimmungsmerkmal dafür, dass es sich nicht um eine Zweifarb-, Nord- oder Breitflügelfledermaus handelt, während die Unterscheidung dieser Arten nach Ortungsrufen manchmal schwer fallen kann oder unmöglich ist.

5 Aufnahme- und Analysetechnik für den Ultraschall von Fledermäusen

5.1 Aufnahmegeräte

Ultraschall von Fledermäusen wird mit einem Ultraschalldetektor (Batdetector) aufgenommen und dort in hörbaren Schall umgewandelt. Der Ultraschalldetektor besteht aus einem für Ultraschallaufnahmen besonders geeigneten Mikrofon, einem elektronischen Prozessor, einem eingebauten Lautsprecher und/oder Kopfhöreranschluss sowie – nicht immer – aus einem gesonderten Anschluss für die Dokumentation mit geeignetem Dokumentationsgerät. Falls ein gesonderter Anschluss für die Dokumentation fehlt, kann in der Regel der Kopfhöreranschluss für die Dokumentation benutzt werden und die Hörkontrolle durch einen am Dokumentationsgerät angeschlossenen Kopfhörer erfolgen.

Mikrofone

Im Mikrofon (Abb. 14) werden die longitudinalen Schalldruckschwingungen in transversale elektrische Schwingungen (Wechselspannungen) umgewandelt. Für die Ultraschallaufnahme werden Mikrofone verwendet, die mit originaler Kleinspannung (Elektretmikrofone) oder mit Spannungswandlern (Kondensatormikrofone) arbeiten.

Elektretmikrofone sind sehr robust, klein, preiswert und haben einen geringen Gleichstromverbrauch. Ihre Ultraschallempfindlichkeit ist im typischen Anwendungsbereich von 20 bis 70 kHz gut. Die Empfindlichkeit nimmt mit höheren Frequenzen zunehmend ab. Daher eignen sich Elektretmikrofone in der Regel nicht für die Aufnahme von Frequenzen größer als 120 kHz.

Für höhere Ansprüche wird das Membran-Kondensatormikrofon eingesetzt. Es besteht aus einer festen Metallplatte und einer in geringem Abstand dazu isoliert befestigten, einseitig bedampften, dünnen Membran.

Die angelegte Gleichspannung (meist 200 V), die ein elektrisches Feld zwischen Membran und Metallplatte erzeugt, wechselt im Takt der die Membran bewegenden Schallwellen. Da die Spannungsschwankungen sehr klein sind, werden sie im Mikrofongehäuse verstärkt. Derartige Mikrofone sind empfindlich gegen Beschädigungen der Membran durch chemische und mechanische Einflüsse sowie gegen Feuchtigkeit, besitzen jedoch eine sehr gute Ultraschallempfindlichkeit linear auch in höheren Frequenzbereichen. Der Stromverbrauch dieser Mikrofone ist wesentlich höher als bei Elektretmikrofonen.

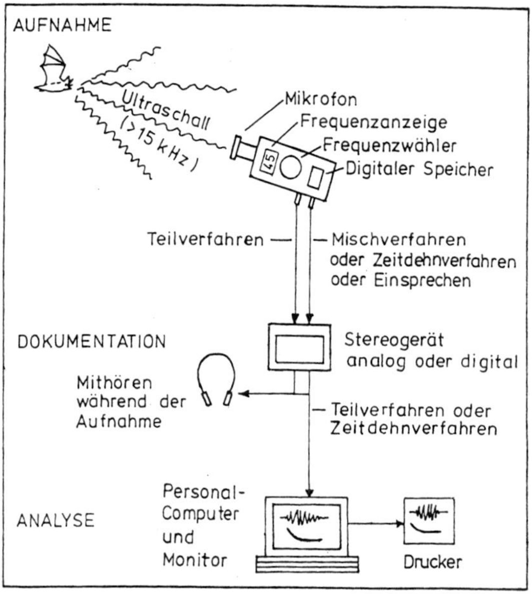

Abb. 14: Aufnahme, Dokumentation und Analyse von Fledermausrufen. Neuerdings befinden sich auch direkt im Ultraschallrekorder CF Speicherkarten (z.B. Pettersson 1000).

Prozessor

Der Prozessor des Ultraschalldetektors hat die Aufgabe, den durch das Mikrofon aufgenommenen Ultraschall in hörbaren Schall umzuwandeln. Dies kann nach dem Misch-, Teil- und nach dem Zeitdehnverfahren erfolgen:

Mischverfahren (= Heterodyne-, Überlagerungs- oder Frequenzwahlverfahren): Im Prozessor befindet sich ein Oszillator (Hilfssignalerzeuger), dessen Frequenz über einen Frequenzwähler (Drehknopf, Tuner) eingestellt werden kann. Der Schall aus dem Ultraschallmikrofon und der des Oszillators werden gemischt. Es entstehen zwei Mischprodukte, ein Summensignal und ein Differenzsignal. Nur Letzteres wird weiterverarbeitet. Ist der

Frequenzwähler beispielsweise auf 45 kHz eingestellt und werden Ultraschalltöne mit 43 kHz oder 47 kHz empfangen, entsteht eine Differenz von 2 kHz, die im Lautsprecher oder Kopfhörer von elektrischen in akustische Schwingungen umgewandelt und dadurch hörbar werden. Die Lautstärke der Differenzfrequenz ist bei etwa ±1 kHz am größten und verringert sich mit zunehmender Differenz. Ab etwa ±5 kHz ist nichts mehr zu hören, da größere Differenzsignale weggefiltert werden. An einigen Geräten ist auch eine engere Frequenzbandbreite zum genaueren Abtasten eines Frequenzbereichs einstellbar. Theoretisch dürfte man nichts hören, wenn die aufgenommene Ultraschallfrequenz und die mit dem Frequenzwähler eingestellte Oszillatorfrequenz übereinstimmen, weil keine Differenzfrequenz vorhanden ist (sogenannte »Nullfrequenz«). Dies ist in der Praxis nicht der Fall, weil zwei Lautstärken dicht beieinander liegen und im Übrigen die Fledermausrufe fast immer frequenzmoduliert sind und zumindest eine genaue Frequenzkonstanz der Ultraschallrufe von Fledermäusen äußerst selten ist. In der Praxis ist also die über den Frequenzwähler einstellbare lautstärkste Frequenz etwa die von der Fledermaus ausgesandte Hauptfrequenz. Vorteilhaft ist bei diesem Aufnahmeverfahren, dass es gegenüber Ultraschall wesentlich empfindlicher als das im Folgenden besprochene Teilverfahren reagiert. Auch lässt sich über den Frequenzwähler die Frequenz des ausgesandten Ultraschalls einschließlich der Hauptfrequenz abtasten und damit schon im Feld grob ermitteln. Dabei ist eine kalibrierte digitale Frequenzanzeige in einem Gerät mit quarzstabilisiertem Oszillator genauer als das analoge Ablesen der Frequenz mittels Frequenzwähler in Form eines Drehknopfes. Außerdem ist der nach diesem Verfahren erzeugte Hörschall wegen seiner ausgeprägten Klangfarbe sehr einprägsam. Genaue Angaben lassen sich nach diesem Verfahren auch über die Rufrate (Rufe/s) von Ruffolgen machen. Daher eignet sich das Mischverfahren besonders gut für das Einarbeiten in die akustische Unterscheidung von Ultraschallrufen. Nachteilig ist, dass alle Ultraschallrufe außerhalb des eingestellten etwa 5-10 kHz umfassenden Frequenzbereichs nicht gehört werden können. Bei Spitzengeräten wird versucht, diesen Nachteil über einen Scanner zu beseitigen. Dieser tastet ständig einen einstellbaren Frequenzbereich ab, in dem Ultraschallrufe erwartet werden. Wird ein entsprechender Ultraschallruf festgestellt, so zeigt er für ein paar Sekunden dessen Frequenz an. Erforderlichenfalls kann dann mit dem Frequenzwähler nachgestellt werden. Scanneranzeigen haben sich in der Praxis weniger bewährt, da sie oft durch Heuschrecken und sonstige Störgeräusche ausgelöst werden. Ein weiterer wesentlicher Nachteil des Mischverfahrens besteht darin, dass der auf einem Tonträger dokumentierte Schall in der späteren Analyse keine Rückrechnung auf die Frequenz des originalen Ultraschalls zulässt (Abb. 15). Da zudem die Feststellung von Hauptfrequenz und Frequenzverlauf des Einzelrufes mit dem Frequenzwähler prinzipbedingt nicht genau möglich ist, können mit diesem Verfahren begründete Artnachweise von Fledermäusen nur ausnahmsweise anerkannt werden, zumal auch durch den Frequenzwähler ermittelte Frequenzfeststellungen nicht von Dritten nachvollziehbar sind.

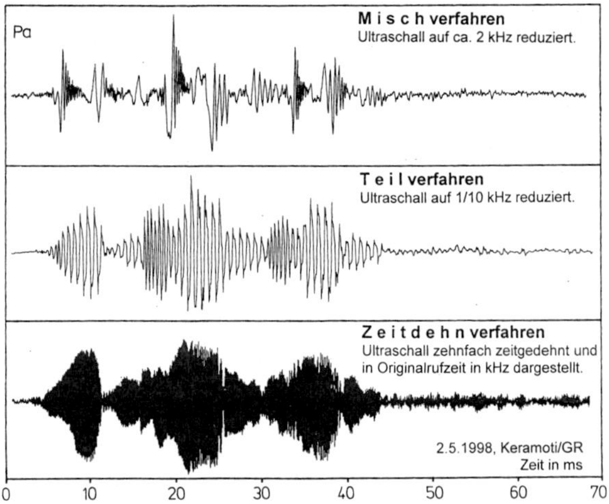

Abb. 15: Verfahrensbedingte Unterschiede von Oszillogrammen bei der Umsetzung von Ultraschall in hörbaren Schall mittels Detektor am Beispiel eines Sozialrufes der Weißrandfledermaus (Hauptfrequenz 14 kHz).

Die richtige Anzeige (Kalibrierung) des Frequenzwählers (Frequenzanzeige) kann auf einfache Weise mit Hilfe eines Fernsehers überprüft werden. Dieser (nicht ein PC!) erzeugt einen technisch bedingten Ton von 15,625 kHz oder dem Vielfachen davon, also von 31,250, 46,875, 62,500, 78,125, und 93,750 kHz. Nach dem Mischverfahren ist dieser Ton bei einer Einstellung des Frequenzwählers unterhalb oder oberhalb der jeweiligen Tonfrequenz gut zu hören, nicht jedoch bei genauer Einstellung auf die Tonfrequenz, weil dann zwischen Oszillatorfrequenz und aufgenommener Tonfrequenz kein Differenzsignal entsteht (siehe oben).

Teilverfahren: Die Frequenzen des Ultraschalls von Fledermäusen werden nach dem Frequenzteilverfahren durch Teilung der analogen Frequenz in hörbaren Schall umgewandelt. Für den Ultraschall europäischer Fledermäuse hat sich eine Teilung durch 10 als günstig erwiesen. Beträgt also beispielsweise die Hauptfrequenz des von einer Zwergfledermaus abgegebenen Ultraschalls 45 kHz, so erfolgt eine Reduktion auf gut hörbare 4,5 kHz. Von den originalen zehn Wellen gelangt also umgewandelt nur eine Welle in den Lautsprecher oder Kopfhörer. Bei der Laboranalyse der nach diesem System umgewandelten und dokumentierten Laute ist eine Rückrechnung auf die Originalfrequenz und damit eine Darstellung des

Frequenzverlaufs der Grundfrequenz eines Einzelrufes möglich. Auch 2. und weitere Harmonische können in einem Schallpegelspektrum ausgewiesen werden. Von großem Vorteil ist die Tatsache, dass Ultraschall über die gesamte Frequenzbandbreite ständig gehört wird. Allerdings können Störgeräusche, z.B. von Heuschrecken oder vorbeifahrenden Autos, nicht ausgeschlossen werden. Auch ist das Verfahren wesentlich ungenauer als das Zeitdehnverfahren, insbesondere bei modulierten Rufen. Der Amplitudenverlauf (die Hüllkurve) der geteilten Ultraschalleinzelrufe entspricht dem des Originals. Nur bei einfachen Geräten ist dies nicht der Fall. Allerdings leidet die Genauigkeit der Analyse bei sehr kurzen Rufen, da dann manchmal infolge der Teilung nur wenige Schwingungen vorhanden und auswertbar sind. Beispielsweise hat ein 30 kHz-Ton nach der Teilung durch 10 nur noch 3 Schwingungen/ms.

Zeitdehnverfahren: Nach dem Zeitdehnverfahren wird der analog aufgenommene Ultraschall digital gespeichert. Die digitale Umwandlung erfolgt durch Messung der analogen Momentwerte in sehr kurzen Zeitabständen, also mit einer bestimmten Abtastrate und Umsetzung der Messwerte in Zahlen. Die Abtastrate muss dabei mindestens doppelt so hoch sein wie die höchste Signalfrequenz, z.B. muss für 110 kHz die Abtastrate mindestens 220 kHz (= 220.000 Schwingungen/s) betragen. Die Abtastraten liegen in Spitzengeräten meist bei 250-400 kHz. Anschließend wird der Ultraschall durch zeitgedehnte Entleerung des Speichers – in der Regel zehnfach – hörbar gemacht, wobei alle originalen Eigenschaften des Ultraschalls erhalten bleiben. Der Ultraschall kann also zeitgedehnt als hörbarer Schall mit Hilfe geeigneter Geräte dokumentiert werden. Komplexe Rufe, z.B. Balzrufe, sind auf diese Weise in ihren Einzelheiten besser hörbar als bei der Anwendung anderer Verfahren. Zusätzlich lassen sich bei einer späteren Analyse 2. und weitere Harmonische außer im Schallpegelspektrum auch im Spektrogramm darstellen. Allerdings ist die Speicherung des digitalisierten Ultraschalls im Detektor nur für kurze Zeiträume möglich. Die Speicherzeit beträgt je nach Detektortyp bis 12,0 s. Bei Verwendung eines tragbaren Personalcomputers bzw. Laptops sind auch längere Speicherzeiten möglich. Eine Speicherzeit von etwa 3,0 s hat sich als Kompromiss zwischen Aufwand und Nutzen unter Berücksichtigung praxisnaher Abspielzeit besonders bewährt. Wichtig ist für die Praxis – und entsprechend sollte beim Kauf darauf geachtet werden –, dass die Speicherung fortlaufend erfolgt und der letzte Speicherinhalt nach Hören eines besonders interessanten Signals voll zeitgedehnt abrufbar ist, das heißt nach Drücken des Knopfes muss das Signal vorher und nachher gehört werden können, z.B. für originale 3 s gespeicherte Länge müssen 1,5 s vor der Auslösung (= 15 s zeitgedehnt) und 1,5 s danach (15 s zeitgedehnt) abrufbar sein.

Einsprechmöglichkeit

Von großem Nutzen ist eine Einsprechmöglichkeit von Kommentaren für die Dokumentation auf einem Tonträger. Wer Ultraschall auf einem Tonträger dokumentieren will, sollte auf diese Möglichkeit beim Kauf eines Ultraschalldetektors achten. Auf diese Weise lassen sich Datum, Uhrzeit, Wetter, Aussehen und Flugverhalten der Fledermaus sowie weitere Umstände vor oder nach der Ultraschallaufnahme dokumentieren. Dies ist für die spätere Auswertung der dokumentierten Rufreihen wesentlich und erleichtert Dritten, die Ergebnisse nachzuvollziehen.

5.2 Dokumentationsgeräte

Im Dokumentationsgerät wird der mittels Ultraschalldetektor hörbar gemachte Schall fixiert. Dadurch kann das an Ort und Stelle erhaltene Ergebnis später in Ruhe überprüft und z.B. mit Referenzrufen verglichen werden. Für einen in einer Veröffentlichung angegebenen Nachweis einer Fledermausart mit einem Ultraschalldetektor ist die Dokumentation von Rufreihen aus Beweisgründen unabdingbar, damit im Zweifelsfall auch Dritte die Ergebnisse der Analyse überprüfen können. Für die Dokumentation wurden in den letzten Jahren zahlreiche Geräte nicht mehr verwendet oder aber wesentlich verbessert. Der Grund dafür besteht vor allem darin, dass zunehmend digitale statt analoger Geräte benutzt werden.

Analoge Geräte

Die Benutzung einfacher analoger Standard-Kassetten und Mikro-Kassetten sind auch heute noch in Kassetten-Rekordern und Diktiergeräten möglich. Für einen Ultraschalldetektor, der nur nach dem Mischverfahren arbeitet, genügt ein billiges und einfach arbeitendes Gerät (Kap. 1). Der professionelle stereo (zweispurig) arbeitende Audio-Kassetten-Rekorder Sony WMD 6C, den bereits Ahlén (1981) sehr erfolgreich benutzte, wird heute nicht mehr hergestellt, kann jedoch gelegentlich noch im Internet gekauft werden.

Digitale Geräte

Seit einiger Zeit werden fast nur noch digitale Geräte für die Dokumentation benutzt.

Zunächst waren es Mini-Disk- (MD) Geräte. Die nur 7 x 7 cm großen und 5 mm dicken Disketten lassen sich beliebig häufig bespielen, sind in einer Kunststoffhülle geschützt, alterungsbeständig und haben 74 oder 80 Minuten Spielzeit für Stereoaufnahmen und 148 oder 160 Minuten Spielzeit für Monoaufnahmen. Die bei diesem Dokumentationsverfahren übliche Datenkompression wirkt sich, wie umfangreiche Versuche von mir ergeben haben, nicht negativ auf die Analyse von Daten aus, die nach dem Teil- oder Zeitdehnverfahren aufgenommen werden (vgl. aber PFALZER 2002, S. 14). Die MD-Geräte werden heute nur noch selten benutzt. Sony besitzt seit 2006 dafür ein neues kleines Gerät (MZ-RH1, ca. 320 Euro), das u.a. eine direkte Wiedergabe von MP3 ermöglicht und im Übrigen wegen seiner hervorragenden Tonqualität geschätzt wird.

Möglich sind auch digitale Stereo-Diktiergeräte, die teilweise eine Verbindung zum PC besitzen. Die zeitweise vorhandenen Compact Disc (CD)-Rekorder werden wegen ihres erheblichen Umfangs und der hohen Kosten nicht mehr produziert. Digitale Audio-Tape (DAT)-Rekorder, die früher für die digitale Verarbeitung verwendet wurden, werden heute u.a. wegen hoher Kosten nur noch selten hergestellt.

Inzwischen werden zahlreich auch MP3-Player angeboten. Damit lassen sich Digitalaufnahmen mit Kabeln über USB zum PC überspielen oder mit Speichersticks direkt vom Gerät übernehmen. Die inzwischen zahlreichen und zum Teil sehr verschiedenen MP3-Player bedürfen für die Verwendung von Fledermausrufen noch der genauen Überprüfung, zumal zu erwarten ist, dass sich die Dokumentationsgeräte für Aufnahmen von Ultraschalldetektoren in den zukünftigen Jahren weiter wesentlich verändern werden.

Beim Kauf von Dokumentationsgeräten sollte besonders auf die Möglichkeit zur manuellen Pegelsteuerung während der Aufnahme geachtet werden. Letzteres ist nicht bei allen Geräten gewährleistet. Eine automatische Pegelsteuerung des Gerätes ist nicht erwünscht, weil diese die Rauschpegel zwischen den Rufen der Fledermausaufnahmen stark erhöhen kann und sich damit die Tonqualität wesentlich verschlechtert.

5.3 Analysemöglichkeiten und -geräte

Nach der Dokumentation der Rufreihen von Fledermäusen bedarf es in vielen Fällen einer Analyse, um objektive Angaben zum Vorkommen einer Fledermausart machen zu können.

Vergleich mit Referenzaufzeichnungen

Eine erste subjektive Analyse besteht darin, die eigenen Dokumentationen mit Referenzaufzeichnungen auf Audiobändern oder CDs zu vergleichen, die im Handel erhältlich sind (Kap. 14). Diese Vorgehensweise ist besonders dann sinnvoll, wenn die eigenen Dokumentationen lediglich mono nach dem Mischverfahren erfolgen und damit einer objektiven Analyse des Frequenzverlaufs von Rufen nicht zugänglich sind. Die Aussagekraft subjektiver Analysen durch Vergleich mit Referenzaufzeichnungen ist allerdings sehr eingeschränkt. Beispielsweise sind Rufreihen der Breitflügelfledermaus im schnellen Rufrhythmus charakteristisch, so dass die Artbestimmung in Verbindung mit der Wahrnehmung anderer Merkmale (Frequenzeinstellung bei der Aufnahme im Feld, Größe, Flugeigenschaften der Fledermaus usw.) mittels Mischverfahren möglich sein kann. Aber schon bei einer Breitflügelfledermaus, die in langsamem Rhythmus ruft, bestehen Verwechslungsmöglichkeiten mit den Rufen von Zweifarbfledermaus, Nordfledermaus und auch des Kleinen Abendseglers. Ähnlich ist es hinsichtlich der Unterscheidung von Zwergfledermaus und Rauhautfledermaus sowie von Großem und Kleinem Abendsegler. Trotz dieser Aussageeinschränkungen ist der Vergleich mit Referenzaufzeichnungen ein gutes Mittel, akustische Eigenarten der Vertreter der einzelnen Fledermausarten zu erkennen und sich nach Rhythmus und Klang einzuprägen. Solche Wahrnehmungen und Vergleiche sind erfahrungsgemäß mit guten Kopfhörern besser möglich als mit Hilfe eines Lautsprechers.

Personalcomputer (PC)

Mehrere Firmen (Kap. 14) bieten Software an, mit deren Hilfe einzelne Ultraschallrufe und Rufreihen mit dem PC analysiert werden können. Teilweise ist diese Software direkt auf die Bedürfnisse der Analyse von Ultraschallrufen von Fledermäusen zugeschnitten, die nach dem Zeitdehnverfahren dokumentiert wurden. Auf diese Weise lassen sich Oszillogramme und entsprechende Hüllkurven und Spektrogramme, frequenzabhängige Schalldruck- oder Schallpegelspektren sowie Histogramme über eine Rufabstandsverteilung erstellen. Ein Spektrogramm unterscheidet sich vom früher benutzten Sonagramm ohne PC lediglich durch Herstellungsart und -gerät; das Ergebnis ist prinzipiell dasselbe, nämlich ein Diagramm des zeitabhängigen Verlaufs der Frequenz unter Berücksichtigung des Schalldrucks. Einige PC-Programme eröffnen darüber hinaus weitere Möglichkeiten, z.B. Korrelationen mit vorgegebenen Referenzrufen, Speicherung in PC-Karteien usw. Ultraschallanalysen mit Software auf dem PC erfordern genaue Kenntnisse über Möglichkeiten und Grenzen des jeweiligen Vorgehens. Typische mit Software erstellte Auswertungsergebnisse befinden sich bei den folgenden Artbesprechungen (Kap. 8).

5.4 Ausrüstungserfordernisse

Die Ausrüstung mit Geräten für die »Detektorjagd auf Fledermäuse« richtet sich danach, welche Ziele damit verfolgt werden sollen. Dabei kann auch mit entscheidend sein, ob der Detektor noch zu weiteren Zwecken benutzt werden soll, z.B. zur Artbestimmung von Heuschrecken oder im technischen Bereich zum Identifizieren von Schwachstellen, z.B. Lecks in Rohrleitungen oder Lagerdefekten an Maschinen.

Erstausrüstung

Personen, die sich im Umgang mit dem Ultraschalldetektor einüben wollen, und Personen, die lediglich die Anwesenheit von Fledermäusen feststellen wollen, jedoch auf genaue weitere Untersuchungen der Absicherung der Artbestimmung anhand von Ultraschallsignalen keinen Wert legen, benötigen lediglich einen Ultraschalldetektor, der nach dem Mischverfahren arbeitet. Dieser ist üblicherweise mit einem Lautsprecher und/ oder Kopfhöreranschluss ausgerüstet. Empfehlenswert ist außerdem ein einfacher Audiorekorder, um sich die aufgenommenen Rufreihen später nochmals anzuhören, zu vergleichen oder Dritten zugänglich zu machen. Natürlich ist auch die Dokumentation mit anderen Geräten möglich, aber erfahrungsgemäß wesentlich teurer. Werden die Geräte häufig benutzt, empfiehlt sich die Verwendung von wieder aufladbaren Batterien mit entsprechenden Ladegeräten.

Ausrüstung für Fortgeschrittene

Personen, die mit einem Ultraschalldetektor nachvollziehbare Artnachweise anstreben, die für eine Veröffentlichung geeignet sein sollen, müssen aufwändigere Geräte benutzen. Der Detektor sollte nach zwei Verfahren arbeiten: dem Mischverfahren wegen seiner guten Empfindlichkeit und Klangeigenschaften sowie dem Teilverfahren wegen der damit eröffneten Möglichkeit zur Rückrechnung auf die Originalfrequenz und seiner gesamt hörbaren Frequenzbandbreite.

Eine umfassende wissenschaftliche Analyse von Ultraschallrufen ist allerdings erst dann möglich, wenn zeitgedehnte Rufaufnahmen vorliegen, weil dadurch mittels PC-Programmen alle Einzelheiten des originalen Ultraschalls sichtbar gemacht werden können. Die Spitzendetektoren besitzen daher zusätzlich die Möglichkeit zum Zeitdehnverfahren, das auf der für das Mischverfahren vorgesehenen Spur bedarfsweise dokumentiert wird, während die Aufnahmen nach dem Teilverfahren und die entsprechenden Dokumentationen ununterbrochen weiter vonstatten gehen können.

Eine gute und wesentlich kostengünstigere Alternative besteht darin, einen Detektor zu benutzen, der außer dem Zeitdehnverfahren entweder das Mischverfahren oder das Teilverfahren verwendet, wobei das Teilverfahren zu bevorzugen ist, da Fledermäuse dann ohne Rücksicht der Frequenzhöhe immer gehört werden und eine Rückrechnung auf die Originalfrequenz ständig möglich ist. Auf diese Art kann auch eine automatische »Horchbox« benutzt werden, mit deren Hilfe während der Nacht die Rufe vorbeifliegender Fledermäuse an Häusern, Wäldern, Höhlen, Stollen, Nistkästen, Wochenstuben, Autos usw. festgestellt werden. Ein solches Gerät besitzt neben einem Misch- oder Teilverfahren vor allem ein Zeitdehnverfahren, von dem die Rufe durch den Ultraschalldetektor automatisch registriert und von einem Tonträger mittels Verbindungskabel aufgenommen werden können. In der Regel besitzt die »Horchbox« durch die zehnfache Zeitdehnung jeweils maximal 30 Sekunden Laufzeit für den Tonträger und die entsprechenden Rufreihen der Fledermaus. Wenn an der »Horchbox« noch ein Stundenrufwecker benutzt wird, lässt sich auch die Stundenzeit einer vorbeifliegenden Fledermaus genau feststellen. Aber Vorsicht: Autos, Flugzeuge, Heuschrecken und Regen können dazu führen, dass die Tonträger viel zu häufig laufen.

Außerdem ist wichtig, dass das jeweilige Ultraschallgerät eine Einsprechmöglichkeit besitzt, um alle wesentlichen Umstände bei der Rufaufnahme zu dokumentieren. Das Dokumentationsgerät muss immer für Stereoaufnahmen geeignet sein.

Empfehlenswert ist auch eine starke Taschenlampe oder ein Handscheinwerfer, um die Artbestimmung durch Sicht abzusichern. Außerdem können mit einer guten Taschenlampe bei nächtlichen Exkursionen angreifende Hunde durch Blendung kampfunfähig gemacht werden, was sich bei mir wiederholt als notwendig erwiesen hat. – Auch ein Nachtsichtgerät kann gute Dienste leisten.

Eine einfache Art der wissenschaftlichen Analyse besteht darin, die mit entsprechender Software eines PCs auf dem Monitor (Bildschirm) sichtbar gemachten Angaben auszuwerten, um Oszillogramme und Spektrogramme mit Hauptfrequenz, Anfangs- und Endfrequenz, Ruflänge und Rufabstand, Schallpegelspektrum und Rufabstandsklassierung zu berechnen und im Ausdruck grafisch darzustellen (Kap. 8). Dies genügt erfahrungsgemäß für eine Artbestimmung, sofern diese im Einzelfall grundsätzlich möglich ist.

6 Möglichkeiten der Fledermauserfassung durch Ultraschalldetektoren

Grundsätzliche Vorteile

Wer Fledermäuse schützen will, muss wissen, wo sie vorkommen, um welche Art es sich handelt und wie sie sich verhalten. Da Fledermäuse meist ein sehr heimliches Leben führen, sind für den normalen Menschen Beobachtungen von Fledermäusen und Erwerb entsprechender Kenntnisse über ihre Lebensweise nicht einfach. Dazu kommt, dass Fledermäuse gegen Störungen in ihren Sommer- und Winterquartieren empfindlich sind und sie daher dort nur ausnahmsweise aufgesucht werden dürfen. In Deutschland bedarf es dazu einer Genehmigung der Naturschutzbehörde. Wir sehen Fledermäuse zwar gelegentlich abends in der Dämmerung, aber im Dunkel der Nacht entziehen sie sich uns völlig. So ist es auch kaum verwunderlich, dass wir bis vor wenigen Jahrzehnten über Vorkommen und Verhalten unserer heimischen Fledermäuse nur wenig wussten und z.B. hinsichtlich der Verbreitung mancher Arten auf Zufallsfunde angewiesen waren.

Seit wenigen Jahrzehnten ist es durch den Fortschritt der Technik möglich geworden, auch bei völliger Dunkelheit Fledermäuse zu beobachten, u.a. durch Ultraschalldetektoren. Vorteilhaft ist dabei, dass durch die Verwendung eines Ultraschalldetektors keine Fledermaus gestört wird und eine Artbestimmung in den meisten Fällen möglich ist, besonders wenn andere technische Geräte zusätzlich benutzt werden, z.B. Scheinwerfer oder Nachtsichtgeräte. Dazu kommt, dass das Verfolgen von Fledermäusen mit einem Ultraschalldetektor auch ein faszinierendes Naturerlebnis ist und daher besonders bei Kindern und Jugendlichen zum Verständnis für die sie umgebende Natur und deren Schutz motiviert. Ultraschalldetektoren gehören daher heute nicht nur zum Handwerkszeug von Berufsbiologen, sie werden auch von den Mitgliedern wissenschaftlicher Gesellschaften und Naturschutzvereine für Demonstrationen und in der Laienforschung häufig benutzt, zumal einfache Detektoren heute bereits preiswert zu erhalten sind.

Schwerpunkte des Vorkommens

Fledermäuse gibt es im Sommerhalbjahr überall dort, wo Möglichkeiten zum Übertagen bestehen und Nahrungsgründe vorhanden sind (Kap. 2). Insekten fliegen bekanntermaßen gerne an nahrungsreichen Gewässern, besonders, wenn diese am Rande Vegetation besitzen, eutrophiert sind und verlanden. Am Rande von Städten und Dörfern befinden sich oft als Straßenbeleuchtung Quecksilberdampflampen (HQL), deren spektraler Anteil an ultraviolettem Licht Insekten anlockt, die für Fledermäuse leichte Beute sind. Hier jagen Fledermäuse in der Nacht oft stundenlang, indem sie um einzelne Lampen oder entlang von Lampengalerien fliegen. Gern werden auch Obstgärten und Parkanlagen angenommen. Selbst in Großstädten können vor allem zur Zugzeit Fledermäuse beobachtet werden. Beispielsweise sucht die Rauhautfledermaus zur Zugzeit regelmäßig Flussläufe in Städten auf. Dort finden sich auch Zwerg- und Wasserfledermaus ein. Großer Abendsegler, Kleiner Abendsegler und Zweifarbfledermaus überqueren in großer Höhe die Städte oder jagen manchmal längere Zeit über erleuchteten Stadtzentren, um die vom Licht angezogenen Insekten abzufangen. Waldränder und Landschaftsstrukturen, z.B. Alleen und hohe Hecken, sind ebenfalls von Fledermäusen gern angenommene Jagdhabitate. Auch entlang von Schneisen und Wegen in den Wäldern jagen sie. Es gibt also genügend Möglichkeiten, mit dem Ultraschalldetektor Fledermäuse festzustellen. Allerdings muss auch eingeräumt werden, dass infolge der Intensivierung der Landwirtschaft, Verbauung von Gelände, Vernichtung von Wochenstubenquartieren und anderen Ursachen manche Gebiete und Ortschaften fledermausfrei sind.

Kartierungsarbeit

Ultraschalldetektoren eignen sich gut für gezielte Kartierungsarbeiten in bestimmten Gebieten (Limpens & Roschen 1996 und 2002). Solche Beobachtungen von Fledermäusen können beispielsweise auch zu Vergleichszwecken über die zeitliche Entwicklung der Fledermausbestände (Skiba 2001), zur Feststellung von Veränderungen der Grenzen des Verbreitungsareals einer bestimmten Art (Skiba 2000) und zur Erkundung ihrer Wanderwege (Skiba 2007) durchgeführt werden. Aktuell können Erhebungen auch im Rahmen von Umweltverträglichkeitsprüfungen geplanter Flächennutzungen erforderlich sein. Falls ein genaues Ergebnis notwendig ist, muss das betreffende Gebiet systematisch zu allen Nachtzeiten und bei günstigen Witterungsbedingungen untersucht werden. Es genügt dabei nicht, Straßen und Wege mit dem Auto abzufahren, da eine solche Erhebung nicht repräsentativ sein würde und auch aus dem Auto heraus einige Fledermausarten schwer oder nicht zu hören sind, z.B. Langohren, Hufeisennasen und Wimperfledermäuse. Am besten werden unwegsame Landschaftsstrukturen zu Fuß abgegangen, weil es nur so gelingt, schwer nachweisbare Arten mit dem Detektor zu erfassen. Ausnahmslos erforderlich ist dabei die Dokumentation der Ultraschallrufe mit geeignetem Gerät, um später die Ergebnisse selbst überprüfen zu können oder von Dritten überprüfen zu lassen. Manchmal fällt erst an Hand einer Dokumentation auf, dass bei der Aufnahme vor Ort eine Fledermausart nicht richtig angesprochen oder sogar überhört wurde.

Feststellen von Quartieren

Die Feststellung von Quartieren und Wochenstuben ist mit dem Ultraschalldetektor nur beschränkt möglich, da oft aus den Wochenstuben heraus keine Ultraschallrufe zu hören sind. Manchmal sind aber die Rufe von Jung- und Alttieren im Ultraschall- und menschlichen Hörbereich zu vernehmen. Bewährt hat sich, die meist an landschaftliche Strukturen gebundenen Flugstraßen von Fledermäusen zwischen Quartier und Nahrungsgrund, z.B. bei der Wasserfledermaus, mit dem Detektor zu verfolgen. Mit Beginn der Morgendämmerung schwärmen die Fledermäuse mancher Arten oft längere Zeit vor ihren Quartieren, so dass man mit dem Ultraschalldetektor solche Ansammlungen leicht erfassen und den Einflug in das Tagesquartier beobachten kann, z.B. bei Zwerg-, Rauhaut-, Wasser-, Fransen- und Breitflügelfledermaus. Die Bestände dieser Quartiere lassen sich mit dem Ultraschalldetektor im Bedarfsfall von Frühjahr bis Herbst kontrollieren. Auf diese Weise können auch Winterquartiere festgestellt werden, da die Fledermäuse oft nächtelang im Herbst und manchmal auch im Sommer vor diesen schwärmen. Gerade die Feststellung von Sommer- und Winterquartieren ist für deren Erhalt und damit für den Schutz der Fledermäuse von großem Wert.

Verhaltensstudien

Viele Fragen der Lebensweise einschließlich des sozialen Verhaltens von Fledermäusen lassen sich mit Hilfe von Ultraschalldetektoren klären. Einige dieser Fragestellungen sollen hier genannt werden:

- Wann verlassen Fledermäuse im Frühjahr ihre Winterquartiere und wann suchen sie diese im Herbst auf?
- Wann verlassen Fledermäuse abends ihre Sommerquartiere und wann kehren sie zurück?

- Worin besteht das typische Jagdverhalten einer bestimmten Fledermausart (Flughöhe, Fluggeschwindigkeit, Flugeigenschaften usw.)?
- Wo liegen die Nahrungsgründe bestimmter Fledermäuse? Haben sie dort regelmäßige Flugrouten?
- Wie reagieren Fledermäuse auf Witterungsverhältnisse und Mondlicht?
- Wann ziehen Fledermäuse durch. Welche Arten sind dies?
- Jagen Fledermäuse einer bestimmten Art gesellig oder einzeln? Wie verhalten sie sich, wenn sie bei der Jagd mit Artgenossen oder Individuen anderer Arten zusammentreffen?
- Wie ist das Balzverhalten der einzelnen Fledermausarten?
- Wie verhalten sie sich gegenüber Jungen, wenn diese die ersten Flugversuche machen?
- Wie verständigen sich Fledermäuse untereinander? Welche Sozialrufe sind bei den einzelnen Arten üblich und welche Bedeutung haben sie?

Fledermäuse als Bioindikatoren

Fledermausarten eignen sich gut als Bioindikatoren, da zumindest einige Arten gegen Schadstoffe sehr sensibel sind. Beispielsweise wird vermutet, dass der drastische Rückgang des Großen Mausohrs und einiger anderer Fledermausarten in den 1960er- bis 1970er-Jahren mit der Verwendung von DDT zusammenhängt. Nachdem DDT verboten wurde, haben sich neuerdings die Bestände allmählich wieder erholt. Derartige Feststellungen lassen sich nicht nur durch Auszählen von Fledermäusen in ihren Winter- und Sommerquartieren belegen, auch systematische Untersuchungen mit Hilfe von Ultraschalldetektoren können Bestandsveränderungen nachweisen.

Mit Hilfe der Wasserfledermaus ist es möglich, exakte Daten über die Einlassungsorte von Schadstoffen in Vorfluter, Flüsse und Seen zu gewinnen. Beispielsweise gelangten in einen Fluss Tenside, die zu einer wesentlichen Verschlechterung der Wasserqualität führten und damit zur Abnahme der Insekten und der Fledermäuse. Mit Hilfe eines Ultraschalldetektors wurden die bereits vorher bekannten Jagdhabitate der Wasserfledermaus nach Einlass der Tenside kontrolliert. Auf diese Weise ließ sich auf wenige Meter genau der Einlassort identifizieren und damit der Kriminalpolizei ein wertvoller Hinweis über den Verursacher geben (Skiba 2001). Auch Veränderungen der Wasserqualität durch Reinigungsmaßnahmen an Einleitern von Industrie- und städtischem Klärwasser lassen sich auf diese Weise feststellen (Vaughan, Jones & Harris 1997). Wo Fledermäuse nicht mehr die Flüsse entlang fliegen, ist es mit der Wasserqualität erfahrungsgemäß sehr schlecht bestellt. Erstaunlich ist dabei die Toleranzschwelle einiger Fledermausarten. Beispielsweise konnte die Wasserfledermaus über dem gechlorten Wasser von mehreren Badeanstalten regelmäßig bei der Jagd beobachtet werden.

7 Grenzen der Fledermauserfassung durch Ultraschalldetektoren

Der Feststellung der Anwesenheit von Fledermäusen und der Bestimmung von Arten mit Hilfe eines Ultraschalldetektors sind Grenzen gesetzt, die in der Praxis oft übersehen werden:

Mängel der Repräsentativität

Die Schallintensität der Ultraschallrufe der einzelnen Fledermäuse ist sehr unterschiedlich. Große Abendsegler sind im hindernisfreien Suchflug mit dem Detektor aus einer Entfernung von 100 bis 150 m sicher zu hören und zu bestimmen. Dagegen sind Langohren und Hufeisennasen nur aus kurzem Abstand – in der Regel bis maximal 10 m – mit einem Detektor wahrzunehmen. Beobachtet man diese Fledermäuse beim Ein- und Ausflug aus Kirchen, so sind sie in der Dämmerung zwar zu sehen, oft aber nicht zu hören. Bei Felduntersuchungen ist daher davon auszugehen, dass Fledermäuse mit geringer Intensität ihrer Ultraschallrufe unterpräsentiert sind. Dies gilt auch für Fledermäuse, die ihre Nahrung teilweise auf dem Boden suchen, z.B. für das Große Mausohr.

Wert der Methode

Gelingt die Dokumentation der in hörbaren Schall umgewandelten Ultraschallrufe, so sind bei der Analyse zwei Schritte zu unterscheiden:

1. Die Erzielung von physikalischen Daten über charakteristische Eigenarten der Fledermausrufe (Kap. 5.4).
2. Die Interpretation dieser Daten mit dem Ziel der Artbestimmung der Urheber von Ultraschallrufreihen.

Mit dem Mischverfahren lassen sich keine verlässlichen physikalischen Daten des Ultraschalls erreichen, weil aus der Dokumentation keine Frequenzrückrechnungen und Aussagen über die Ruflänge möglich sind. Lediglich Rufrate und eingeschränkt die subjektiv erfolgende Ablesung der Hauptfrequenz – sofern vorhanden – sind reproduzierbar, jedoch ist Letzteres auch weitgehend vom persönlichen Empfinden des Bedieners abhängig. Diese Methode ist also für wissenschaftliches Arbeiten zu ungenau und damit als alleiniges Verfahren zur Artbestimmung nicht geeignet.

Das Teilverfahren liefert, sofern einwandfrei kalibrierte Ultraschalldetektoren und Rekorder benutzt werden, verlässliche und objektive Ergebnisse. Allerdings sind die Ergebnisse nicht so genau wie solche, die mit Hilfe des Zeitdehnverfahrens ermittelt werden.

Ergebnisse, die mittels Zeitdehnverfahren gewonnen werden, sind – einwandfrei funktionierende Aufnahme- und Analysegeräte vorausgesetzt – unbestritten zuverlässig und objektiv, da alle Parameter des originalen Ultraschalls ungekürzt erfasst werden. Bisherige Ergebnisse zeigten, dass sich aus der Dokumentation gewonnene Ergebnisse mit denen der Referenzmethode (Hochgeschwindigkeitsrekorder ohne PC) gedeckt haben.

Daraus folgt, dass für die wissenschaftlich abgesicherte Erfassung der physikalischen Daten von Fledermausrufen Teil- und Zeitdehnverfahren als Voraussetzung für die Artbestimmung geeignet sind.

Die Interpretation der vorliegenden physikalischen Daten der Ultraschallrufe ist schwierig und gelingt selbst dem erfahrenen Beobachter nicht in allen Fällen. Das Problem besteht vor allem darin, eine einfache quantitative Methode zu finden, mit deren Hilfe eine eindeutige Zuordnung der physikalischen Daten zu einer Art möglich ist. Dieses Problem ist für einige Fledermausarten bisher nicht zufriedenstellend gelöst und trotz erfolgreicher Ansätze hierzu (Zingg 1990) ist dies wahrscheinlich auch nicht in allen Fällen machbar. Braunes und Graues Langohr sind zurzeit nicht immer sicher anhand der Ultraschallrufe voneinander zu trennen. Desgleichen gilt für Große und Kleine Bartfledermaus. Große Schwierigkeiten bereitet die Unterscheidung von Rauhaut- und Weißrandfledermaus anhand ihrer Ortungsrufe, während sich diese Arten durch die Sozialrufe gut voneinander trennen lassen. Eine langsam rufende Breitflügelfledermaus ist ebenso nur mit Mühe von einer Zweifarbfledermaus zu unterscheiden. Auch ist die Trennung der Arten in der Gattung *Myotis* mit Hilfe von Ultraschall nicht immer möglich. Die Ortungsrufe der Kleinen Hufeisennase, der Mittelmeerhufeisennase und der Mehely-Hufeisennase sind ebenfalls nicht immer sicher unterscheidbar. Dazu kommt, dass die Ortungsrufe mancher Fledermausarten ähnlich sind, wenn diese im hindernisreichen Gelände jagen, z.B. zwischen den Bäumen und an Sträuchern oder an und in ihrem Quartier.

Grundsätze für die Artbestimmung mittels Ultraschalldetektor

Für die Artbestimmung von Fledermäusen nach Ultraschallrufen sind daher einige Grundsätze zu beachten:

- Die vorliegenden physikalischen Daten des Urhebers müssen bei der Artbestimmung eine Verwechslung mit anderen Arten sicher ausschließen.
- Je länger die Aufnahmezeit von Ultraschallrufen, umso einfacher ist in der Regel die Artidentifizierung. Eine Artbestimmung auf Grund eines Einzelrufes ist nur im Ausnahmefall möglich, z.B. bei der Großen Hufeisennase. Dagegen können Einzelrufe vom Großen und Kleinen Abendsegler, von Breitflügel-, Nord- und Zweifarbfledermaus dieselben physikalischen Eigenschaften besitzen. Rufreihen dieser Arten unterscheiden sich jedoch fast immer deutlich voneinander.
- Sozialrufe sollten immer mit dokumentiert werden. In manchen Fällen sind sie so arttypisch, dass nur auf diese Weise eine sichere Artbestimmung möglich ist.
- Ist eine Artbestimmung auf Grund der physikalischen Daten des Ultraschalls nicht möglich, so sollte versucht werden, die Bestimmung auf die infrage kommenden Arten einzuengen oder die Gattung zu bestimmen. Beispielsweise lassen sich Große und Kleine Bartfledermaus anhand des Ultraschallinventars nicht sicher unterscheiden, auch nicht unter Zuhilfenahme eines Scheinwerfers. In einigen Fällen kann dann wenigstens die sichere Aussage gemacht werden, dass es sich um eine der beiden Arten handelt. Manchmal ist aber auch nur die Feststellung möglich, dass es sich um Individuen der Gattung *Myotis* handelt.
- Zwingende Voraussetzung der Veröffentlichung eines Artnachweises, der mit Hilfe eines Ultraschalldetektors gemacht wurde, ist das Vorhandensein einer nachprüfbaren Dokumentation der Ruferfassung nach dem Teil- oder Zeitdehnverfahren. Eine Dokumentation von Rufen, die nach dem Mischverfahren ermittelt wurde, kann nur in Ausnahmefällen als Beweismittel anerkannt werden. Eine zum Mischverfahren zusätzliche Dokumentation nach dem Teil- oder Zeitdehnverfahren kann die Artbestimmung wesentlich erleichtern oder auch erst ermöglichen.
- Allein eine sichere Artbestimmung durch automatische computergestützte Artanalysen mit Hilfe komplexer statistischer Verfahren (Dietz et al. 2007, S. 127) war bisher nicht oder nur sehr begrenzt möglich. In schwierigen Fällen scheint die subjektive Hörbarkeit der Töne und die objektive Erkenntnis im Spektrogramm auf dem Monitor für erfahrene Bearbeiter eine bessere Methode für die sichere Artbestimmung zu sein.
- Die Bestimmung kann und sollte erforderlichenfalls durch Anleuchten

mit einem Scheinwerfer oder durch Benutzung eines Nachtsichtgerätes während der Dokumentation des Ultraschalls abgesichert werden.

Insgesamt zeichnet sich ab, dass die Artbestimmung von Fledermäusen mit Hilfe von Ultraschall ein wertvolles, wissenschaftlichen Grundsätzen entsprechendes Verfahren ist, sofern dabei von erfahrenen Auswertern sachgemäß vorgegangen wird und die Grenzen der Möglichkeiten nicht übersehen werden. Eindringlich muss davor gewarnt werden, leichtfertig den Nachweis von Fledermausarten mittels Ultraschalldetektor bekannt zu geben, wenn dazu keine beweiskräftige Dokumentation vorliegt. Auch muss bedacht werden, dass der Nachweis einer Fledermausart mit Hilfe von Ultraschall nicht immer möglich ist. Bei Kartierungsarbeiten ist mit Hilfe von Ultraschalldetektoren eine repräsentative Erfassung aller Fledermausarten eines Gebietes wegen der unterschiedlichen Schallintensitäten der Rufe der einzelnen Arten nur schwer möglich. Daher sollten auch ergänzende Methoden der Artbestimmung und der quantitativen Erfassung von Fledermausbeständen angewandt werden, z.B. Aufrufe in Zeitungen mit anschließender Prüfung eventueller Angaben, Quartierkontrollen (Sommer- und Winterquartiere in Bäumen und Nistkästen, auf Dachböden, in Stollen und Höhlen usw.), Fang mittels Netzen und Harfen, Installation von Fotofallen usw. (Limpens & Roschen 2002).

Fangnetze und Harfenfallen (Trappmann 2005 und Kap. 14) sind vorwiegend für genaue wissenschaftliche Untersuchungen über Körpermerkmale erforderlich, können aber auch dann sinnvoll sein, wenn durch Ultraschalldetektoren nicht sicher festgestellt werden kann, um welche Fledermaus es sich handelt, z.B. bei der *Myotis*-Gruppe. Zu beachten ist jedoch, dass viele Fledermäuse eine Gefahr in dem Netz erkennen und daher rechtzeitig abfliegen. Auch gelingt es manchen Fledermäusen, sich aus dem Netz zu befreien, bevor sie von einer Person erreicht werden.

Die Telemetrie mit teuren Sensoren bei der Erforschung des Fledermausverhaltens ist vor allem wegen der ca. 20 cm langen dünnen Antennendrähte nicht ungefährlich für die Tiere. Diese Methode darf nur ausnahmsweise von Spezialisten angewendet werden.

Das Aufsuchen von Fledermausquartieren und die Benutzung von Fangnetzen und Harfenfallen bedarf in Europa einer Genehmigung der entsprechenden Behörden.

8 Kennzeichen und Ultraschallrufe

8.1 Familie Flughunde – Pteropodidae

Vorkommen in den Tropen und Subtropen der Alten Welt. Verhältnismäßig großer Körper, Ohren ohne Tragus, große Nachttieraugen, Echoortung durch Zungenschlag nur bei einigen Arten möglich. Nahrung sind Früchte, Nektar, Pollen und selten Insekten.

8.1.1 Nilflughund – *Rousettus aegyptiacus* (Geoffroy 1810)

Kennzeichen

Körpermerkmale: Sehr große Fledermaus. Gewicht (135) 140-165 (175) g. Kopf-Rumpflänge 100 (110)-(145) 155 mm. Flügelspannweite 50-65 cm. Unterarmlänge 89-101 mm. Hat außer am Daumen am zweiten Finger eine starke Kralle. Oberseite braun. Unterseite gelblich. Kräftige Schnauze ähnlich der eines Fuchses.

Nahrung: Frisst ausschließlich Früchte.

Verbreitung: In Europa nur auf Zypern und seit 2000 eingeschleppt inzwischen zunehmend auf Teneriffa.

Lebensraum: Kulturland mit Fruchtanbau besonders in Plantagen und Gärten, z.B. mit Apfelsinen, Äpfeln, Aprikosen, Pfirsichen, Feigen, Datteln, Maulbeeren usw. Wochenstuben und Überwinterung in Höhlen, hält jedoch keinen Winterschlaf. Im Sommer teilweise auch in Bäumen und Gebäuden.

Flug: Flüge vor allem in der Umgebung von Früchten. Rüttelt dort auch teilweise. Flug beginnt 20-40 Minuten nach Sonnenuntergang.

Wanderungen: Auf Zypern und Teneriffa unwesentlich.

Gefährdungen: Besonders durch Bauern auf Zypern häufige Vernichtung der Tiere wegen ihrer Verbreitung in Obstplantagen. Heute gibt es dort nur noch kleine Gruppen von Nilflughunden, die jedoch in den letzten Jahren wieder etwas zugenommen haben. Oft wurden auch tote Tiere gefunden, die durch Stromschlag an nicht isolierten Leitungen verendeten.

Ultraschallrufe

Während bei allen anderen europäischen Fledermäusen deren Ortungslaute durch eine Stimmritze in einer Membranröhre des Kehlkopfes erzeugt werden, bilden Nilflughunde ihre Lautäußerungen an beiden Seiten der Zunge durch Doppelklicks. Solche Rufe erfolgen nur in der Dunkelheit besonders in Höhlen. Während der Dämmerung genügen teilweise optische Orientierungen durch die großen Augen.

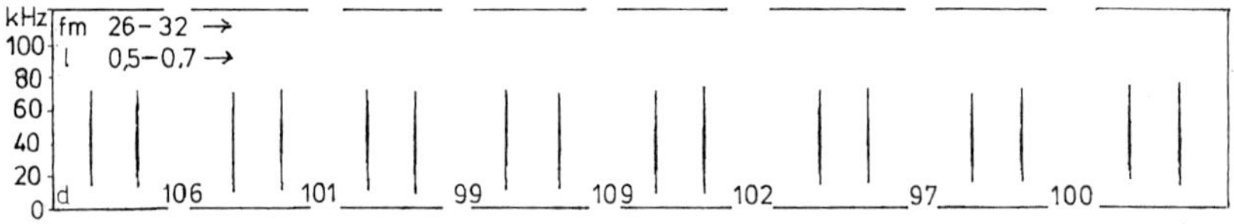

fm = Hauptfrequenz in kHz; l = Doppelruflänge in ms; d = Doppelrufabstand Mitte-Mitte in ms; ⊢⊣ 10 ms

Abb. 16: Fliegender Nilflughund mit Doppelklick-Rufen. 5.4.2002, Neochorio, Zypern/CY.

Suchrufe (Abb. 16):

Frequenz: Hauptfrequenz wegen der linear senkrechten Frequenzmodulation variabel um 30 kHz, ist jedoch mit dem Mischverfahren nur schwer feststellbar. Weitere Harmonische sind nicht feststellbar. Anfangs- und Endfrequenz 60-80→10-15 kHz.

Ruflänge: 0,3-0,7 ms.

Rufabstände: Häufige (typische) Abstände Mitte-Mitte Doppelklick 80-120 ms. Häufige Rufe 8,3-12,5/s.

Höreindruck: Nach dem Mischverfahren scharfe und trockene Rufe bis zu einer Entfernung von 20-30 m, auch mit gutem Gehör zu vernehmen.

Transferrufe: Ähnlich wie Suchrufe, jedoch lauter und Rufabstände geringer.

Sozialrufe: Bisher nicht bekannt.

Verwechslungsmöglichkeiten: Wegen der Doppelklick-Rufe nicht zu erwarten.

8.2 Familie Hufeisennasen – Rhinolophidae

Fledermäuse der Familie Hufeisennasen besitzen einen für diese Familie typischen Nasenaufsatz (Abb. 17). Um die Nasenlöcher, durch die im Gegensatz zu den Glattnasen der Ultraschall abgegeben wird, verläuft ein hufeisenförmiger Hautsaum, dessen obere Enden bis in Augenhöhe reichen. Diese Einrichtung ist eine Art von Parabolscheibe, um die Umgebung gerichtet beschallen zu können. Oberhalb der Nasenlöcher tritt der Sattel (Crista) hervor, der einen oberen und unteren Sattelfortsatz besitzt. Die Form des Sattels mit seinen Fortsätzen ist für die Artbestimmung wesentlich. Oberhalb des Sattels befindet sich die mehr oder weniger dreieckförmige Lanzette, die nach unten durch eine Querfalte begrenzt ist, der weiter nach unten bis zu den oberen Enden der Hufeisen zwei faltenartige Vertiefungen folgen. Außer den Milchzitzen besitzen Hufeisennasen am Unterleib noch zwei weitere Haftzitzen, an denen sich die Jungen festhalten können. Hufeisennasen haben an ihren Ohren keinen Tragus, sondern nur einen Antitragus (am unteren äußeren Ende umgeklappter Ohrmuschelrand). Im Gegensatz zu Glattnasen sind Hufeisennasen auf dem flachen Boden sehr unbeholfen und können von dort nicht starten. Hufeisennasenarten hüllen sich fast alle beim Schlafen in ihre Flughäute ein.

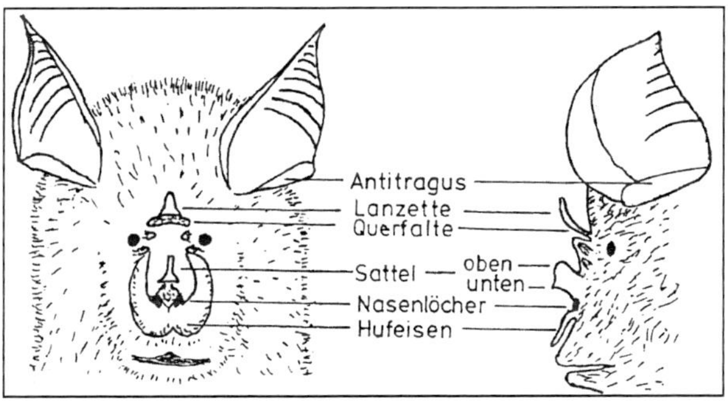

Abb. 17: Bezeichnungen der Teile des Gesichtes einer Hufeisennase.

Die weiteren wesentlichen Körpermerkmale der fünf europäischen Hufeisennasen sind in Abb. 18 zusammengefasst. Ausführliche Angaben über Hufeisennasen befinden sich bei Schober (1998).

Die Ultraschallrufe der einzelnen Hufeisennasen-Arten gleichen sich. Sie beginnen mit kurzem Frequenzanstieg. Es folgt über mehrere Millisekunden ein konstanter Rufteil mit hoher Frequenz. Am Schluss fällt der Ruf kurz ab. Beim Fang eines Insekts oder bei der Ortung eines Hindernisses wird die ausgesandte Frequenz so verändert, dass unter Berücksichtigung des Dopplereffektes die an das Ohr des Jägers reflektierte Echofrequenz

Große Hufeisennase *Rhinolophus ferrumequinum*	**Kleine Hufeisennase** *Rhinolophus hipposideros*	**Mittelmeer-Hufeisennase** *Rhinolophus euryale*	**Mehely-Hufeisennase** *Rhinolophus mehelyi*	**Blasius-Hufeisennase** *Rhinolophus blasii*
UA (51) 54–61 (62) mm	UA (35) 36-41 (43) mm	UA (43) 46–50 (52)	UA (46) 48–52 (54) mm	UA (43) 45–48 (49) mm
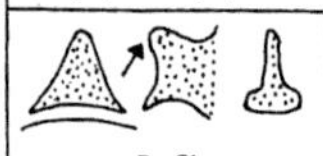 von vorn Profil von vorn Lanzette Sattel	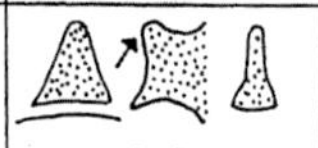 von vorn Profil von vorn Lanzette Sattel	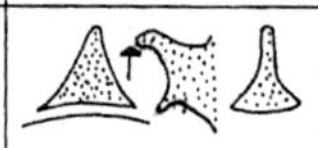 von vorn Profil von vorn Lanzette Sattel	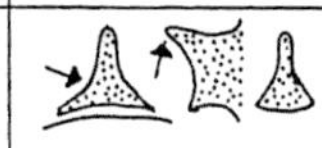 von vorn Profil von vorn Lanzette Sattel	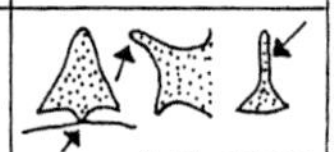 von vorn Profil von vorn Lanzette Sattel
	Auf Zypern mit langem unteren Sattelfortsatz *(R. h. midas)*	Länge des 2. (äußeren) Glieds des 4. Fingers > Doppelte des 1. (inneren) Glieds. Lanzette fast gleichmäßig verschmälert	Länge des 2. (äußeren) Glieds des 4. Fingers > Doppelte des 1. (inneren) Glieds. Lanzette ungleichmäßig verschmälert, in Spitze auslaufend.	Länge des 2. (äußeren) Glieds des 4. Fingers ≤ Doppelte des 1. (inneren) Glieds. Lanzette fast gleichmäßig verschmälert. Querfalte unter der Lanzette leicht eingebuchtet.
G (13) 17–28 (34) g	G 6–9 g	G 8–16 g	G 9–16 g	G 10–17 g
KR (56) 60–68 (77) mm	KR (35) 37–45 (47) mm	KR (48) 50–58 (63) mm	KR (49) 55–61 (64) mm	KR (46) 52–58 (61) mm
FS 340–400 mm	FS 200–240 mm	FS 290–320 mm	FS 310–340 mm	FS 270–310 mm
OS graubraun	OS bräunlich	OS bräunlich	OS hell graubraun	OS hell graubraun
US grau(gelblich)weiß	US hellgrau	US hell(gelb)grau	US fast weiß	US fast weiß
fm (77) 79–84 (86) kHz	fm (105) 108–114 (115) kHz	fm (101) 102–107 (108) kHz	fm (105) 106–112 (115) kHz	fm (92) 93–96 (98) kHz

UA = Unterarmlänge; G = Gewicht; KR = Kopf-Rumpflänge; FS = Flügelspannweite; OS = Oberseite; US = Unterseite; fm = Hauptfrequenz

Abb. 18: Wichtige Kennzeichen von Hufeisennasen-Arten.

konstant ist und dadurch der Bereich der größten Hörfähigkeit (»Audiofovea«) ausgenutzt wird. Nähert sich also eine Hufeisennase einem Insekt oder einem Hindernis, wird die ausgesandte Frequenz entsprechend erniedrigt. SCHNITZLER (1968) berichtet, dass eine stationär peilende Große Hufeisennase versuchte, den durch eine Pendelbewegung entstehenden Dopplereffekt so zu korrigieren, dass die Frequenz des gehörten Echos konstant gehalten wurde.

8.2.1 Große Hufeisennase – *Rhinolophus ferrumequinum* (SCHREBER 1774)

Kennzeichen

Körpermerkmale: Große Fledermaus, größte Hufeisennasen-Art in Europa. Einzelheiten in Abb. 18. Die durchschnittlichen Körpermaße variieren beträchtlich zwischen den einzelnen Verbreitungsgebieten.

Verbreitung: Wärmeliebende Art, die besonders im Mittelmeerraum verbreitet ist. Die Nordgrenze der Verbreitung verläuft durch Südwestengland, Nordfrankreich, Südbelgien, Luxemburg, die Schweiz, Südösterreich, Tschechei, die Slowakei, Südpolen und weiter östlich. In Deutschland gibt es im Südwesten und Süden noch kleine Restvorkommen.

Lebensraum: Wärmebegünstigte, strukturierte Landschaften mit aufgelockerten Wäldern und Strauchzonen, Wege mit Randbüschen, Hecken,

Alleen, Gewässer. Karstgebiete werden wegen des Höhlen- und Spaltenangebots bevorzugt. Mittlere Lagen von Gebirgen werden nicht gemieden, soweit die Biotopansprüche erfüllt sind. An ihrer nördlichen Verbreitungsgrenze befinden sich Sommer- und Wochenstubenquartiere vor allem in Gebäuden (Schlössern, Kirchen) und Scheunen, aber auch in Bunkeranlagen aus dem 2. Weltkrieg (Lothringen). In den Quartieren findet oft eine Vergesellschaftung mit anderen Arten statt, vor allem mit Wimperfledermaus, Großem und Kleinem Mausohr, anderen Hufeisennasen-Arten und Langflügelfledermaus. Überwinterung Oktober bis Ende März/April in Höhlen, Stollen, Schächten usw.

Flug: Fliegt verhältnismäßig langsam (12-25 km/h) in der Regel im unteren Baumbereich oder sehr niedrig über offene Flächen und Wege, seltener im oberen Baumbereich und ausnahmsweise in Baumkronen. Die breiten Flügel befähigen zu wendigen Flugmanövern und Rütteln bei der Suche nach Beute. Fliegt in der Nacht 2-3mal während längerer Zeit und übt gerne Ansitzjagd aus, indem die Tiere an Zweigen oder unter Brücken hängen und warten, bis ein Insekt in den Ultraschallbereich gerät. Nimmt Nahrung auch von Blättern und vom Erdboden auf. Ausflugsbeginn etwa 10-40 Minuten nach Sonnenuntergang.

Wanderungen: Ortstreue Fledermaus. Wanderungen sind über Entfernungen unter 100 km zwischen Winter- und Sommerquartier möglich, erfolgen jedoch nur, sofern in der Nähe des Sommerquartiers keine geeignete Überwinterungsmöglichkeit besteht. Die längste bisher nachgewiesene Wanderung beträgt in Frankreich 500 km (Saint Girons 1973).

Gefährdung: An der Nordgrenze des Verbreitungsgebietes sehr gefährdete Art, deren Verbreitungsgrenze wegen Mangels an geeigneten Quartieren und Biotopveränderungen in den letzten Jahrzehnten zum Süden zurückverlegt wurde. Es wird vermutet, dass die Verwendung von Pestiziden zum Rückgang wesentlich beigetragen hat.

Ultraschallrufe

Suchrufe im hindernisarmen Flug (Abb. 19):

Frequenz: Die Hauptfrequenz beträgt (77) 79-84 (86) kHz, wobei diese Frequenz die 2. Harmonische ist. Sie ist im größten Teil der Rufe exakt frequenzkonstant. Dadurch wird die Ortung flügelschlagender oder sich bewegender Insekten erleichtert. Die 1. Harmonische liegt entsprechend um 40 kHz und ist nur schwach ausgebildet. Da die hörfähigen Insekten im Bereich 15-45 kHz am stärksten ansprechen, jedoch auf höhere Frequenzen nicht oder nur gering reagieren, kann die Große Hufeisennase infolge

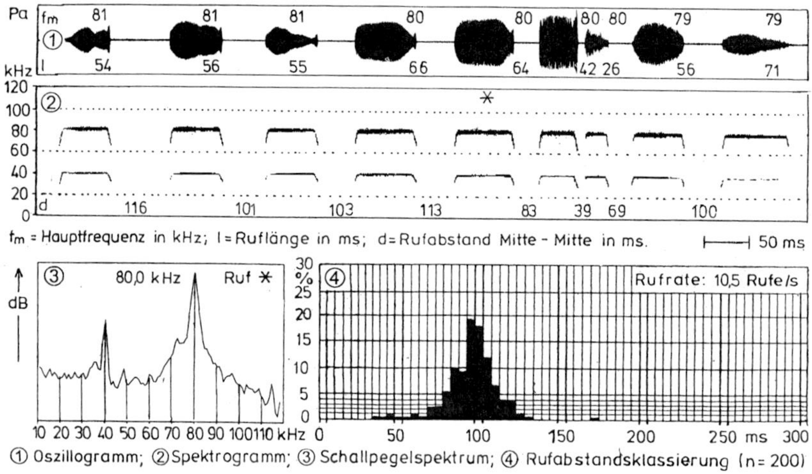

Abb. 19: Rufe einer Großen Hufeisennase. Flughöhe etwa 3 m über einer Obstwiese. Deutlich erkennbar ist der Dopplereffekt (81 kHz → auf 78 kHz). 14.7.1999, Luxemburg.

der Unterdrückung der 1. Harmonischen (Endton, ca. 40 kHz) näher an die Beute gelangen, bevor diese die Fledermaus entdeckt und zu fliehen versucht. Die Hauptfrequenz variiert geografisch geringfügig. Nach Heller & Helversen (1989) scheinen die Hauptfrequenzen der europäischen Populationen von Nordwest nach Südost abzunehmen. – Jones & Ransome (1993) konnten an rastenden Hufeisennasen nachweisen, dass die Hauptfrequenz von Jungtieren nach dem Flüggewerden mit der Hauptfrequenz der Muttertiere korreliert, woraus ein Lerneffekt zu schließen ist. Im Übrigen ist die Hauptfrequenz nach Geschlecht, Alter und Außentemperatur unterschiedlich. Beispielsweise nimmt sie im 1., 2. und 3. Jahr zu und danach ab. Anfangs- und Endfrequenz (2. Harmonische): 55-70→50-70 kHz, ausnahmsweise auch etwas niedriger. Der Frequenzverlauf steigt zu Beginn bis zur Hauptfrequenz um 10-20 kHz linear an (fm1). Am Ende des Rufs fällt die Frequenz um 10-30 kHz linear ab (fm1).

Oszillogrammform: Sehr unterschiedlich symmetrisch und meist allmählich an- und absteigend, manchmal aber auch mit einer Spitze am Anfang und Ende des Rufes.

Ruflänge: Lange Rufe 35-75 ms.

Rufabstände: Häufige (typische) Abstände Mitte-Mitte 80-120 ms. Häufige Rufe 8,3-12,5/s.

Höreindruck: Nach dem Mischverfahren nach Lautstärke und Tonhöhe sehr charakteristisches, für Hufeisennasen typisches An- und Abschwellen der Rufe, die den flötenartigen Fluggeräuschen von Enten ähneln. Nach dem Teilverfahren gleichmäßig hohe Rufe etwa »tieh-tieh ...«. Nach dem Zeitdehnverfahren ähnlich lautend, dabei sind am Anfang und Ende der verhältnismäßig langen Rufe Anstieg und Abfallen der Frequenz deutlich vernehmbar. In der Nähe der ortenden Fledermaus ist manchmal auch die 1. Harmonische im Zeitdehnverfahren hörbar. Hörbarkeitsgrenze etwa 10 m.

Transferrufe: Wie Suchrufe im hindernisarmen Flug.

Suchrufe im hindernisreichen Flug: Geringere Rufabstände und kürzere Rufdauer, wobei die Verkürzung im frequenzansteigenden und frequenzkonstanten Teil erfolgt.

Fangrufe: Wie bei Fledermäusen allgemein üblich, nimmt die Ruflänge bei Annäherung an eine Beute ab und die Rufe nehmen bis etwa 150/s zu. Typisch ist dabei, dass der frequenzansteigende Teil des Einzelrufes mit zunehmender Annäherung an die Beute verschwindet und die Frequenz des mittleren frequenzkonstanten Teils etwas gesenkt wird, während die Frequenz des letzteren frequenzabfallenden Teils bei zunehmendem Schalldruck tiefer abfällt, also die Frequenzbandbreite zunimmt. Das lässt darauf schließen, dass der letzte Rufteil zur Nahorientierung der Beute dient, wie Untersuchungen von Tian & Schnitzler (1997) bestätigen.

Sozialrufe: In den Wochenstuben werden knallartige und »keckernde« Rufe (so zu hören nach dem Mischverfahren) bei einer Hauptfrequenz von 20-27 kHz erzeugt. Die knallartigen Einzelrufe sind fast frequenzkonstante Geräusche (keine reinen Töne oder Klänge) und besitzen eine Dauer von etwa 100-200 ms. Die keckernden Rufe sind mehrteilig, meist dreiteilig.

Verwechslungsmöglichkeiten: Die Rufe, insbesondere Frequenzhöhe und -konstanz, sind so artbezeichnend, dass keine Verwechslungsgefahr besteht.

8.2.2 Kleine Hufeisennase – *Rhinolophus hipposideros* (Bechstein 1800)

Kennzeichen

Körpermerkmale: Kleine bis mittelgroße Fledermaus, kleinste Hufeisennasen-Art in Europa. Einzelheiten in Abb. 18.

Verbreitung: Die Kleine Hufeisennase ist eine wärmeliebende Art. Die Nordgrenze ihrer Verbreitung verläuft durch Westirland, Südwestengland, Nordfrankreich, Mittelbelgien, Mitteldeutschland, Südpolen, Rumänien und weiter östlich.

Lebensraum: Wärmebegünstigte, stark strukturierte Landschaften, besonders Laubwälder, bevorzugt im Hügelland und in Karstgebieten, also vor allem dort, wo geeignete Winterquartiere vorhanden sind. Sommerquartiere und Wochenstuben im Norden in Gebäuden, vor allem in Kirchtürmen und in größeren Dachstühlen, aber auch in warmen Kellern. Im Süden vorwiegend in Höhlen, teilweise vergesellschaftet mit anderen Hufeisennasen, Wimperfledermäusen, Langohren und selten auch Wasserfledermäusen. Überwinterung Oktober bis Ende März/April in Höhlen, Stollen, Eiskellern usw.

Flug: Insektenjagd erfolgt verhältnismäßig niedrig, in der Regel 0,3-5 m hoch, gern auf Lichtungen, entlang von Waldwegen mit Randbüschen, selten an Beleuchtungen. Der Flug ist mit 8-22 km/h relativ langsam. Die breiten Flügel befähigen die Art zu plötzlichen Wendungen. Ausflugsbeginn 20-50 Minuten nach Sonnenuntergang.

Wanderungen: Ortstreue Art, von der gerichtete Wanderungen über größere Entfernungen nicht bekannt und Einzelwanderungen über 70 km sehr selten sind. Längste bisher nachgewiesene Wanderung 153 km (Heymer 1964).

Gefährdung: An der Nordgrenze des Verbreitungsgebietes im Bestand sehr gefährdete Art, die in den letzten Jahrzehnten dort viele Standorte aufgegeben hat. Marder, Katzen und Eulen sind die natürlichen Feinde. Die Hauptursache des Rückganges der Art war die Verwendung von Pestiziden, insbesondere des Insektizides DDT (Bontadina et al. 2006). Nachdem der größte Teil von gefährlichen Pestiziden nicht mehr verwendet werden darf, hat ein Teil der Bestände der Kleinen Hufeisennasen wieder zugenommen. Weitere Gefährdungen erfolgen auch heute noch durch Umweltveränderungen.

Ultraschallrufe

Suchrufe im hindernisarmen Flug (Abb. 20):

Frequenz: Hauptfrequenz exakt frequenzmoduliert (106) 107-115 (116) kHz, wobei diese Frequenz die 2. Harmonische ist. Die schwache 1. Harmonische liegt entsprechend um 55 kHz. In Mitteleuropa betrug die Hauptfrequenz 108-112 kHz, auf Kreta 112-115 kHz. Anfangs- und Endfrequenz (2. Harmonische) 80-100 kHz→75-95 kHz, ausnahmsweise auch etwas niedriger. Der Frequenzverlauf steigt vom Beginn bis zur Hauptfrequenz um 10-20 kHz linear an (fm-l). Am Ende des Rufes fällt die Frequenz um 10-30 kHz, ausnahmsweise auch noch stärker, linear ab (fm-l).

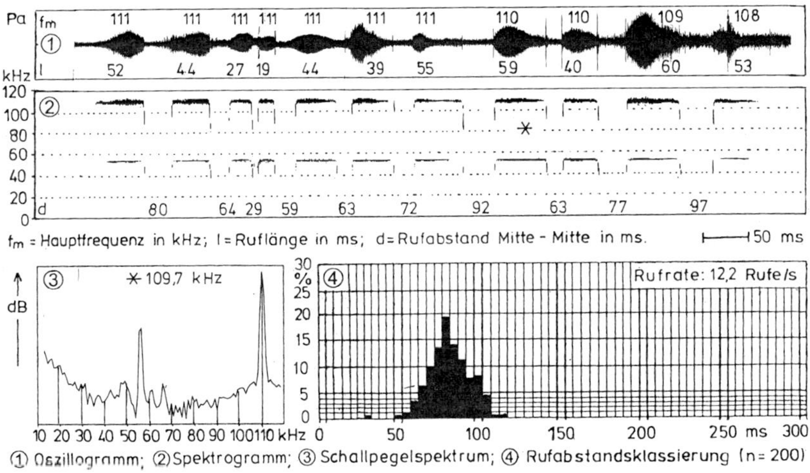

Abb. 20: Rufreihe der Kleinen Hufeisennase im hindernisarmen Flug. Flughöhe ca. 3 m über einem Waldweg. 28.7.1998, Altenberga/D.

Oszillogrammform: Sehr unterschiedlich, oft fast symmetrisch und meist allmählich ansteigend und abfallend, manchmal auch mit einer Schalldruckspitze am Anfang und Ende des Rufes. Diese Spitzen scheinen zumindest teilweise durch eine bessere Durchdringungsfähigkeit der Luft bei niedrigen Frequenzen zustande zu kommen.

Ruflänge: Lange Rufe 30-60 ms.

Rufabstände: Häufige (typische) Abstände Mitte-Mitte 60-100 ms. Häufige Rufe 10,0-16,7/s.

Höreindruck: Nach dem Mischverfahren sind Lautstärke und Tonhöhe sehr charakteristisch. Sie besitzen für Hufeisennasen typisches An- und Abschwellen der Rufe, die nicht so kräftig wie bei der Großen Hufeisennase sind. Nach dem Teilverfahren gleichmäßig hohe Rufe, die etwa wie »zwieh-zwieh...« klingen. Nach dem Zeitdehnverfahren ähnlich lautend, wobei zu Beginn der Anstieg und meist deutlicher am Ende das Abfallen der Frequenz hörbar sind. Hörbarkeitsgrenze etwa 6 m.

Besonderheiten: Jones et al. (1992) haben festgestellt, dass Kleine Hufeisennasen im ersten Lebensjahr höhere Frequenzen aussenden als ältere Individuen und außerdem Weibchen höhere Frequenzen (> 113 kHz) benutzen als Männchen (< 112 kHz). Jones et al. (1992) erwarten daher, dass Jungtiere und Weibchen besser imstande sind, kleine Beute zu orten als Alttiere und Männchen. Vermutlich ist dies jedoch in der Praxis ohne Bedeutung.

Transferrufe: Wie Suchrufe, oft durchschnittlich etwas länger.

Suchrufe im hindernisreichen Flug: Geringere Rufabstände und kürzere Rufdauer, wobei in der Nahorientierung der frequenzansteigende erste Teil fehlt und der frequenzkonstante zweite Teil verkürzt wird.

Fangrufe: Ähnlich wie unter Großer Hufeisennase beschrieben, wobei häufig in der Endphase nur noch der frequenzabfallende Schlussteil übrig bleibt.

Sozialrufe: unbekannt.

Verwechslungsmöglichkeiten: Die Rufe sind von denen der Mehely-Hufeisennase nur schwer zu unterscheiden. Die Mittelmeer-Hufeisennase ruft um etwa 5 kHz niedriger (Abb. 18).

8.2.3 Mittelmeer-Hufeisennase – *Rhinolophus euryale* (Blasius 1853)

Kennzeichen

Körpermerkmale: Mittelgroße Fledermaus, Einzelheiten in Abb. 18. Die Flügel sind etwas schmaler als bei den anderen europäischen Hufeisennasen-Arten.

Verbreitung: Die Mittelmeerhufeisennase ist eine wärmeliebende, mediterrane Art. Die Nordgrenze der Verbreitung liegt südlicher als bei der Kleinen und Großen Hufeisennase und geht durch Zentralfrankreich, Norditalien, Slowakei, Bulgarien und weiter entlang der Südküste des Schwarzen Meeres. Das Vorkommen der Art nördlich des Schwarzen Meeres ist ungeklärt. Nicht vorhanden auf den Balearen und auf Kreta.

Lebensraum: Wärmebegünstigte Gebiete vor allem des Hügellandes, mit Vorliebe in Karstgebieten. Quartiere und Wochenstuben befinden sich im Süden vorwiegend in Höhlen, an der Nordgrenze des Verbreitungsgebietes auch auf Dachböden von großen Gebäuden und in Kirchtürmen. Die Mittelmeerhufeisennase lebt oft zusammen mit anderen Hufeisennasen- und Glattnasenarten. Überwinterung Oktober/November bis März/April in Höhlen, Spalten usw.

Flug: Wie die übrigen Hufeisennasen mit geringer Geschwindigkeit und plötzlichen Wendemanövern, auch rüttelnd. Die Jagd erfolgt in geringer Höhe meist in dichter Vegetation entlang von Sträuchern, aber auch im unteren Kronenbereich von Wäldern. Fluggeschwindigkeit 10-22 km/h. Ausflugsbeginn 10-40 Minuten nach Sonnenuntergang.

Wanderungen: Ortstreu. Größere Wanderungen sind nicht bekannt. Größte bisher festgestellte Entfernung 134 km (Schober & Grimmberger 1998).

Gefährdung: Besonders an der nördlichen Verbreitungsgrenze im Bestand gefährdete Art. Ursachen sind in erster Linie Biotopveränderungen, Quartierbeseitigungen in Gebäuden, Höhlentourismus und Verwendung von Pestiziden.

Ultraschallrufe

Die Mittelmeer-Hufeisennase ruft im Prinzip wie die Kleine Hufeisennase, doch liegt die Hauptfrequenz der Suchrufe der Mittelmeer-Hufeisennase mit (101) 102-107 (108) kHz niedriger. In Griechenland (105-108 kHz) sind die Hauptfrequenzen der Rufe etwas höher als in Südfrankreich (101-105 kHz), Spanien (102-104 kHz) und Italien (102-104 kHz) (Schnitzler 1968, Ahlén 1990, Heller & Helversen 1989, Barataud 1996, Russo & Jones 2002). Die Frequenzen der Suchrufe können sich teilweise mit der in der Regel wesentlich höher rufenden Kleinen Hufeisennase und der ebenfalls höher rufenden Mehely-Hufeisennase überschneiden (Abb. 18), letztere sendet jedoch längere Einzelrufe aus. Anfangs- und Endfrequenz (2. Harmonische) 80-95→75-95 kHz. Verwechslungen sind nicht ausgeschlossen.

8.2.4 Blasius-Hufeisennase – *Rhinolophus blasii* (Peters 1866)

Kennzeichen

Körpermerkmale: Mittelgroße Fledermaus. Einzelheiten in Abb. 18. Der Körper wird in Lethargie nicht von den Flügeln ummantelt.

Verbreitung: Wärmeliebende Art. Nur im Südosten Europas verbreitet. An der Ostküste der Adria, in Serbien, Montenegro, Bulgarien, Albanien, Griechenland einschließlich Kreta, Türkei, Zypern.

Lebensraum: Wärmebegünstigte mediterrane Gebiete mit Strauchvegetation, Bäumen und Gewässern, insbesondere in Karstgebieten. Die Quartiere befinden sich fast ausschließlich in Höhlen, Grotten usw., selten in Gebäuden. In den Quartieren ist die Blasius-Hufeisennase oft vergesellschaftet mit anderen Fledermausarten.

Flug: Wie die anderen Hufeisennasen Arten.

Wanderungen: Ortstreue Art.

Gefährdung: Marder, Katzen und Eulen sind die natürlichen Feinde. Starke Veränderungen der Umwelt haben teilweise das Aussterben bewirkt.

Ultraschallrufe

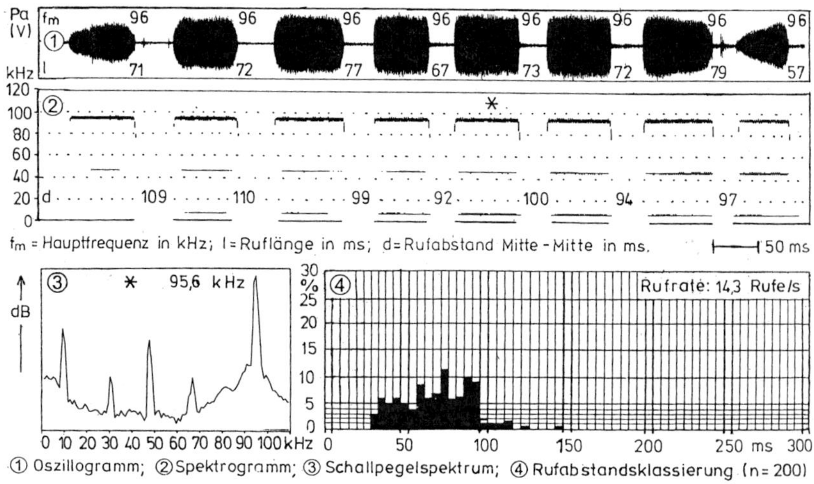

Abb. 21: Rufe der Blasius-Hufeisennase. Flughöhe etwa 2,5 m über einem Steinweg, Agios Ioannis, Kreta/GR.

Suchrufe im hindernisarmen Flug (Abb. 21):

F r e q u e n z : Hauptfrequenz exakt frequenzkonstant (92) 93-96 (98) kHz. Geringe örtliche Unterschiede sind möglich, auf Kreta 97-98 kHz (HELLER & HELVERSEN 1989) bzw. dort bei mir an mehreren Stellen 95-97 kHz. Anfangs- und Endfrequenz (2. Harmonische) 75-85→70-80 kHz, ausnahmsweise auch etwas niedriger. Der Frequenzverlauf steigt zu Beginn bis zur Hauptfrequenz um 10-20 kHz linear (fm-l) an. Am Ende des Rufes fällt die Frequenz um 10-30 kHz linear (fm-l) ab.

O s z i l l o g r a m m : Unterschiedlich, oft symmetrische Pflaumenform, manchmal auch Rechteckform oder aufsteigende bzw. selten auch abfallende Dreieckform. Am Anfang und Ende eines Rufes werden gelegentlich scharfe Schalldruckspitzen festgestellt, die durch eine bessere Durchdringungsfähigkeit der Luft bei niedriger Frequenz zustande kommen.

R u f l ä n g e : Lange Rufe vorwiegend 40-80 ms.

R u f a b s t ä n d e : Häufige (typische) Abstände Mitte-Mitte 70-120 ms. Häufige Rufe 8,3-14,3/s.

H ö r e i n d r u c k : Nach dem Mischverfahren sind Lautstärke und Tonhöhe sehr charakteristisch. Sie besitzen für Hufeisennasen typisches An- und Abschwellen der Rufe, die etwas kräftiger sind als die der Kleinen Hufeisennase. Nach dem Zeitdehnverfahren werden – ähnlich dem Teilverfahren – hohe Rufe etwa »zwieh – zwieh...« hörbar. Zu Beginn des Anstiegs und am Ende des Abfalls eines Rufes werden nach dem Zeitdehnverfahren die abfallenden Frequenzen vernommen. Hörbarkeitsgrenze etwa 7 m.

Suchrufe im hindernisreichen Flug: Geringere Rufabstände und kürzere Rufdauer. In der Nahorientierung fehlt der frequenzansteigende erste Teil, während der frequenzabfallende dritte Teil verbleibt und manchmal auch stärker wird.

Transferrufe: Wie Suchrufe im hindernisarmen Flug, oft durchschnittlich etwas länger.

Fangrufe: Ähnlich wie bei den übrigen Hufeisennasen, wobei in der Endphase häufig fast nur noch der frequenzabfallende Schlussteil übrig bleibt.

Sozialrufe: Unbekannt.

Verwechslungsmöglichkeiten: Die Blasius-Hufeisennase ist mit allen europäischen Hufeisennasenarten wegen ihrer Frequenz nicht zu verwechseln.

8.2.5 Mehely-Hufeisennase – *Rhinolophus mehelyi* (Matschie 1901)

Kennzeichen

Körpermerkmale: Mittelgroße Fledermaus. Einzelheiten in Abb. 18.

Verbreitung: Mediterrane Fledermausart, verbreitet in Portugal, Zentral- und Südspanien, auch selten in Nordspanien, im äußersten Süden Frankreichs und Italiens einschließlich Sardinien, auch auf den Balearen, östliche Adriaküste, Süden von Rumänien, Bulgarien, Griechenland und in der Türkei.

Lebensraum: Sehr wärmeliebende Art, deren Quartiere sich in Höhlen, Stollen, Grotten usw. vor allem in Karstgebieten befinden. Sie geht in den Bergen nur bis etwa 700 m hoch und damit nicht so hoch hinauf wie viele andere Arten. Überwinterung Oktober/November bis März/April. Nach Heller & Helversen (1989) lebt die Mehely-Hufeisennase syntopisch mit den übrigen Hufeisennasen-Arten, jedoch ist die Kleine Hufeisennase ausgenommen. Jagdgebiete der Mehely-Hufeisennase decken sich also in der Regel nicht mit denen der etwa bei gleicher Frequenz rufenden Kleinen Hufeisennasen.

Flug: Verhältnismäßig tiefer Jagdflug über freien Flächen, Gräsern, Wegen, Sträuchern und an Bäumen. Flug langsam, rüttelnd und auf engem Raum manövrierend. Häufig auch auf Wartenjagd. Ausflugsbeginn 15-45 Minuten nach Sonnenuntergang. Im Flugbild kann die Größe der jeweils beobachteten Art Anhalt für die Artbestimmung geben, da die Mehely-Hufeisennase wesentlich größer als die Kleine Hufeisennase ist (Abb. 18).

Wanderungen: Ortstreu. Überwindung größerer Entfernungen bisher nicht beobachtet. Längste bisher nachgewiesene Wanderung 90 km (MITCHELL-JONES et al. 1999).

Gefährdung: Die wenigen bisher vorliegenden Angaben deuten an der nördlichen Verbreitungsgrenze auf einen Rückgang der Bestände hin.

Ultraschallrufe

Die Mehely-Hufeisennase ruft mit einer Frequenz von (105) 106-112 (115) kHz etwa wie die Kleine Hufeisennase. Anfangs- und Endfrequenz (2. Harmonische) 85-95→70-95 kHz, ausnahmsweise auch etwas niedriger. Nach AHLÉN (1990) sind die an einer Population dokumentierten Rufe 120-140 ms lang, betragen also mehr als das Doppelte der durchschnittlichen Ruflänge der Kleinen Hufeisennase und besitzen entsprechend einen abweichenden Rufrhythmus. Die Hauptfrequenz betrug bei dieser Population 106 kHz. Inwieweit die Feststellungen von AHLÉN (1990) auch für andere Vorkommen gelten, ist ungeklärt.

8.3 Familie Glattnasen – Vespertilionidae

Der größte Teil der Fledermäuse Europas gehört der Familie der Glattnasen an. Sie besitzen im Gegensatz zu den Hufeisennasen keine Nasenaufsätze und orten durch das weit geöffnete Maul. Lediglich Langohren und Mopsfledermäuse können auch durch die Nasenlöcher Ultraschall abstrahlen. Die Ohren weisen ausnahmslos einen Tragus (Ohrdeckel) auf, der je nach Gattung spitz oder rund ausläuft. Im Gegensatz zu den Bulldoggfledermäusen wird die Schwanzflughaut der Glattnasen nicht oder nur von höchstens zwei Wirbeln überragt. Glattnasen besitzen zwei Zitzen, lediglich die Zweifarbfledermaus hat vier Milchzitzen.

8.3.1 Wasserfledermaus – *Myotis daubentonii* (Kuhl 1819)

Kennzeichen

Körpermerkmale: Kleine bis mittelgroße Fledermaus. Gewicht (5) 8-15 (17) g. Kopf-Rumpflänge (40) 42-54 (60) mm. Flügelspannweite 230-280 mm. Unterarmlänge (32) 35-41 (42) mm. Oberseite graubraun, individuell unterschiedlich, manchmal mit rotbraunem Anflug. Unterseite hellgrau bzw. weißlich, scharf abgegrenzt. Flughäute graubraun. Schnauze rötlich, bei Jungtieren bräunlich, behaart und mit einem schwarzen Fleck an der Unterlippe. Ohr mit sich verjüngendem Tragus, der nicht die Hälfte der Ohrlänge erreicht und nicht so spitz wie bei anderen Myotisarten ist. Bei 2/3-3/4 der Länge des Außenrandes der Schwanzflughaut befindet sich ein kleiner Zipfel, der wie das Ende des Spornbeins aussieht, das bei etwa 1/3 des Außenrandes der Schwanzflughaut endet. Die Armflughaut beginnt am Fuß zwischen Ferse und Sohlenmitte. Wegen Insektenfangs am Wasser große behaarte Füße.

Verbreitung: Europa, im Norden einschließlich England und Irland bis Mittelskandinavien. In Italien teilweise, in Griechenland nur im Norden. Von den Mittelmeerinseln, nur auf Korsika und Sardinien.

Lebensraum: Gewässer, auch kleine Teiche. Bevorzugt an Flüssen Abschnitte mit glatter Wasseroberfläche, da dort besonders deutliche Beuteechos entstehen, wie experimentell nachgewiesen wurde (Siemers, Stilz & Schnitzler 2000), jagt aber auch an Stromschnellen von Flüssen. Fliegt auch an hoch gelegenen Gewässern der Gebirge. Badeanstalten mit gechlortem Wasser werden nicht gemieden. Meidet jedoch sehr stark verunreinigte Gewässer. Ständige Jagdflüge sind auch in 0,5-6 m Höhe über Wiesen, Waldschneisen, Wegen usw. zu beobachten. Sommerquartiere und Wochenstuben in Gebäuden, Tunnels, Baumhöhlen, Fledermaus- und Meisenkästen. Überwinterung September/Oktober bis März/April in Stollen, Bunkern, Höhlen, Kellern, Brunnen, Felsspalten, Geröll usw. Jagt bei warmem Wetter ausnahmsweise auch im Winter, sogar über schmelzenden Eisflächen.

Flug: In der Regel unmittelbar über dem Wasser, oft kreisend mit schwirrendem Flügelschlag. Flughöhe in der Regel unter 20 cm. Fluggeschwindigkeit um 20 km/h. Ausflugsbeginn 20-50 Minuten nach Sonnenuntergang. Neigt im Spätsommer zum Schwärmen vor den Quartieren. Fliegt mit wenigen kurzen Pausen meist die ganze Nacht über. Die Weibchen suchen zwischendurch die Wochenstuben auf.

Wanderungen: Wandert zum Teil zwischen Sommer- und Winterquartieren, wenn im Sommeraufenthalt keine geeigneten Winterquartiere vorhanden sind (Teilstreckenzieher). Größte bisher nachgewiesene Entfernungen 250-304 km (Dietz et al. 2007).

Gefährdung: Keine Gefährdung der Bestände feststellbar. Teilweise örtliche Zunahme infolge der Eutrophierung der Gewässer.

Ultraschallrufe

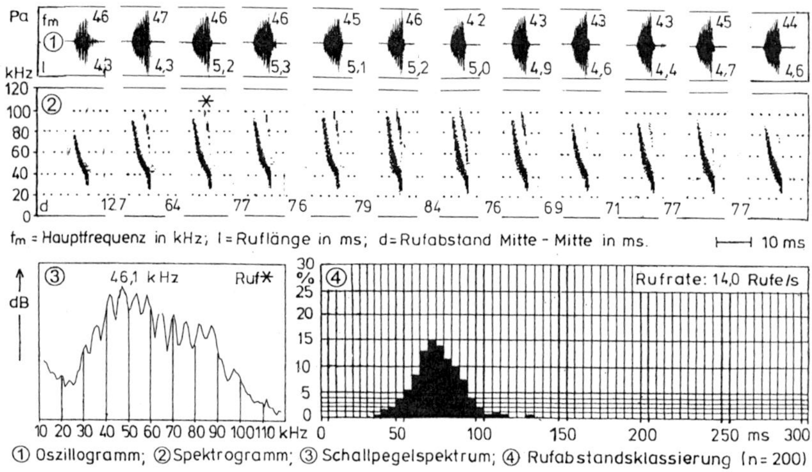

Abb. 22: Rufreihe der Wasserfledermaus, die unmittelbar über der Wasseroberfläche fliegt. 11.3.2002, Panzerstausee Remscheid/D.

Suchrufe im hindernisarmen Flug (Abb. 22):

Frequenz: Die Hauptfrequenz ist wegen starker, fast linearer Frequenzmodulation der Rufe sehr variabel (37) 40-47 (55) kHz. Weitere Harmonische sind nicht oder nur schwach feststellbar. Nach dem Mischverfahren ist die Hauptfrequenz mittels Frequenzwähler nur schwer genau feststellbar. Anfangs- und Endfrequenz 55-95→25-40 kHz. Im Frequenzverlauf erfolgen Anfang und Ende etwas schneller fallend als im mittleren Hauptteil. Dabei ist zu beachten, dass eine scheinbar niedrige Anfangsfrequenz durch Luftabsorption des kurzwelligen hohen Rufanteils verursacht wird. Die Anfangsfrequenz ist also zu Beginn an der Fledermaus tatsächlich oft etwas höher als sie im Ultraschalldetektor und entsprechend im Monitor bzw. in den Abbildungen erscheint. – Wasserfledermäuse benutzen im ersten Lebensjahr eine etwas geringere Ortungs-Endfrequenz als ältere Individuen (Jones & Kokurewicz 1994). Signifikante Unterschiede der Suchrufe zwischen Männchen und Weibchen konnten im ersten Lebensjahr nicht festgestellt werden, dagegen wohl eine positive Korrelation der Rufabstände mit der Unterarmlänge (Jones & Kokurewicz 1994).

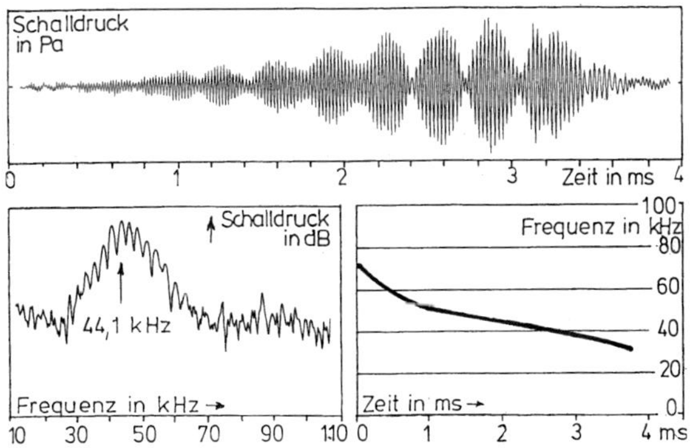

Abb. 23: Interferenzen im Ruf einer Wasserfledermaus, die unmittelbar über der Wasseroberfläche fliegt. 5.8.1999, Wuppertal/D.

O s z i l l o g r a m m f o r m : Meist einseitig ansteigende, für die Gattung *Myotis* typische Dreiecksform. Reflexionen des Ultraschalls an der Wasseroberfläche bewirken bei Detektoraufnahmen oft ausgeprägte Interferenzen, die in der Struktur der Oszillogramme deutlich erkennbar sind (Abb. 23). Diese Interferenzen werden durch Überlagerungen der direkt an das Mikrofon gelangenden mit den an der Wasseroberfläche gespiegelten Signalen bewirkt (Kalko & Schnitzler 1989, 1989a, Verf.).

R u f l ä n g e : 3-7 ms.

R u f a b s t ä n d e : Häufige (typische) Abstände Mitte-Mitte 65-95 ms. Häufige Rufe 10,5-15,4/s.

H ö r e i n d r u c k : Nach dem Mischverfahren scharf und trocken klingende Rufe, die bis zu einer Entfernung von 40-50 m hörbar sind. Die Tonqualität erinnert an Nadeln, die auf eine Glasplatte fallen. Die Rufabstände sind verhältnismäßig regelmäßig und die Hauptfrequenz ist verhältnismäßig niedrig, wenn die Wasseroberfläche bei Windstille glatt ist. Dann klingen die Rufe auch manchmal zweiteilig wie »trecke-trecke...«. Nach dem Zeitdehnverfahren klingen die Rufe typisch myotisartig »zipp...zipp...«

Transferrufe: Gleichmäßiger Rufabstand von etwa 80 100 ms. Frequenzbandbreite etwas geringer als im Suchflug. Die Transferrufe klingen im Mischverfahren oft zweiteilig (siehe oben).

Suchrufe im hindernisreichen Flug: An Hindernissen und Stromschnellen schwellen die Rufe an und ab. In Höhlen und Stollen nimmt der Schalldruck stark ab, die Ruflänge ist geringer und die Frequenzbandbreite größer. Die Hauptfrequenz kann bis auf etwa 60 kHz ansteigen. Dann können Wasserfledermäuse nur aus 5-10 m Entfernung mit dem Detektor vernommen werden.

Fangrufe: An insektenreichen Gewässern sind die Fangrufe ständig als kurze Brummlaute zu hören. Die Fangrufe erreichen in der Endphase fledermaustypisch 160-210 Rufe/s. Zu beachten ist dabei, dass die Hauptfrequenz sich wesentlich auf etwa 25 kHz absetzt. Die Anzahl der Fangrufreihen je Minute ist ein aussagefähiges Kriterium für den Insektenreichtum eines Gewässers.

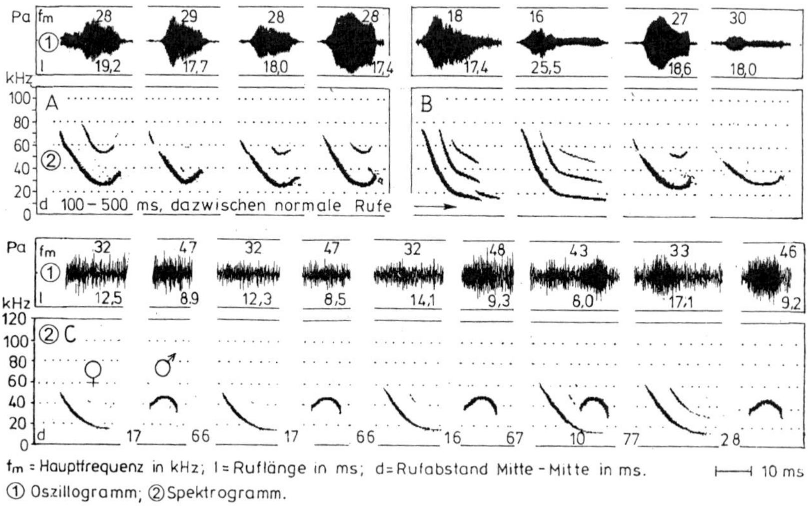

Abb. 24: Sozialrufe der Wasserfledermaus. **A:** Senkbachstausee. 7.7.1997, Solingen/D. **B:** Vor einer Wochenstube an einer Buchenhöhle. 3.7.1999, Kleinhöhfeld Beverstausee/D. **C:** Balz an einem Bahntunnel. 11.4.2008, Wuppertal/D.

Sozialrufe: In der Umgebung der Wochenstuben sind Sozialrufe häufig, sonst selten. Es handelt sich vorwiegend um Kontaktrufe (Abb. 24 A und B). Diese frequenzmodulierten Laute mit mehreren Harmonischen und einer Länge von in der Regel 12-25 ms hören sich im Mischverfahren wie Knacken und im Zeitdehnverfahren wie abfallende, kräftige Rufe an. Manchmal steigt dabei die Frequenz der Rufe am Schluss etwas an (fm-a). Balzrufe (Abb. 24 C) der Männchen sind selten und haben oft lange Zeit auf- und absteigende Modulation (fm-a). Ihre Rufe sind oft auch »krückstockförmig«. Manchmal hört man dann auch den völlig anders klingenden Sozialruf eines Weibchens.

Verwechslungsmöglichkeiten: Nach dem Mischverfahren von der Zwerg- und Rauhautfledermaus durch schärfere Rufe und bei Benutzung des Frequenzwählers durch nicht eindeutige Hauptfrequenz gut zu unterscheiden. Nach dem Zeitdehnverfahren ruft die Teichfledermaus in der Frequenz unregelmäßiger und niedriger, doch kann es Überschneidungen im Bereich von etwa 38-41 kHz geben. Der Flug der Teichfledermaus ist geradliniger und schneller. Wasserfledermäuse kreisen in der Regel unmittelbar über Wasserflächen. Die Rufe der Wasserfledermaus sind von den Rufen der Fransenfledermaus (steilere Modulation, tiefere Endfrequenz, häufigeres An- und Abschwellen der Rufrate, selten im Tiefflug über der Wasseroberfläche) und der Kleinen und Großen Bartfledermaus (anderes Jagdverhalten, nur sehr selten direkt über der Wasseroberfläche jagend, meist auch lautstärker) nur schwer und manchmal auch nicht zu unterscheiden. Die Nymphenfledermaus hat immer eine Endfrequenz über 40 kHz. Die Rufe der Wimperfledermaus haben durchschnittlich eine höhere Hauptfrequenz und besitzen in der Regel einen geringeren Schalldruck. Kleines und Großes Mausohr liegen in der Frequenz wesentlich niedriger als die Wasserfledermaus. Die Bechsteinfledermaus fliegt in der Regel nicht am Wasser und hat meist eine geringere Rufrate.

Hinweis: Die Kleine Wasserfledermaus – *Myotis nathalinae* (Tupinier 1996), die in Spanien, Frankreich und der Schweiz festgestellt wurde, unterscheidet sich von der Wasserfledermaus lediglich durch etwas geringere Größe und ein Zahnmerkmal. Nach herrschender Auffassung ist die Kleine Wasserfledermaus lediglich als Varietät (Morphotyp) der Wasserfledermaus aufzufassen.

8.3.2 Langfußfledermaus – *Myotis capaccinii* (Bonaparte 1837)

Kennzeichen

Körpermerkmale: Kleine bis mittelgroße Fledermaus. Gewicht (6) 8-14 (16) g. Kopf-Rumpflänge (43) 47-53 (60) mm. Flügelspannweite 230-290 mm. Unterarmlänge (37) 38-42 (44) mm. Oberseite grau bis graubraun, Unterseite etwas heller und nicht scharf abgegrenzt wie bei der Wasserfledermaus. Schnauze braun. Nasenlöcher auffallend hervorspringend. Ohren mit spitzem Tragus, der etwas länger als bei der Wasserfledermaus ist und etwa die Hälfte der Ohrlänge erreicht. Im Gegensatz zur Wasserfledermaus und anderen europäischen Fledermausarten ist die Schwanzflughaut auf der Oberseite ausgehend von den Beinen bis etwa zur Mitte dicht flaumig behaart. Bei 2/3-3/4 der Länge des Außenrandes der Schwanzflughaut befindet sich ein Zipfel, der wie das Ende des Spornbeins aussieht, das bei etwa 1/3 des Außenrandes der Schwanzflughaut endet. Die Armflughaut beginnt ca. 2 mm über dem Fuß am Unterschenkel, was sonst für keine andere europäische Fledermaus zutrifft. Wegen Insektenfangs am Wasser große behaarte Füße.

Verbreitung: Mediterrane Art, die in Südspanien, Südfrankreich, Italien, Slowenien, auf dem Balkan, auf allen größeren Mittelmeerinseln und in der Türkei vorkommt. Nach bisherigen Erkenntnissen sind Überschneidungen mit Vorkommen der Wasserfledermaus selten. Beide Arten scheinen sich in der Regel auszuschließen.

Lebensraum: Wie Wasserfledermaus, jedoch Quartiere und Wochenstuben nicht in Gebäuden (Höhlenfledermaus). Überwinterung Oktober/November bis März.

Flug: Wie Wasserfledermaus unmittelbar über dem Wasser, aber seltener über offenen Vegetationsflächen. Fängt auch kleine Fische, die massenhaft an der Wasseroberfläche schwimmen (Aihartza et al. 2003). Ausflugsbeginn 20-40 Minuten nach Sonnenuntergang.

Wanderungen: Auf dem Balkan wurden Wanderungen zwischen Sommer- und Winterquartieren beobachtet, doch sind die genauen Ausmaße unbekannt.

Gefährdung: Am Nordrand des Verbreitungsgebietes teilweise durch Verwendung von Pestiziden, u.a. durch Sprühflugzeuge.

Ultraschallrufe

Suchrufe im hindernisarmen Flug (Abb. 25):

Frequenz: Sehr variable Hauptfrequenz (40) 41-49 (55) kHz. Weitere Harmonische sind nicht oder nur schwach feststellbar. Nach dem Mischverfahren ist die Hauptfrequenz mit dem Frequenzwähler nur ungenau feststellbar. Frequenzverlauf fast linear frequenzmoduliert (fm-l) wie Wasserfledermaus. Anfangs- und Endfrequenzverlauf 50-90→28-38 kHz. Im Frequenzverlauf erfolgen Anfang und Ende etwas schneller fallend als im mittleren Hauptteil.

Oszillogrammform: Ansteigendes Dreieck, oft mit Interferenzen wie bei der Wasserfledermaus.

Ruflänge: 3-7 ms.

Rufabstände: Häufigste (typische) Abstände Mitte-Mitte 65-95 ms. Häufige Rufe 10,5-15,4/s.

Höreindruck: Wie Wasserfledermaus, scharf und trocken. Hörgrenze 40-50 m.

Transferrufe: Wie Wasserfledermaus.

Suchrufe im hindernisreichen Flug: An- und Abschwellen der Rufe/s wie bei der Wasserfledermaus.

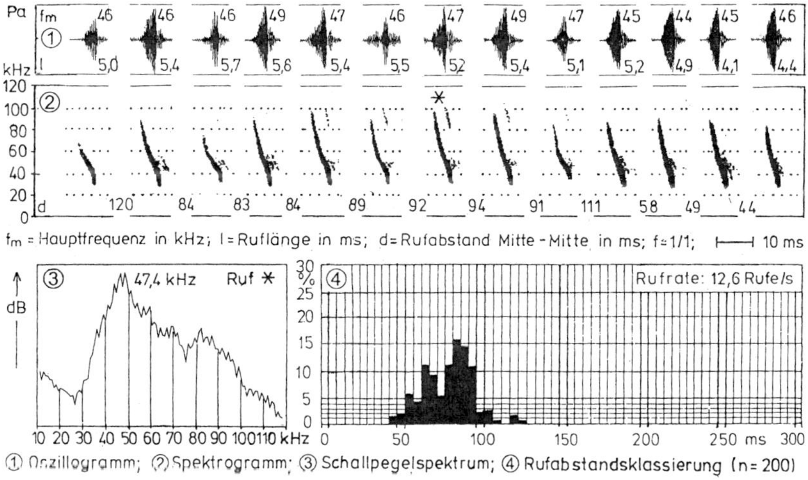

Abb. 25: Rufe der Langfußfledermaus unmittelbar über der Wasseroberfläche eines Sees. 2.5.2003, Limni Kourna, Kreta/GR.

Fangrufe: Wie Wasserfledermaus.

Sozialrufe: Unbekannt.

Verwechslungsmöglichkeiten: Langfußfledermäuse scheinen etwas geradliniger und schneller als Wasserfledermäuse zu fliegen. Mit Hilfe von Ultraschallaufnahmen und durch Sichtbeobachtung ist eine sichere Unterscheidung von der Wasserfledermaus nicht möglich. Hinsichtlich der Verwechslungsmöglichkeiten mit anderen Arten siehe Wasserfledermaus (Abschnitt 8.3.1).

8.3.3 Teichfledermaus – *Myotis dasycneme* (Boie 1825)

Kennzeichen

Körpermerkmale: Mittelgroße Fledermaus, der Wasserfledermaus ähnlich, aber wesentlich größer. Gewicht 14-20 g. Kopf-Rumpflänge 52-65 mm. Flügelspannweite 240-300 mm. Unterarm 43-49 mm. Oberseite braungrau, individuell verschieden. Haarbasis dunkler. Unterseite scharf abgegrenzt weiß-hellgrau. Flughäute dunkelgrau. Schnauze rotbraun. Ohren braungrau mit kurzem Tragus, kürzer als halbe Ohrlänge. Verhältnismäßig große Füße.

Verbreitung: Verbreitet in Mittel- und Osteuropa, speziell in NO-Frankreich, in den Niederlanden, in Belgien, Deutschland, Dänemark, Südschweden, im Baltikum, von Südfinnland bis St. Petersburg sowie in den östlich anschließenden Ländern. Auch in der Ukraine, Tschechei, Slowakei, in Ungarn, Rumänien und Bulgarien, jedoch nicht in Mittel- und Nordfinnland und in den Mittelmeergebieten.

Lebensraum: Gewässerreiche Gegenden, Seen, Flussstaus, Kanäle. Fliegt auch in Küstennähe der Ostsee. Selten Jagdflug über Wiesen, an Waldrändern oder auf Waldschneisen. Bevorzugt Gewässerabschnitte ohne Wellengang, da sich dort Echos von Beutetieren besser vom Hintergrund abheben. Sommerquartiere auf Dachböden, seltener in Baumhöhlen. Wochenstuben in Gebäuden. Überwinterung Oktober/November bis März/April meist einzeln, vorwiegend in Höhlen und aufgelassenen Bergwerksstollen.

Flug: In der Regel 10-50 cm über der Wasseroberfläche, geradliniger und schneller als Wasserfledermaus. Ausflugsbeginn 20-40 Minuten nach Sonnenuntergang.

Wanderungen: Legt größere Entfernungen zwischen Sommeraufenthalt und Winterquartier zurück. Benutzt u.a. Schifffahrtskanäle als Zugwege. Wegen fehlender Möglichkeiten für Winterquartiere im Flachland von Nord- und Ostsee wandern die meisten Teichfledermäuse 150-300 km südlich in die Mittelgebirge (Roer 2001). Einige Teichfledermäuse scheinen jedoch auch größere Strecken zurückzulegen. Nach Dietz et al. (2007) betrug in Belgien die bisher längste Überflugstrecke 350 km.

Gefährdung: Bestände sind zurzeit etwa gleichbleibend, örtlich z.B. an Kanälen auch zunehmend. In einigen Gebieten an Quartieren durch Sanierung und Giftstoffe stark gefährdet.

Ultraschallrufe

Suchrufe im hindernisarmen Flug (Abb. 26):

Frequenz: Hauptfrequenz Rufe (36) 37-41 (42) kHz. Manchmal eingestreute laute und tieffrequente Rufe (Abb. 27) haben Hauptfrequenzen von (28) 30-36 (38) kHz. Weitere Harmonische sind nicht oder nur schwach feststellbar. Anfangs- und Endfrequenz 65-85→25-35 kHz, für die tiefen Rufe 40-60→25-35 kHz. Im Frequenzverlauf erfolgen Anfang und manchmal auch ein kurzes Ende etwas schneller fallend als der mittlere Hauptteil.

Oszillogrammform: Für die Gattung *Myotis* typische Dreiecksform, also Amplituden mit der Zeit ansteigend. Eingestreute laute und tieffrequente Rufe haben sehr unterschiedliche Formen, oft auch mit Anstieg der Amplituden im Zeitverlauf des Einzelrufes. In den Rufen sind Interferenzen regelmäßig erkennbar.

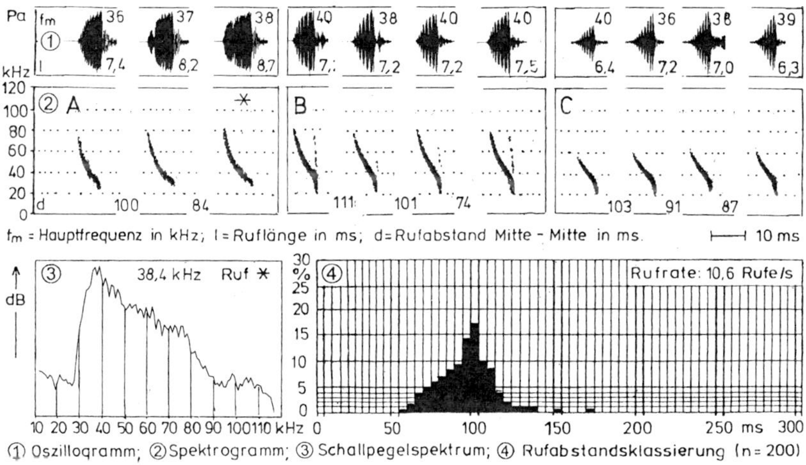

Abb. 26: Rufe der Teichfledermaus A: 0,4 m hoch in der Lagune. Diese Fledermaus ließ auch tieffrequente »Wachtelrufe« hören. 24.8.1999, Heiligenhafen Ostlagune/D. B: 0,5 m hoch im Hafen. 16.7.2004, Heiligenhafen/D. C: 0,5 m hoch über dem Binnensee. 16.7.2004, Heiligenhafen/D.

R u f l ä n g e : Normal 5-9 ms. Die eingestreuten lauten und niederfrequenten Rufe haben Längen von 12-23 ms.

R u f a b s t ä n d e : Häufige (typische) normale Abstände Mitte-Mitte 80-120 ms. Häufige Rufe 8,3-12,5/s. Bei tieffrequenten Rufen unregelmäßige Rufabstände, vorwiegend 80-250 ms. Dann häufige Rufe 4,0-12,5/s. Gelegentlich Wechsel zwischen regelmäßigen und unregelmäßigen Rufabständen.

H ö r e i n d r u c k : Trockene, normalerweise scharfe Rufe, etwas kräftiger als von der Wasserfledermaus. Die eingestreuten lauten tieffrequenten Rufe, meist mehrere kurz nacheinander, ähneln entfernt dem Wachtelruf. Die-

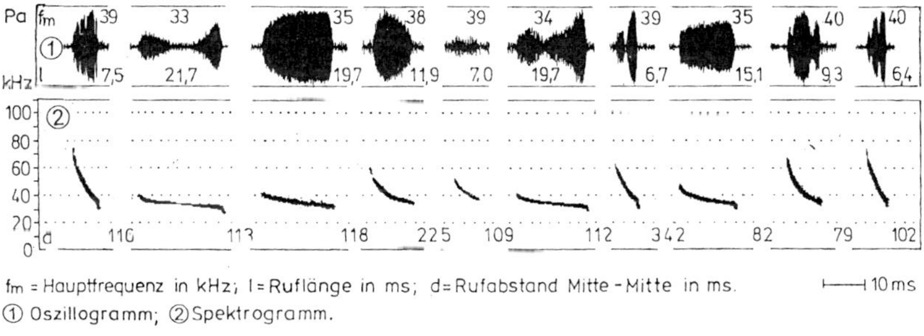

Abb. 27: Tieffrequente Rufe (»Wachtelrufe«) der Teichfledermaus am Flusswasserstausee. 1.7.2000, Poprad/SK.

se Rufe sind ein sicheres Erkennungsmerkmal der Art. Hörbarkeitsgrenze 50-60 m, die tieffrequenten und lauten Rufe bis 70-100 m.

Transferrufe: Rufabstände gleichmäßig 100-170 ms lang, Hauptfrequenz um 37 kHz.

Suchrufe im hindernisreichen Flug (z.B. bei starkem Wellengang): Stark linear frequenzmoduliert (fm-l), Rufrate zunehmend, Ruflänge abnehmend, Rufabstände unregelmäßiger, tieffrequente Einlagen gelegentlich.

Fangrufe: Wie üblich mit Rufreihen bis zu 200 Rufe/s in der Endphase.

Sozialrufe: Werden im Flug in der Umgebung von Wochenstuben selten abgegeben und ähneln denen von Wasserfledermäusen. – Ungeklärt ist, ob die eingestreuten lauten und tieffrequenten »Wachtelrufe« Sozialrufe von Männchen sind oder nur der besseren Fernorientierung in der Umgebung dienen. Fest steht, dass ein Teil der Teichfledermäuse derartige Rufe nicht benutzt.

Verwechslungsmöglichkeiten: In erster Linie mit der Wasserfledermaus zu verwechseln. Die Teichfledermaus hat in der Regel etwas längere und etwas tieffrequentere Rufe, fliegt schneller, geradliniger und meist etwas höher als die Wasserfledermaus. Die nach dem Mischverfahren bei Einstellung auf etwa 35 kHz lautstark zu hörenden niederfrequenten Einlagen (»Wachtelrufe«) sind nur von der Teichfledermaus bekannt. Gelegentliche Sozialrufe der Wasserfledermaus lassen sich durch ihre Form im Spektrogramm von tieffrequenten und lauten »Wachtelrufen« der Teichfledermaus sicher unterscheiden.

8.3.4 Große Bartfledermaus (= Brandtfledermaus) – *Myotis brandtii* (Eversmann 1845)

Kennzeichen

Körpermerkmale: Kleine Fledermaus. Gewicht 4-10 g. Kopf-Rumpflänge 39-51 mm. Verhältnismäßig schmale Flügel mit einer Spannweite von 190-240 mm. Unterarmlänge 32-38 mm. Oberseite mittelbraun mit oft gelblichem Anflug bei Alttieren, Unterseite hell braun-grau. Flughäute und Schnauze dunkel- bis mittelbraun. Schnauzenumfeld stark behaart. Die verhältnismäßig langgestreckten braunen Ohren sind in der Regel im Inneren aufgehellt und besitzen am Außenrand 4-5 (6) Querfalten. Tragus nach dem zweiten Jahr heller pigmentiert als bei der Kleinen Bartfledermaus, lanzettförmig, bis etwa zur halben Ohrlänge reichend. Nasenlöcher breit

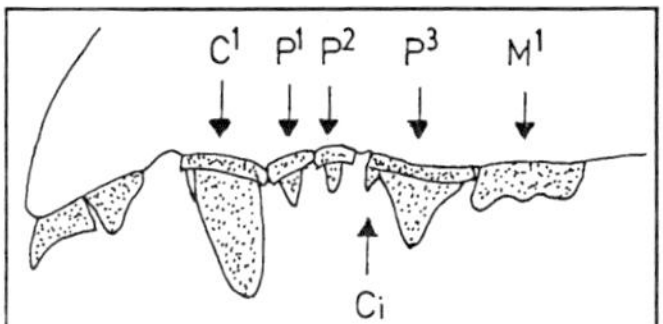

Abb. 28: Oberkiefer der Großen Bartfledermaus.

herzförmig. Penis des Männchens ab etwa Mitte keulenförmig verdickt (Abb. 87, Fall 1). Deutlich ausgebildeter kleiner Höcker am vorderen Cingulum (Zahnwulst) des oberen großen Vorbackenzahnes P^3. Dieser Höcker ist etwa gleichgroß wie der Vorbackenzahn P^2. Mit Hilfe einer Lupe können diese Merkmale am lebenden Tier zur Unterscheidung besonders der Weibchen beider Bartfledermausarten herangezogen werden (Abb. 28).

Verbreitung: Europäische Vorkommen erst seit 1958 bekannt. Östliche Art. Vorkommen im Westen bis Mittelfrankreich, im Norden bis Mittelengland, nicht in Irland, Mittelskandinavien und Mittelfinnland. Im Süden bis Norditalien, Mittelungarn, Rumänien und Ukraine. Einzelvorkommen in Mittelitalien und auf dem Balkan. In vielen Gebieten ist die genaue Verbreitung wegen der Ähnlichkeit mit der Kleinen Bartfledermaus nicht geklärt.

Lebensraum: Bevorzugter Aufenthalt in Wäldern, dort auf Lichtungen, Schneisen, Wegen, häufig auch an Waldrändern, seltener auf Wiesen oder in Ortschaften. Im Gebirge auch in höheren Lagen nicht selten. Sommerquartiere in Baumhöhlen, unter Dächern sowie in Fledermaus- und Vogelnistkästen. Bevorzugt schmale Fledermauskästen. Wochenstuben im Dachgestühl, hinter Fassaden und Fensterläden und in Hausspalten vorzugsweise waldnaher Gebäude. Überwinterung Oktober/November bis März/April in Höhlen und Stollen, dort meist an den Wänden frei hängend, seltener in Spalten, Bohrlochpfeifen usw. Manchmal übertagen dort auch im Sommer Gruppen von Männchen.

Flug: Gewandter Flug meist in Höhe von 1-5 m, seltener in Baumkronenhöhe jagend. Fliegt gerne Wege und Schneisen regelmäßig auf und ab, teilweise unter 2,5 m Höhe. Ausflugsbeginn 10-40 Minuten nach Sonnenuntergang.

Wanderungen: In der Regel ortstreu. Wanderungen zwischen Sommer- und Winterquartier wurden jedoch festgestellt, wobei wahrscheinlich Entfernungen von 300 km nur ausnahmsweise überschritten werden. Nachgewiesen wurde eine Entfernung über 700 km (Hanák 1987).

Gefährdung: Im Bestand vielerorts gefährdete Art. Ursachen: Biotopveränderungen, vor allem Fehlen von alten Bäumen mit Höhlen und Spalten, Anwendung schädigender Holzkonservierungsmittel (Straube 1996), Mangel an Winterquartieren und Quartierzerstörungen durch den Menschen.

Ultraschallrufe

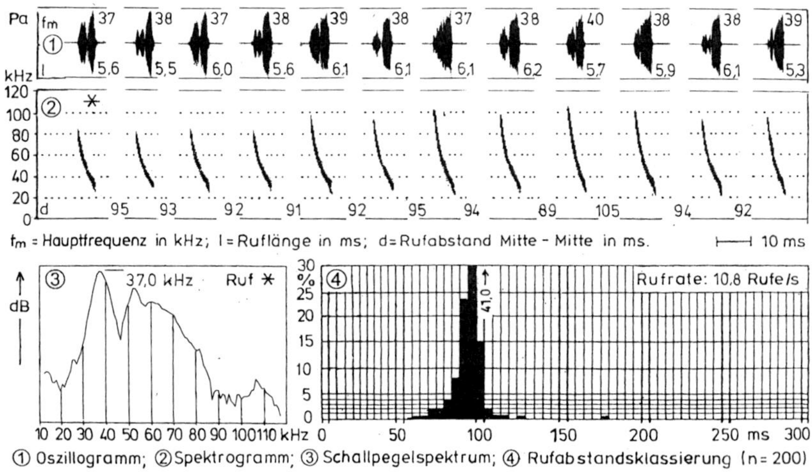

Abb. 29: Rufreihe der Großen Bartfledermaus, die über einem Waldweg in 1,5-2,5 m Höhe fliegt. 12.8.2000, Delmenhorst/D.

Suchrufe im hindernisarmen Flug (Abb. 29):

F r e q u e n z : Hauptfrequenz (37) 39-46 (50) kHz, oft um 42 kHz. Weitere Harmonische sind nicht oder nur schwach feststellbar. Anfangs- und Endfrequenz 65-100→23-30 kHz. Im Frequenzverlauf erfolgen Anfang und meist auch Ende etwas schneller fallend als der mittlere Hauptteil.

O s z i l l o g r a m m f o r m : Für die Gattung *Myotis* typisch ansteigende Dreiecksform. Oft sind die Rufe zweiteilig, der erste Teil etwa 1 ms lang.

R u f l ä n g e : 4-7 ms.

R u f a b s t ä n d e : Häufige (typische) Rufabstände Mitte-Mitte 80-110 ms, gelegentlich zweite Rufabstände um 170-190 ms. Häufige Rufe 9,1-12,5 (5,3-12,5)/s.

H ö r e i n d r u c k : Nach dem Mischverfahren trockene Rufe, die noch aus einer Entfernung von 20-35 m gehört werden. Beim für die Art typischen Auf- und Abflug auf Waldwegen sind Rufabstände und Schalldruck verhältnismäßig konstant.

Transferrufe: Ähneln den Rufen im hindernisarmen Suchflug und sind von diesen nicht immer unterscheidbar.

Suchrufe im hindernisreichen Flug: Beim Flug auf Waldwegen 10-12 Rufe/s bei einem Maximum der Rufabstände um 90 ms. Beim Flug zwischen Gesträuch und Jungbäumen sowie im Baumkronenbereich erhöht sich die

Hauptfrequenz bis zu etwa 60 kHz, die Rufe/s steigen an, die Rufe werden kürzer und die Frequenzbandbreite nimmt zu, wobei die Anfangsfrequenz bis zu 110 kHz betragen kann.

Fangrufe: Wie üblich mit etwa 200 Rufe/s.

Sozialrufe: Ähnlich wie unter Kleiner Bartfledermaus beschrieben. – Dense (1991) berichtet von einzelnen Bartfledermäusen, die stationär an Baumstämmen hängend riefen. Ob es sich um Ansitzjagd, wie von den Hufeisennasen bekannt, oder um territoriales Balzverhalten handelte, konnte nicht geklärt werden. Ungeklärt ist auch, um welche Bartfledermausart es sich gehandelt hat. Dense (1991) vermutet die Große Bartfledermaus als Urheber. Bei den gleichen von mir minutenlang gehörten Rufen hat es sich wahrscheinlich um die Kleine Bartfledermaus gehandelt. Da in diesem Fall während der Rufzeit und beim Abflug danach keine Fangrufe vernommen wurden, liegt die Deutung nahe, dass es Balzrufe eines sein Revier abgrenzenden, lockenden Männchens waren. – Beim Schwärmen abends und morgens in der Nähe des Quartiers können Brandtfledermäuse auch trillerartige Rufe ausstoßen (Pfalzer 2002 a).

Verwechslungsmöglichkeiten: Eine sichere Unterscheidung der Rufe von Kleiner und Großer Bartfledermaus ist zurzeit nicht möglich. Im Zeitdehnverfahren deuten die bisherigen Erfahrungen darauf hin, dass die Hauptfrequenz der Rufe der Kleinen Bartfledermaus unter gleichen Flugbedingungen durchschnittlich etwas höher liegt. Die Unterscheidung der Rufe der Großen Bartfledermaus von denen der Wasserfledermaus bleibt trotz der charakteristischen Rufreihen der Großen Bartfledermaus schwierig. Regelmäßiger Tiefflug unmittelbar über dem Wasser zirkelnd ist von der Großen Bartfledermaus nicht bekannt. Insofern ist unter diesen Bedingungen eine sichere Unterscheidung von der Wasserfledermaus möglich. Die Fransenfledermaus neigt zu an- und abschwellenden Rufreihen, die in dieser Form von der Bartfledermaus unüblich sind. Außerdem hat die Fransenfledermaus eine niedrigere Endfrequenz von 20 kHz und weniger. Das Anleuchten mit einem Halogenscheinwerfer kann die Abgrenzung Große/Kleine Bartfledermaus gegenüber ähnlichen Arten erleichtern, da beide Bartfledermausarten bräunlich gefärbt sind. In einigen Fällen bleiben für den sicheren Nachweis jedoch nur die fotografische Dokumentation oder der Handnachweis durch Fang.

8.3.5 Kleine Bartfledermaus – *Myotis mystacinus* (Kuhl 1817)

Kennzeichen

Körpermerkmale: Kleine, sehr lebhafte Fledermaus. Gewicht 4-9 g. Kopf-Rumpflänge 36-48 mm. Verhältnismäßig schmale Flügel mit einer Spannweite von 190-230 mm. Unterarmlänge 31-37 mm. Oberseite in der Regel dunkelbraun oder dunkelgrau-braun, selten mittelbraun. Unterseite mittelgrau. Gesicht sehr dunkel bis schwarz. Die verhältnismäßig langgestreckten, dunkelbraunen bis schwarzen Ohren besitzen am Außenrand 4-5 (6) Querfalten. Sie sind im Innern im Gegensatz zur Großen Bartfledermaus nicht aufgehellt. Tragus schwarz-braun pigmentiert, lanzettförmig, bis etwa zur halben Ohrlänge reichend, jedoch deutlich die Einbuchtung am Außenrand des Ohrs überragend und am Grund nicht aufgehellt. Penis des Männchens nicht keulenförmig verdickt sondern gleichmäßig dünn (Abb. 87, Fall 2). Höcker am vorderen Cingulum des oberen großen Vorbackenzahnes P^3 ist im Gegensatz zur Großen Bartfledermaus (Abb. 28) nicht oder nur sehr gering ausgebildet sowie wesentlich kleiner als der Vorbackenzahn P^2.

Verbreitung: Europa, selten in Portugal, keine Vorkommen in Südspanien und auf den Balearen. Nordgrenze der Verbreitung: Irland, England, Südskandinavien, in Dänemark nur auf Bornholm und Südfinnland. In Süd-italien fehlend, in Mittelitalien selten. In Russland bis etwa zum 65. Breitengrad. Nicht auf den Balearen und auf Zypern.

Lebensraum: Kommt von der Ebene bis ins Gebirge zur Baumgrenze vor. Nicht so ausgeprägte Waldfledermaus wie die Große Bartfledermaus; mehr in Parks, Gärten und am Rande von Ortschaften. Gern in der Nähe von kleinen Fließgewässern. Jagt auch an Straßenlampen. Sommerquartiere in Baumhöhlen, unter Dächern, hinter Fassaden und Fensterblenden sowie in Fledermaus- und Vogelnistkästen. Wochenstuben vorwiegend im Dachgestühl und in Spalten von Gebäuden, aber auch hinter Baumrinden und in Baumspalten. Überwinterungen Oktober/November bis März/April in Höhlen und Stollen, dort meist an den Wänden frei hängend, aber auch in Spalten und Bohrlochpfeifen. Manchmal übertagen dort auch im Sommer Männchen-Gruppen.

Flug: Gewandter Flug in 1-6 m Höhe, selten höher. Fliegt oft kurvenreich tänzelnd um Bäume und Sträucher sowie am Waldrand, aber auch in niedriger Höhe entlang von Wegen und auf Schneisen. Ausflugsbeginn 10-40 Minuten nach Sonnenuntergang.

Wanderungen: Saisonale Wanderungen zwischen Winter- und Sommerquartieren werden teilweise durchgeführt, wobei hochgelegene Winterquartiere in Mittelgebirgslagen bevorzugt werden. Die weiteste bisher nachgewiesene Entfernung beträgt 625 km (HEYMER 1964).

Gefährdung: Im Bestand vielerorts gefährdete Art. Ursachen: Biotopveränderungen, vor allem Fehlen von alten Bäumen mit Höhlen und Spalten, Holzkonservierungsmittel auf Dachböden (STRAUBE 1996). Quartierzerstörungen durch den Menschen, Mangel an Winterquartieren.

Ultraschallrufe

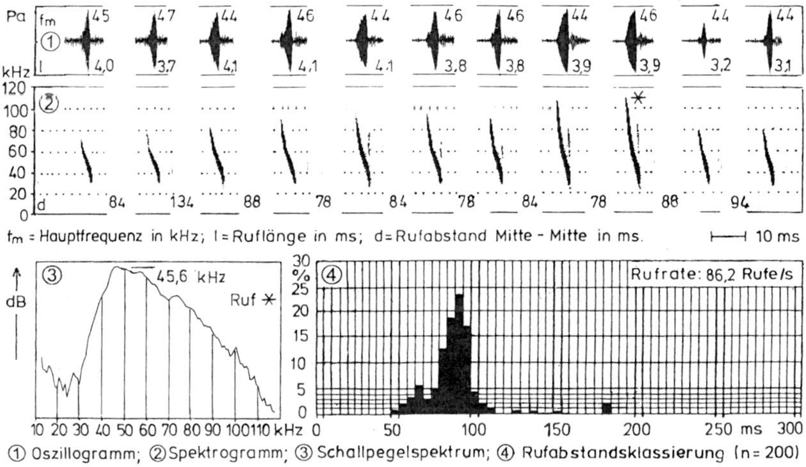

Abb. 30: Rufe der Kleinen Bartfledermaus im lichten Wald, Flughöhe 2-3 m. 10.7.2001, Osterode am Harz/D.

Suchrufe im hindernisarmen Flug (Abb. 30 und 31):

F r e q u e n z : Hauptfrequenz (40) 41-52 (57) kHz, oft um 44 kHz. Weitere Harmonische nicht oder nur schwach festgestellt. Anfangs- und Endfrequenz 65-100→28-35 kHz. Im Frequenzverlauf erfolgen Anfang und Ende etwas schneller fallend als im mittleren Hauptteil.

O s z i l l o g r a m m f o r m : In der Regel für die Gattung *Myotis* typische Dreiecksform.

R u f l ä n g e : 3-6 ms.

R u f a b s t ä n d e : Häufige (typische) Rufabstände Mitte-Mitte 70-90 ms. Häufige Rufe 11,1-14,3/s.

H ö r e i n d r u c k : Nach dem Mischverfahren trockene Rufe, die noch aus

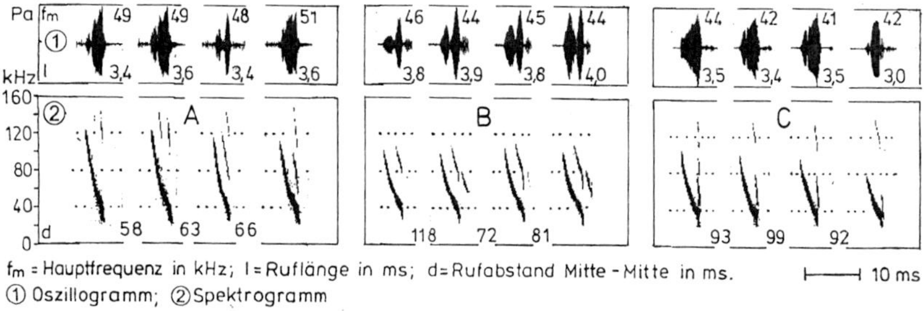

Abb. 31: Rufe der Kleinen Bartfledermaus: **A u. C:** Flug in 3-4 m Höhe im lichten Wald. 10.7.2001 u. 13.7. 2001, Osterode am Harz/D. **B:** Flug in 4 m Höhe in einem Dorf. 10.7.2001, Schwiegershausen/D.

einer Entfernung von 20-30 m gehört werden können. Rufabstände und Schalldruck sind verhältnismäßig konstant.

Besonderheiten: Hemmer et al. (1997) konnten nachweisen, dass soeben flügge gewordene Kleine Bartfledermäuse Rufe äußern, die niedriger in der Frequenz (durchschnittlich 62→26 kHz) und zeitlich länger (durchschnittlich 13,6 ms) als die von Alttieren waren. Damit lassen sie einen allmählichen Übergang von den niederfrequenten Rufen während der Wochenstubenzeit zu den normalen arteigenen Ortungslauten vermuten.

Transferrufe: Sie ähneln den Rufen im hindernisarmen Suchflug und sind von diesen in der Regel nicht zu unterscheiden.

Suchrufe im hindernisreichen Flug: Erhöhung der Hauptfrequenz bis maximal 65 kHz bei einer Anfangsfrequenz bis zu etwa 120 kHz, Verkürzung der Rufdauer und der -abstände, Ansteigen der Rufe/s.

Sozialrufe: Sie sind während des Fluges sehr selten. Hinsichtlich der Balzrufe siehe unter Große Bartfledermaus. In unmittelbarer Nähe von Wochenstuben wurden Rufe gehört, die in der Frequenz niedriger und länger (bis etwa 12 ms) als normale Ortungsrufe sind.

Verwechslungsmöglichkeiten: Eine eindeutige Abgrenzung zu den Rufen der Großen Bartfledermaus war bisher nicht möglich. Die Mehrzahl der Aufnahmen deutet jedoch darauf hin, dass die Kleine Bartfledermaus in der Frequenz durchschnittlich etwas höher ruft, die Ruflängen geringer und die Rufe/s etwas zahlreicher sind als bei der Großen Bartfledermaus. – Hinsichtlich der Unterscheidung zu anderen Fledermausarten siehe Angaben unter Große Bartfledermaus.

Hinweis: In Südosteuropa gibt es die Unterart der Kleinen Bartfledermaus = Balkan-Bartfledermaus – *Myotis mystacinus bulgaricus* (Mayer et al. 2007). Die im Kaukasus vorkommende ähnliche Steppen-Bartfledermaus – *Myotis aurescens* – konnte bisher in Europa nicht nachgewiesen werden. Neuerdings weisen jedoch Dietz et al. (2007) darauf hin, dass in einem kleinräumigen Gebiet der bulgarischen Donauebene die Steppen-Bartfledermaus u.a. durch genetische Untersuchungen (DNA-Analysen) festgestellt worden sei. Es bleibt abzuwarten, ob sich ihre Ultraschallrufe gegenüber der Kleinen Bartfledermaus verändert haben und ob der Artstatus nach der bisher allgemein gültigen Definition (Kap. 12) für diese Art überhaupt von der Fachwelt bestätigt wird.

8.3.6 Nymphenfledermaus – *Myotis alcathoe* (Helversen & Heller 2001)

Die Nymphenfledermaus wurde erst 2001 von Helversen et al. u.a. mittels molekulargenetischer Untersuchungen als eigene Art erkannt. Sie wurde nach der Nymphe Alkathoe benannt, die von Dionysos wegen ihrer Widerspenstigkeit in eine Fledermaus verwandelt wurde (Ovid, Met. IV, 410).

Kennzeichen

Körpermerkmale (Dietz et al. 2007, Ohlendorf & Funkel 2008): Neben der Mückenfledermaus kleinste europäische Art. Gewicht (3) 4-5 (7) g. Kopf-Rumpflänge ca. 38-42 mm, Flügelspannweite ca. 20 cm (O. von Helversen briefl.). Unterarmlänge (29) 31-34 (35) mm. Oberseite rötlichbraun, bei Jungtieren mehr graubraun. Die Haarbasis ist dunkler. Unterseite mit braunen Haarspitzen etwas heller als die Oberseite. Flughäute gleichförmig braun. Kurze, helle Schnauze mit drüsigen Schwellungen, braunrötlich oberhalb der Lippen bis zu den Augen. Die etwa 13 mm langen Ohren mit starker Einkerbung am oberen inneren Ohr bräunlich, unterhalb der Kerbfläche heller. Tragus spitz, knapp unter der Höhe der äußeren Ohrkerbe endend. Daumen und Hinterfüße sind kürzer als bei den anderen europäischen *Myotis*-Arten. Ein P^3 Cingulumhöcker ist etwas schwächer als bei der Großen Bartfledermaus.

Verbreitung: Nach bisherigen Ergebnissen von Dietz et al. (2007) vereinzelt in Spanien, Frankreich, Deutschland, der Schweiz, Polen, der Slowakei, Ungarn, Bulgarien, Griechenland, Albanien. Vermutlich werden zukünftig weitere Vorkommen in ganz Süd- und Mitteleuropa festgestellt werden.

Lebensraum: Bevorzugt schmale Bergschluchten mit kleinen Bächen und Tümpeln. Sie hält sich dort gerne an Laubbäumen, Büschen und Wasserläufen von Auwäldern auf. Bei meinen Beobachtungen flogen die Tiere 1-2 m hoch an Quellgewässern und 5-15 m hoch in Baumkronen. Bisher wurde nur eine kleine Wochenstube in einem Riss einer Platane in 8 m Höhe festgestellt (Helversen et al. 2001). Weitere Sommerquartiere wurden in Waldbäumen an Stämmen, Ästen, unter Rinden und in Spalten beobachtet. Auch Specht- und sonstige Baumhöhlen werden genutzt. Im Winter werden nach bisherigen Erkenntnissen Höhlen aufgesucht (Dietz et al. 2007).

Flug: Jagt dicht über und in der Vegetation. Ausflugsbeginn am Abend 20-40 Minuten nach Sonnenuntergang. Fluggeschwindigkeit 10-25 km/h. Durch Netze können die Tiere nur schwer erfasst werden, da sie die Gefahr manchmal erkennen und sich dann unmittelbar vor dem Fang entfernen (Ohlendorf & Funkel 2008). Überwinterungszeit: Daten bisher unbekannt.

Wanderungen: Wurden bisher nicht festgestellt.

Gefährdungen: Seltene Art, die durch Biotopveränderungen örtlich gefährdet ist, z.B. durch Holznutzung in Bergwäldern, Veränderungen in Auwäldern, durch Staudämme und Straßenbauten.

Ultraschallrufe

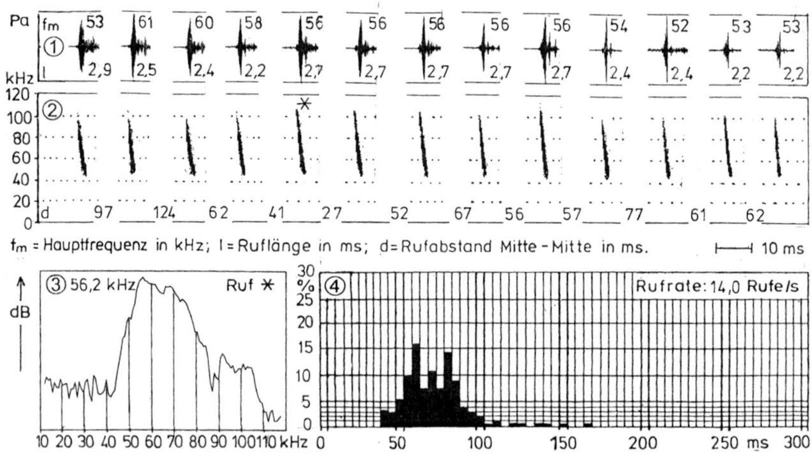

Abb. 32: Rufe der Nymphenfledermaus ca. 3 m hoch fliegend an einem Bach im Wald. 20.6.2008, Kyffhäuser/D.

Suchrufe im hindernisarmen Flug (Abb. 32):

Frequenz: Hauptfrequenz (48) 50-60 (65) kHz. Anfangs- und Endfrequenz 100-130→41-47 kHz. Der Frequenzverlauf erfolgt sehr steil und im Wesentlichen linear frequenzmoduliert (fm-l).

Oszillogrammform: Oft annähernd myotisartige Dreieckform.

Ruflänge: In der Regel 2-4 ms.

Rufabstände: Häufige (typische) Abstände Mitte-Mitte 50-90 ms. Häufige Rufe 11,1-20,0/s

Höreindruck: Nach dem Mischverfahren leicht trockene Rufe, ähnlich denen von Fransen- und Wimperfledermaus. Im Wald in 0,5-4 m Höhe in einer Entfernung von 8-15 m zu hören, jedoch in einem lichten Wald mit breitem Weg oder am Waldrand in 2-6 m Höhe in 20-30 m Entfernung noch hörbar.

Transferrufe: Verhältnismäßig schnelle Rufe, je nach Beschaffenheit des Waldes ähnlich wie o.g. Höreindruck.

Fangrufe: Leise Rufe bis zu etwa 210 Rufe/s. Ähnlich der Wimperfledermaus.

Suchrufe im hindernisreichen Flug: Wie bei Fledermäusen allgemein üblich verkürzen sich die Ruflängen und Rufabstände. Entsprechend erhöhen sich die Rufe/s.

Sozialrufe: Bisher nicht bekannt.

Verwechslungsmöglichkeiten: Verwechslungen sind vor allem mit der hoch rufenden Wimperfledermaus möglich. Ihre Hauptfrequenz ist nur sehr geringfügig niedriger als bei der Nymphenfledermaus. Die Wimperfledermaus hat jedoch in der Regel eine deutliche Endfrequenz < 40 kHz, während bei der Nymphenfledermaus die Endfrequenz immer über 40 kHz liegt. Die Angabe von Helversen et al. (2001), dass die Nymphenfledermaus die höchste Ultraschallfrequenz aller europäischen *Myotis*-Arten in Bezug auf das Rufende besitze, kann von mir bestätigt werden. Außerdem hält sich die Wimperfledermaus nicht wie die Nymphenfledermaus an Bächen in Waldgebieten und Schluchten auf. Wie Nymphen- und Wimperfledermaus besitzt auch die oft in Waldgebieten fliegende Fransenfledermaus mehr Rufe/s und vor allem extrem lineare Modulation (fm-l). Die Rufe der Fransenfledermaus sind beim Mischverfahren (Einstellung 45 kHz) und Teilverfahren mit »Teck« tiefer als bei der Nymphenfledermaus mit »Tick«. Im Zeitdehnverfahren ist die Fransenfledermaus wegen ihrer niedrigen Endfrequenz um 20 kHz leicht erkennbar. Die vergleichbar hohen Rufe der Mückenfledermaus besitzen ein konstantes Frequenzende (fm-e), außerdem lassen deren Männchen häufig zwei bis drei typische Triller hören.

8.3.7 Wimperfledermaus – *Myotis emarginatus* (Geoffroy 1806)

Kennzeichen

Körpermerkmale: Kleine bis mittelgroße Fledermaus. Gewicht (5) 7-10 (15) g. Kopf-Rumpflänge (41) 44-50 (53) mm. Spannweite der verhältnismäßig breiten Flügel 220-245 mm. Unterarmlänge (36) 37-43 (45) mm. Oberseite wollig rotbraun (»fuchsrot«). Unterseite hell gelblichgrau. Jungtiere braungrau. Schnauze hell rotbraun. Hinterrand des Ohrs besitzt in etwa 2/3 Höhe eine fast rechtwinkelige Ausbuchtung. Die Spitze des lanzettförmigen Tragus ist kürzer als diese Ausbuchtung. Am Rand der Schwanzflughaut befinden sich kurze feine Wimperhärchen.

Verbreitung: Wärmeliebende Art, die in Mittel- und Südeuropa in der Ebene und in niedrigen Lagen der Gebirge vorkommt und gebietsweise selten ist. Nordgrenze der Verbreitung Nordspanien, Nordfrankreich, Südholland, Mittel- und Westdeutschland, Tschechei, Südpolen, Ukraine, Krim. Nicht auf den Balearen und auf Sizilien. In der Türkei bestehen sichere Nachweise nur aus dem Süden.

Lebensraum: Jagdgebiete in Wäldern, Parks, Obstwiesen, an kleinen Gewässern usw., gelegentlich auch in Viehställen. Sommerquartiere und Wochenstuben befinden sich im Norden des Verbreitungsareals in Gebäuden, auf Dachböden von Kirchen, Schlössern und Wohngebäuden, in Scheunen und Ställen usw. Die Wochenstuben werden oft gemeinsam mit Hufeisennasen-Arten genutzt. Im Süden ist die Art ganzjährig Höhlenfledermaus. Überwinterung Oktober/November bis März/April vorwiegend in Höhlen, Stollen, Felsspalten usw.

Flug: Wendiges Flugverhalten, das an Zwerg- und Mückenfledermaus erinnert, in meist niedriger Höhe von 1-5 m. Fängt auch Insekten von der Vegetation. Ausflugsbeginn 20-40 Minuten nach Sonnenuntergang.

Wanderungen: Ortstreu. Längste bisher nachgewiesene Wanderung 105 km (Dietz et al. 2007)

Gefährdung: Im Norden starke Bestandsrückgänge. Ursachen: Lebensraumveränderungen, Insektenvernichtung durch Verwendung von Insektiziden, Mangel an geeigneten Quartieren.

Ultraschallrufe

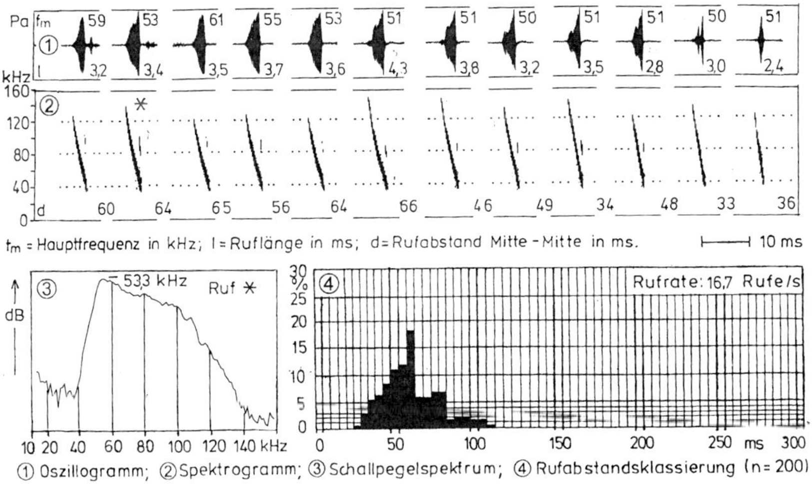

Abb. 33: Rufreihe der Wimperfledermaus über einer Obstwiese. 14.7.1999, Luxemburg.

Suchrufe im hindernisarmen Flug (Abb. 33):

Frequenz: Die Hauptfrequenzen der Einzelrufe betragen (48) 50-65 (75) kHz. Anfangs- und Endfrequenz 90-140→30-40 kHz. Der Frequenzverlauf erfolgt sehr steil und fast linear moduliert (fm-l).

Oszillogrammform: Myotisartig ansteigendes Dreieck mit plötzlichem Abfallen der Amplituden am Rufende. Die Rufe bestehen oft aus zwei Teilen.

Ruflänge: 1,5-4,0 ms. Schumm et al. (1991) registrierten als längsten Ruf 7,7 ms.

Rufabstände: Häufige (typische) Abstände Mitte-Mitte 40-90 ms, meist um 60 ms. Häufige Rufe 11,1-25,0/s, oft um 16,7 /s.

Höreindruck: Nach dem Mischverfahren verhältnismäßig leise, trockene Rufe, die manchmal bis zu einer Entfernung von 20-30 m zu hören sind. Die Rufe/s schwellen je nach Umgebungsbedingungen und Ortungszweck verhältnismäßig gleichmäßig an und ab. Zeitgedehnt sind die kurzen Rufe endbetont und hören sich wie »zipp« an.

Transferrufe: Wie Suchrufe im hindernisarmen Gelände, Rufe/s jedoch etwas weniger.

Suchrufe im hindernisreichen Flug: Rufe/s und Frequenzbandbreite nehmen zu, während die Ruflänge abnimmt.

Fangrufe: Wie bei Fledermäusen üblich, verhältnismäßig leise. Ruflänge in der Endphase 0,2-0,6 ms bei auf etwa 22 kHz herabgesetzter Hauptfrequenz und 180-210 Rufe/s.

Sozialrufe: Unbekannt.

Verwechslungsmöglichkeiten: Im Unterschied zu den übrigen *Myotis*-Arten sind Haupt- und Endfrequenz der Rufe verhältnismäßig hoch. Die ähnlich rufende Fransenfledermaus besitzt lautere Rufe und eine wesentlich niedrigere Endfrequenz. Die Nymphenfledermaus, die in der Regel in anderen Gebieten jagt, besitzt meist weder die hohe Zahl von Rufen/s noch die extrem lineare Modulation der Wimperfledermaus. Außerdem ist die Endfrequenz der Wimperfledermaus in der Regel etwas niedriger (≤ 40 kHz) als die der Nymphenfledermaus (41-47 kHz).

8.3.8 Fransenfledermaus – *Myotis nattereri* (Kuhl 1818)

Kennzeichen

Körpermerkmale: Kleine bis mittelgroße Fledermaus. Gewicht (5) 6-12 (14) g. Kopf-Rumpflänge (40) 42-50 (55) mm. Flügelspannweite 240-280 mm. Unterarmlänge (34) 37-43 (46) mm. Oberseite grau(braun). Unterseite hell grauweiß, gegen die Oberseite scharf abgegrenzt. Gesicht meist hell fleischfarben. Langer spitzer Tragus, der im Gegensatz zur Wasserfledermaus länger als die Ohrhälfte ist. S-förmig gekrümmter Sporn, der mindestens halb so lang wie der Rand der Schwanzflughaut ist. Am Rand der Schwanzflughaut befinden sich nach unten gekrümmte steife Haare. Die Füße sind, im Gegensatz zur Wasserfledermaus, verhältnismäßig klein.

Verbreitung: Europa einschließlich Irland und England, Südschweden, Südfinnland und Russland nördlich bis etwa Sankt Petersburg, dann weiter östlich. Nicht vorhanden auf Sardinien und Kreta.

Lebensraum: Bis zur Baumgrenze. Parklandschaft, lichte Wälder mit Schneisen, stark strukturierter Unterwuchs, strauchreiche Feld- und Hohlwege, Steinwälle, Obstgärten, Feuchtgebiete, Teiche und kleine Flüsse. Jagt auch im Baumkronenbereich. Sommerquartiere und Wochenstuben in Spalten und Hohlblocksteinen von Gebäuden, auch hinter Fensterläden und in Baumhöhlen, seltener in Fledermaus- oder Meisenkästen. Überwinterung Oktober/November bis März/Anfang April in Höhlen, Stollen, Bunkeranlagen, Kellern usw. Dort gern zu mehreren in Mauerfugen und Spalten eingezwängt. Überwintert auch im Bodengeröll.

Flug: Wendiger, verhältnismäßig langsamer Flug in 1-5 m Höhe, gelegentlich auch wesentlich höher. Fliegt oft unmittelbar über Sträuchern und auch in Baumspitzen schwirrend und rüttelnd. Liest u.a. Insekten von Blättern und Blüten ab. Umfliegt (»inspiziert«) den Menschen besonders in der Nähe einer Wochenstube, aber auch anderenorts. Fransenfledermäuse können sich auch gut auf dem Boden fortbewegen. Ausflugsbeginn etwa 30-60 Minuten nach Sonnenuntergang.

Wanderungen: In der Regel ortstreu, ausnahmsweise Wanderungen bis etwa 100 km. Längste bisher nachgewiesene Entfernung 327 km (DIETZ et al. 2007).

Gefährdung: Bestände besonders im Norden des Verbreitungsareals stark fluktuierend. Örtlich auch zunehmend. Ursache: wahrscheinlich durch das Verbot schädigender Pestizide, vor allem DDT.

Ultraschallrufe

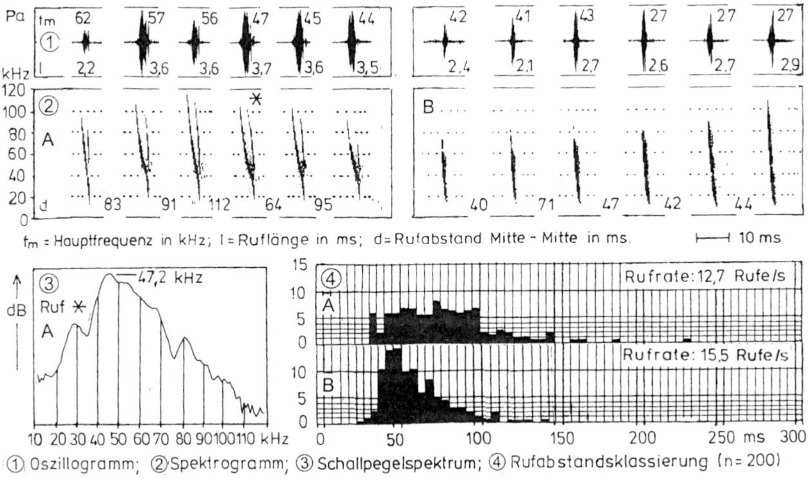

Abb. 34: Rufe der Fransenfledermaus. **A:** In einem Waldweg 3-4 m hoch nach Insekten jagend. 11.11.2003, Havixbeck/D. **B:** Schwärmend um ein Brunnengebäude 2-4 m hoch. 22.9.2006, Havixbeck/D.

Suchrufe im hindernisarmen Flug (Abb. 34 A und 35 B):

F r e q u e n z : Hauptfrequenz wegen der ausgeprägten Frequenzmodulation stark wechselnd (28) 32-48 (53) kHz. Weitere Harmonische sind nicht oder nur schwach vorhanden. Anfangs- und Endfrequenz 80-150→12-25 kHz. Die Rufe der einzelnen Individuen können deutlich voneinander abweichen. Der Frequenzverlauf erfolgt sehr steil und fast linear moduliert (fm-l).

Oszillogrammform: Vorwiegend ansteigendes Dreieck, oft zweiteilig.

Ruflänge: 2-5 ms.

Rufabstände: Häufige (typische) Abstände Mitte-Mitte 75-110 ms, meist um 90 ms. Häufige Rufe 9,1-13,3/s.

Höreindruck: Nach dem Mischverfahren sehr trockene Rufe, stellenweise ähnlich wie bei den Langohren, aber meist kräftiger und stärker an- und abschwellend. Nach dem Zeitdehnverfahren endbetonte Rufe »zipp«. Hörbarkeitsgrenze 20-30 m.

Transferrufe (Abb. 35 B)**:** Unter 10 Rufe/s bei Ruflängen von 4,0-7,5 ms.

Suchrufe im hindernisreichen Flug (Abb. 34 B und 35 A und C): Stark anschwellende Rufreihen in der Nähe von Sträuchern und an Baumkronen oder an sonstigen Hindernissen. Erhöhung der Hauptfrequenz auf ca. 45-60 kHz. Anfangs- und Endfrequenz 90-180→12-25 kHz. Ruflänge 0,5-2,0 ms. Häufige (typische) Abstände Mitte-Mitte 40-80 ms. Häufige Rufe 12,5-25,0/s. Die Rufe klingen dann nach dem Mischverfahren ähnlich denen der Langohren, sind jedoch meist kräftiger und an- und abschwellend. In Zeitdehnung klingt der kurze Einzelruf etwa »teck«.

Siemers & Schnitzler (1997) konnten nachweisen, dass entgegen bisheriger Annahmen visuelle Informationen und von der Beute erzeugte Geräusche bei der Lokalisation von Nahrung keine Bedeutung besitzen. Durch die extreme Frequenzbandbreite , die sehr steile Frequenzmodulation und die kurzen Ruflängen wird das Echo bodennaher Beute nicht vom Störecho des Hintergrundes überdeckt, so dass die Fransenfledermaus in der Lage ist, unmittelbar an der Vegetation (bis zu 5 cm entfernt) erfolgreich zu jagen.

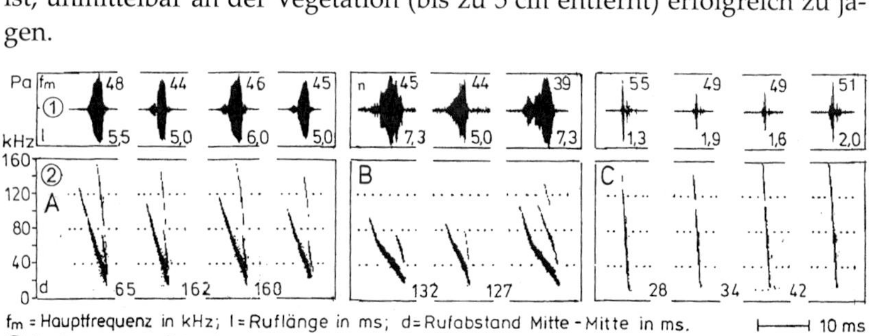

Abb. 35: Rufe der Fransenfledermaus. **A:** Flug in der Nähe einer Wochenstube. 7.7.1999, Wirtenbach/D. **B:** Hindernisfreier Transferflug. 7.7.1999, Wirtenbach/D. **C:** Auf einem Waldweg in 1-2 m Höhe mich ständig umkreisend. 12.8.2000. Welver/D.

Fangrufe: Wie bei kleinen Fledermäusen üblich mit bis zu 230 Rufen/s.

Sozialrufe: In der Nähe von Wochenstuben werden unterschiedliche Sozialrufe gehört (Abb. 36 A, B und C): Am häufigsten sind laute, frequenzmodulierte (fm-l/d) Rufe des Typs C zu hören, die meist einzeln, manchmal aber auch zu mehreren hintereinander erfolgen. Diese Sozialrufe haben eine Länge von 8-16 ms, meist um 12 ms, bei einem Frequenzverlauf von etwa 90-16 kHz. Nach dem Mischverfahren fallen sie durch lautes Knacken auf. Vermutlich handelt es sich um Kontaktrufe weiblicher Alttiere. Ähnliche Rufe sind als Sozialrufe von der Wasserfledermaus und den Langohren bekannt. Die Sozialrufe des Typs A und B von Abb. 36 stammen aus der Nähe der Wochenstube mit fliegenden Alt- und Jungtieren. Nachweislich stammen sie nicht vom Großen Abendsegler, dem sie teilweise ähneln. Alle Sozialrufe der Abb. 36 finden sich auch beim herbstlichen Schwärmen, z.B. in Höhlen, Stollen und Brunnen.

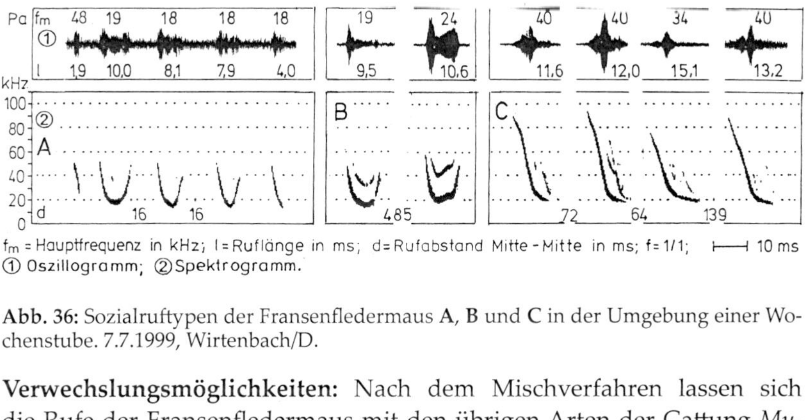

fm = Hauptfrequenz in kHz; l = Ruflänge in ms; d = Rufabstand Mitte-Mitte in ms; f = 1/1; ⊢⊣ 10 ms
① Oszillogramm; ② Spektrogramm.

Abb. 36: Sozialruftypen der Fransenfledermaus **A**, **B** und **C** in der Umgebung einer Wochenstube. 7.7.1999, Wirtenbach/D.

Verwechslungsmöglichkeiten: Nach dem Mischverfahren lassen sich die Rufe der Fransenfledermaus mit den übrigen Arten der Gattung *Myotis* und auch mit den Langohren leicht verwechseln. Mittels Zeitdehnverfahren ist jedoch in Verbindung mit der visuellen Beobachtung und den Umgebungsbedingungen eine Unterscheidung zu allen anderen Arten möglich: Die Endfrequenzen der Fransenfledermaus liegen bei etwa 12-25 kHz und damit niedriger als bei allen anderen Arten der Gattung *Myotis*. Außerdem besitzt die Fransenfledermaus in der Regel wesentlich größere Frequenzbandbreiten. Die Frequenzmodulation ist überwiegend fast linear. Mehrere Harmonische sind im Spektrogramm oft zu sehen. Die Rufe/s sind verhältnismäßig zahlreich und werden häufig gewechselt. Die Rufe der Langohren hören sich wie »djöp« an, die der Fransenfledermaus im hindernisarmen Flug wie »zipp« oder im hindernisreichen Flug hart »teck«.

8.3.9 Bechsteinfledermaus – *Myotis bechsteinii* (Kuhl 1818)

Kennzeichen

Körpermerkmale: Mittelgroße Fledermaus. Gewicht (7) 8-12 (14) g. Kopf-Rumpflänge (45) 46-53 (55) mm. Flügelspannweite der verhältnismäßig breiten Flügel 250-290 mm. Unterarmlänge (38) 40-45 (47) mm. Oberseite hell braun, Unterseite weißgrau. Ohren mit neun Querfalten verhältnismäßig lang. Das nach vorne gelegte Ohr überragt die Schnauzenspitze um etwa 10 mm. Der lanzettförmige Tragus reicht bis etwa zur Hälfte der Ohrlänge.

Verbreitung: Mittel- und Südeuropa, nur örtlich verbreitet. Nördliche Verbreitungsgrenze: Südengland (selten), Niederlande, Norddeutschland, Südschweden (selten), Mittelpolen, nördliche Ukraine. Fehlt in vielen Gebieten von Spanien, Italien und Süd-Griechenland sowie auf den Mittelmeerinseln außer Korsika.

Lebensraum: Feuchte, möglichst naturbelassene alte Laubwälder, seltener Kiefernwälder, Waldränder, Schneisen, Waldwege mit Unterholzbegrenzung, Parkanlagen, Obstgärten. Vorkommen auch in höheren Lagen. Sommerquartiere und Wochenstuben in Baumhöhlen, Fledermaus- und Vogelnistkästen, hinter Fensterläden, selten in Gebäuden. Überwinterung Oktober bis März/April in Höhlen, Stollen, Kellern, Felsspalten.

Flug: Langsamer Flug mit plötzlichen Wendungen, Jagdflug in unterschiedlichen Höhen in der Regel unter 5 m. Fliegt auch in der Strauchregion von dichten Laubholzwäldern. Kann Insekten von Blättern, Gräsern und auf dem Erdboden fangen. Ausflugsbeginn 40-60 Minuten nach Sonnenuntergang.

Wanderungen: Ortstreu. Bisher keine größeren Wanderungen festgestellt.

Gefährdung: Soweit bisher festgestellt, Bestände etwa konstant. Wegen ihrer niedrigen Flughöhe Gefahren durch Straßenverkehr.

Ultraschallrufe

Suchrufe im hindernisarmen Flug (Abb. 37):

F r e q u e n z : Hauptfrequenz (38) 41-48 (50) kHz. 2. Harmonische ist nur schwach feststellbar. Anfangs- und Endfrequenz 80-100→25-40 kHz. Frequenzverlauf leicht abnehmend frequenzmoduliert (fm-d), am äußersten Ende etwas zunehmende Frequenzmodulation. Manchmal auch leicht S-förmig.

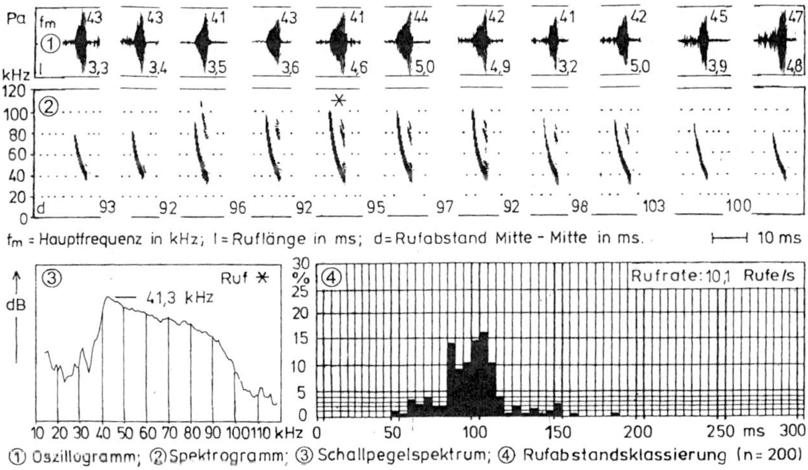

Abb. 37: Rufe der Bechsteinfledermaus, 2-3 m hoch am Waldrand jagend. 23.8.1997, Kohlstädt/D.

O s z i l l o g r a m m f o r m : Ansteigendes Dreieck, wie für die Gattung *Myotis* typisch.

R u f l ä n g e : 2,5-6,0 ms.

R u f a b s t ä n d e : Häufige (typische) Abstände Mitte-Mitte 90-110 ms. Häufige Rufe 9,1-11,1/s.

H ö r e i n d r u c k : Nach dem Mischverfahren tonlose trockene Klicks, die bis zu einer Entfernung von 20-30 m hörbar sind. Die Rufabstände sind verhältnismäßig konstant. Nach dem Zeitdehnverfahren sind die Rufe deutlich endbetont »zipp«.

Transferrufe: Die Hauptfrequenz sinkt auf 34-42 kHz. Die Einzelrufe erreichen Längen bis 7 ms. Die Rufabstände liegen zwischen 100 und 170 (200) ms.

Suchrufe im hindernisreichen Flug: Ansteigen auf 10-18 Rufe/s. Dabei steigt die Hauptfrequenz auf 50-60 kHz an, die Ruflänge sinkt auf 0,8-2,0 ms. Dieser Ruftyp, der nur auf eine Entfernung von 5-10 m zu hören ist, wird bei der Jagd im Wald vor allem beim Flug zwischen den Baumstämmen und im oder über Unterholz benutzt.

Fangrufe: Wie bei Fledermäusen üblich mit etwa 200 Rufen/s.

Sozialrufe: Selten können beim Schwärmen vor den Quartieren ähnlich den normalen Lauten Rufe auftreten, jedoch in Ruflängen von etwa 15-30 ms. Gelegentlich treten dann auch trillerartige Rufe auf (steil abfallende Frequenzmodulation ca. 60→27 kHz, Einzelrufabstände 8-10 ms (PFALZER 2002).

Verwechslungsmöglichkeiten: Nach dem Mischverfahren kann die Bechsteinfledermaus mit anderen Arten der Gattung *Myotis* verwechselt werden. Nach dem Zeitdehnverfahren ist eine Unterscheidung der Bechsteinfledermaus gegenüber anderen *Myotis*-Arten möglich: Gut aufgenommene laute Rufe der Bechsteinfledermaus zeigen im Spektrogramm typische 2. Harmonische als kleinen rechten oberen Strich (Abb. 37). Die genaue Form dieser Harmonischen, die ich ausnahmslos in verschiedenen Gegenden fand, ist bei anderen Arten der Gattung *Myotis* sehr selten. Hinzu kommt, dass die Rufe/s der Bechsteinfledermaus gegenüber kleineren Arten der Gattung *Myotis* anzahlmäßig geringer sind. Eine sichere Unterscheidung ist auch durch eine ergänzende Beobachtung mittels Anleuchten durch eine gute Taschenlampe oder mittels Nachtsichtgerät möglich. Verhalten, Größe, Färbung und Beschaffenheit der langen Ohren lassen eine Bechsteinfledermaus gut erkennen.

8.3.10 Großes Mausohr – *Myotis myotis* (Borkhausen 1797)

Kennzeichen

Körpermerkmale: Große Fledermaus. Gewicht (20) 25-40 (45) g. Kopf-Rumpflänge 65-82 mm. Breite Flügel mit einer Spannweite von 360-420 mm. Unterarmlänge (53) 55-64 (67) mm. Oberseite mittelbraun bis goldgelb. Unterseite hell weißgrau. Ohren verhältnismäßig lang (> 26 mm) und breit (> 16 mm), länger und breiter als beim Kleinen Mausohr (Helversen 1989). Ohraußenrand besitzt sieben bis acht Querfalten. Lanzettförmiger Tragus fast bis zur Ohrmitte.

Verbreitung: Mittel- und Südeuropa, alle Mittelmeerländer, nicht auf Kreta, Korsika, Sardinien und Zypern, jedoch auf Mallorca. Fehlt im Norden von Irland, Norwegen und Finnland. Sehr selten in Südengland, Südschweden, Dänemark, Litauen und Lettland. Wurde auch auf den Azoren auf der Insel Graciosa nachgewiesen und wird auf der Insel São Miguel vermutet (Palmeirim 1979).

Lebensraum: Klimatisch begünstigte Gebiete, wärmeliebend, Wälder ohne dichten Unterwuchs, Laubwaldränder, Waldschneisen, Parks, Wege, abgemähte Wiesen, Weiden, Feuchtgebiete und Brachland mit niedriger Vegetation, wo Käfer zu finden sind. Jagt sehr selten an Lampen. Sommerquartiere und Wochenstuben im Norden auf Dachböden vor allem von Kirchen, selten auch in Höhlen, Brücken und Talsperrenbauten, neuerdings auch unter Autobahnbrücken, im Süden vorwiegend in Höhlen. Überwinterung

Oktober bis März/April in Höhlen, Stollen, seltener in Kellern, einzeln frei hängend oder in energiesparenden Clustern.

Flug: Verhältnismäßig langsamer Flug (15-35 km/h), ist zu geschickten Wendungen fähig. Flughöhe sehr unterschiedlich, meist 3-8 m hoch, aber auch ganz niedrig über offenem Gelände. Fängt gerne Insekten vom Boden, dort auch kriechend, u.a. unter Lampen an Straßen und Parkplätzen. Käfer können am Boden an Hand von Krabbelgeräuschen geortet werden. Ausflugsbeginn erfolgt am Abend erst 30-60 Minuten nach Sonnenuntergang.

Wanderungen: Wanderungen zwischen Wochenstuben und Winterquartieren sind besonders in Gegenden mit Mangel an Winterquartieren üblich, wobei die Entfernungen in der Regel unter 150 km liegen. Größere nachgewiesene Entfernungen stammen wahrscheinlich von umherstreifenden Individuen. Bisher größte nachgewiesene Entfernung 436 km (DIETZ et al. 2007).

Gefährdung: Starker Rückgang 1960 bis etwa 1980. Ursachen: Pestizide, vor allem DDT, Lebensraumveränderungen, Quartierzerstörungen durch den Menschen und Verfolgung durch Steinmarder. Seit etwa 1990 wieder zunehmend. Für den Erhalt der Bestände auf Dachböden ist die Verwendung von unschädlichen Holzschutzmitteln erforderlich (STRAUBE 1996).

Ultraschallrufe

Suchrufe im hindernisarmen Flug (Abb. 38 und 39 C):

F r e q u e n z : Hauptfrequenz (27) 28-35 (37) kHz. 2. Harmonische nicht oder schwach feststellbar. Anfangs- und Endfrequenz 50-75→21-26 kHz. Frequenzverlauf erfolgt abnehmend moduliert (fm-d), am äußersten Schluss jedoch in der Regel in der Frequenz stark abfallend auslaufend (fm-a, »*Myotis*-Schwänzchen«).

O s z i l l o g r a m m f o r m : Allmählich ansteigende Amplituden. Amplitudenmaximum in der Regel im letzten Drittel oder Viertel des Oszillogramms. Manchmal enthalten die Oszillogramme zwei Amplitudenmaxima, dies besonders bei langen Rufen im hindernisarmen Jagdflug (Abb. 38).

R u f l ä n g e : In der Regel 5-10 ms.

R u f a b s t ä n d e : Häufige (typische) Abstände Mitte-Mitte 90-160 ms, oft etwa um 130 ms. Häufige Rufe 6,3-11,1/s, oft um 7,7/s.

H ö r e i n d r u c k : Nach dem Mischverfahren trockene Rufe, jedoch kräftiger als die Rufe der übrigen Arten der Gattung *Myotis*. Im Zeitdehnver-

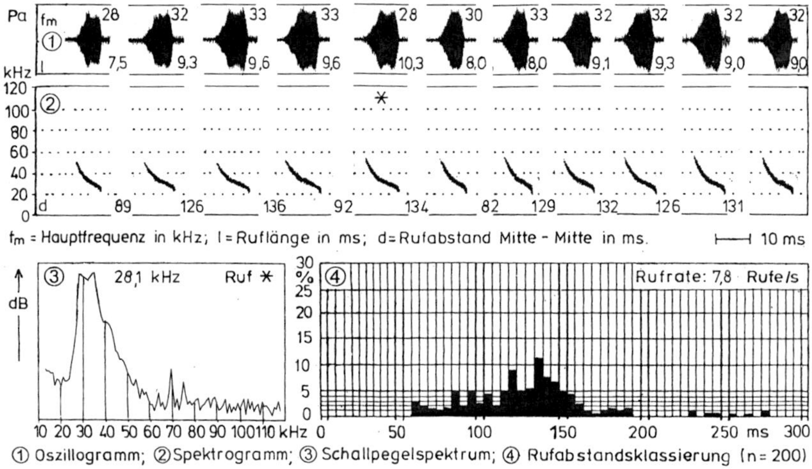

Abb. 38: Rufreihe des Großen Mausohrs, Flug auf breitem Waldweg ca. 5 m hoch. 13.7.1999, Fischbach/L.

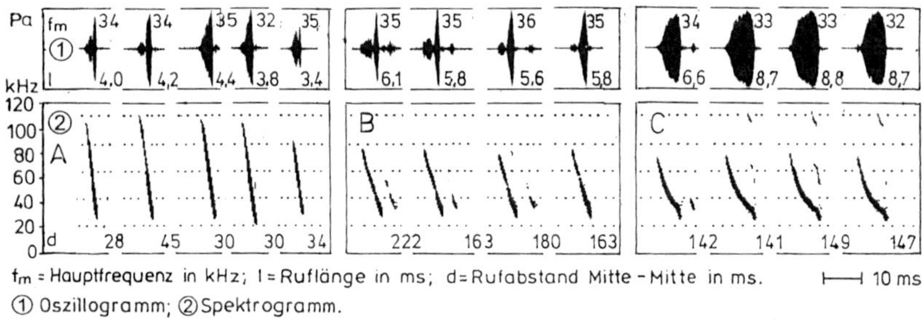

Abb. 39: Rufe des Großen Mausohrs: **A:** Ausflug aus dem Tagesquartier in einer Kirche. **B:** Jagd an einem 2 m hohen Strauch. **C:** Jagd auf einer Waldlichtung, Flughöhe ca. 4 m. **A-C:** 18.7.1999, Fischbach/L.

fahren ist eine für die Gattung *Myotis* typische Endbetonung des Rufes zu vernehmen. Hörbarkeitsgrenze 30-40 m.

Transferrufe: Ähnlich Suchrufen im hindernisarmen Flug.

Suchrufe im hindernisreichen Flug (Abb. 39 A und B): Wie bei Fledermäusen allgemein üblich: Anstieg der Hauptfrequenz, Verkürzung der Rufdauer und Verringerung der Rufabstände. Die Spektrogramme zeigen meist linearen Frequenzabfall (fm-l) bei zunehmender Frequenzbandbreite.

Fangrufe: Wie bei Fledermäusen üblich verkürzt sich die Ruflänge, fällt die Frequenz ab und erhöhen sich die Rufe bis etwa 200/s.

Sozialrufe: Balz- und Kontaktrufe unbekannt. Bei Netzfang wird feines Schnurren um 25 kHz gehört, ähnlich den Fangrufen, jedoch ständig in Rufgruppen wiederholt.

Verwechslungsmöglichkeiten der Rufe: Beim Flug unter beengten Umgebungsbedingungen, z.B. auf Waldwegen, ist eine Verwechslung mit der dort auch jagenden Breitflügelfledermaus möglich. Einzelheiten über die Unterscheidung beider Arten unter diesen Flugbedingungen siehe Abschnitt 8.3.17 zur Breitflügelfledermaus.

Besonderheiten:

Mausohren orten ihre Beute vielfach passiv nach Geräuschen, die von der Beute ausgehen. Nach KOLB (1971) ist eine genaue Orientierung durch Raschelgeräusche auf eine Entfernung bis zu 4,5 m möglich. Versuche von HABERSETZER & VOGLER (1983) haben ergeben, dass Große Mausohren imstande sind, Vertiefungen in einer Platte von 0,8-1,0 mm sowie aufgeraute Flächen (Rautiefe 30 µm) mittels Ultraschall wahrzunehmen. Für die Nahorientierung (Finden von versteckten Beutetieren) scheint auch der Geruchssinn eine wesentliche Bedeutung zu besitzen (KOLB 1959).

8.3.11 Kleines Mausohr – *Myotis oxygnathus* (MONTICELLI 1885)

Kennzeichen

Körpermerkmale: Große Fledermaus, aber etwas kleiner als Großes Mausohr. Gewicht (15) 18-28 (32) g. Kopf-Rumpflänge (57) 62-71 (74) mm. Flügelspannweite 360-410 mm. Unterarmlänge (50) 54-61 (63) mm. Oberseite mittelbraun mit dunkler Haarbasis. Unterseite hell grauweiß. Schnauze hellbraun. Schmale Ohren, gerader und kleiner als beim Großen Mausohr; Ohrlänge < 25 mm, Ohrbreite < 16 mm, meist 14-15 mm (Messung der Ohrbreite durch Andrücken des Ohrs und Addieren der Messstrecken beider Ohrseiten in Höhe der Tragusspitze (HELVERSEN 1989). Lanzettförmiger heller Tragus bis fast zur Mitte der Ohren. Viele Kleine Mausohren besitzen im Gegensatz zum Großen Mausohr zwischen den Ohren einen kleinen weißlichen Fellfleck auf der Stirn.

Verbreitung: Südliches Europa, nicht auf den Balearen, Korsika und Sardinien, jedoch auf Sizilien, Malta, Kreta und Zypern. Nordgrenze der Verbreitung ist Nordspanien, Mittelfrankreich, die Nordschweiz, Österreich, die Tschechei, die Slowakei und Rumänien.

Lebensraum: Wärmeliebende Art. Jagdgebiete: Strukturreiche Landschaft mit Gehölzen, Parkanlagen, offene Landschaft mit Brachflächen und Wiesen vor allem mit hoher Vegetation. Meidet geschlossene Waldgebiete. Sommer- und Wochenstubenquartiere im Norden in Gebäuden, oft mit dem Großen Mausohr und anderen Arten zusammen. Im Süden vorwiegend in Höhlen. Überwinterung Oktober/November bis März/April in Höhlen, Stollen, Felsspalten usw.

Flug: Langsamer Flug, etwas wendiger als Großes Mausohr. Flughöhe in der Regel bis etwa 5 m, oft im Freiland tief fliegend, vor allem über Wiesen. Nimmt auch Insekten von Gräsern, Büschen und vom Boden auf. Ausflugsbeginn 30-60 Minuten nach Sonnenuntergang

Wanderungen: Überwiegend ortstreu. Einzeltiere sind jedoch zu weiten Wanderungen fähig. Größte bisher nachgewiesene Entfernung 488 km (Dietz et al. 2007).

Gefährdung: Starke Bestandsabnahme. Ursachen: Mangel an Insekten durch Pestizidverwendung, Biotopveränderungen, insbesondere Änderung der landwirtschaftlichen Nutzung, Gebäudesanierung, Höhlentourismus.

Ultraschallrufe

Suchrufe im hindernisarmen Flug (Abb. 40):

F r e q u e n z : Hauptfrequenz (28) 30-37 (40) kHz. Anfangs- und Endfrequenz 50-80→21-26 kHz. Frequenzverlauf abnehmend frequenzmoduliert. Am äußersten Schluss jedoch in der Regel in der Frequenz stark auslaufend (fm-a, »*Myotis*-Schwänzchen«). Insgesamt ähnlich dem Großen Mausohr, jedoch Hauptfrequenz gelegentlich etwas höher.

O s z i l l o g r a m m f o r m : Wie beim Großen Mausohr.

R u f l ä n g e : In der Regel 5-10 ms.

R u f a b s t ä n d e : Häufige (typische) Abstände Mitte-Mitte 90-160 ms. Häufige Rufe 6,3-11,1/s.

H ö r e i n d r u c k : Nach dem Mischverfahren ähnlich dem Großen Mausohr, jedoch oft bereits halbtonal. Nach dem Zeitdehnverfahren manchmal kräftiger als beim Großen Mausohr. Hörbarkeitsgrenze 30-40 m.

Transferrufe: Wie beim Großen Mausohr.

Suchrufe im hindernisreichen Flug: Wie beim Großen Mausohr.

Fangrufe: Wahrscheinlich wie beim Großen Mausohr.

Verwechslungsmöglichkeiten: Nach Ultraschallmerkmalen ist eine ein-

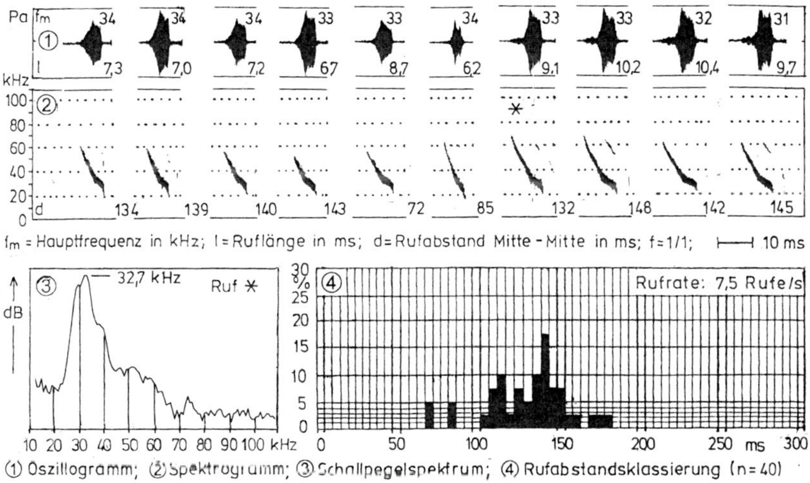

Abb. 40: Rufe des Kleinen Mausohrs ca. 2 m hoch an einem Hang jagend. 28.4.2004, Agios Nikolaos, Kreta/GR.

deutige Unterscheidung der drei Schwesterarten Kleines, Großes und Punisches Mausohr nicht sicher möglich. Gegenüber den weiteren Arten vgl. Großes Mausohr.

8.3.12 Punisches Mausohr – *Myotis punicus* (Felten 1977)

Kennzeichen

Körpermerkmale: Große Fledermaus. Gewicht (16)19-28 (32) g. Flügelspannweite ca. 370 mm. Unterarmlänge (50) 54-63 (65) mm. Oberseite hellbraun. Unterseite weißlichgrau. Schnauze braun. Ohrlänge > 25 mm. Lanzettförmiger Tragus bis fast zur Mitte der Ohren. Zwischen den Ohren kein kleiner weißlicher Fellfleck auf der Stirn, wie sonst manchmal beim Kleinen Mausohr. Feldbestimmung derzeitig nicht sicher möglich, nur genetisch trennbar (Dietz et al. 2007).

Verbreitung: In Europa nur auf Sardinien und Korsika.

Lebensraum: Wärmeliebende Art. Offene Landschaft mit Wiesen, Weiden und Brachflächen. Meidet geschlossene Wälder. Wochenstubenquartiere bisher nur in Höhlen bekannt, oft zusammen mit anderen Arten. Einzeltiere befinden sich auch in Gebäuden, Brücken, Ruinen und sonstigen Spalten. Überwinterungen Oktober/November bis März.

Flug: Langsamer Flug ähnlich dem des Großen Mausohrs. Flughöhe oft niedrig unter 2 m, um Heuschrecken, Grillen, Käfer, Nachtfalter usw. zu fangen.

Wanderungen: Ortstreu.

Gefährdung: Teilweiser Rückgang durch Biotopveränderungen, Umgestaltung von Gebäuden und Höhlentourismus.

Ultraschallrufe

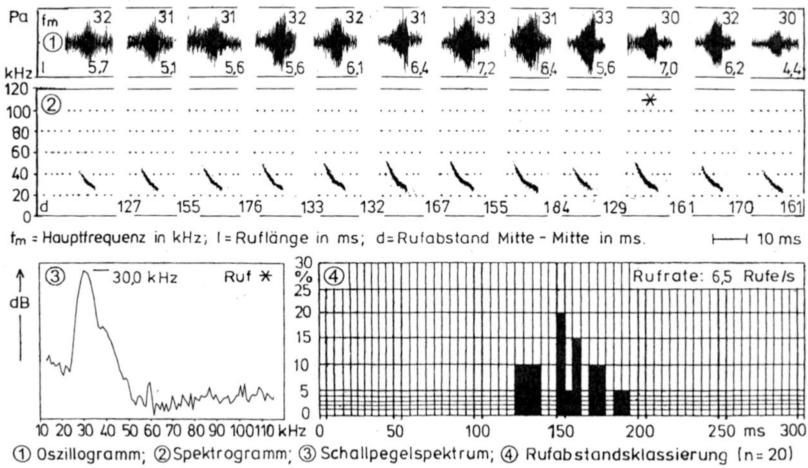

Abb. 41: Rufe des Punischen Mausohrs in ca. 2 m Höhe. 4.5.2007, Calasetta, Sardinien/I.

Suchrufe im hindernisarmen Flug (Abb. 41), **Transferrufe, Suchrufe im hindernisreichen Flug und Fangrufe:** Wie beim Großen und Kleinen Mausohr.

Verwechslungsmöglichkeiten: Nach Ultraschallmerkmalen ist eine eindeutige Unterscheidung der drei Schwesterarten Kleines, Großes und Punisches Mausohr nicht sicher möglich. Gegenüber den weiteren Arten vgl. Großes Mausohr.

Hinweis: Ursprünglich wurde das Mausohr in Sardinien und Korsika als Unterart des Kleinen Mausohrs – *Myotis blythii punicus* beschrieben (Felten et al. 1977). Erst vor wenigen Jahren wurde durch Genuntersuchungen festgestellt, dass das Mausohr in Sardinien und Korsika als eigene Art gelten kann. Bisher ist mir jedoch nicht bekannt, ob das Punische Mausohr in Europa mit seinen beiden anderen Schwesterarten fruchtbare Nachkommen erzeugen kann oder nicht. Die Frage, ob das Punische Mausohr tatsächlich eine Art oder eine Unterart ist, bedarf daher weiterer Untersuchungen.

8.3.13 Großer Abendsegler – *Nyctalus noctula* (Schreber 1774)

Kennzeichen

Körpermerkmale: Große Fledermaus. Gewicht (17) 19-40 (46) g. Kopf-Rumpflänge (60) 65-82 (85) mm. Spannweite der verhältnismäßig schmalen Flügel 350-400 mm. Unterarmlänge (47) 49-56 (59) mm. Haare eng anliegend und seidig glänzend. Oberseite im Sommer rotbraun, im Winter graubraun. Kurze Ohren mit pilzförmigem Tragus.

Verbreitung: Nordgrenze der Verbreitung: Mittelengland (ausnahmsweise in Irland), Südnorwegen, Südschweden, Südfinnland, Russland bis etwa St. Petersburg und östlich davon. Im Mittelmeerraum nur auf Korsika und Zypern.

Lebensraum: Alte Laub- und Mischwälder der Ebene, Flussläufe und Gewässer, Wiesen, Parklandschaften und Müllkippen am Rande der Großstädte. Fliegt gerne über HQL-Lampen und auch im Spätsommer und Herbst über erleuchteten Stadtzentren. Quartiere und Wochenstuben in Baumhöhlen, Fledermauskästen, hinter Fensterläden, in hohlen Betonmasten, Spalten in Felsen und Gebäuden, auch in Hohlräumen von Talsperren und Widerlagern von Eisenbahn- und Autobahnbrücken. Sommerquartiere oft zusammen mit Wasserfledermaus und Breitflügelfledermaus. Überwinterung November/Dezember bis Ende Februar/März meist individuenstark konzentriert. Nicht frostfreie Quartiere führen in strengen Wintern zu großen Verlusten. In geeigneten Quartieren aufgezogene Große Abendsegler kehren in diese häufig zurück und mit ihnen wilde Individuen (Gebhard 1988, 1997, Devrient et al. 1997).

Flug: Schneller, geradliniger Flug mit plötzlichem Herabstürzen über Baumkronen, Seen, Flüssen. Flughöhe 6-50 m, selten niedriger, gelegentlich, besonders auf dem Zug, höher, bis ca. 500 m ü. NN (z.B. an der Nordsee). Fluggeschwindigkeit 25-70 km/h, im Sturzflug auch schneller. Überquert Nord- und Ostsee. Fliegt gelegentlich auch am Tage, besonders im Frühjahr und Herbst meist am späten Nachmittag. Bei warmer Witterung auch Jagdflug im Winter. Ausflugsbeginn in der Regel 0-15 Minuten nach Sonnenuntergang.

Wanderung: Wanderfreudige Art, die vereinzelt im Frühsommer auch weit nach Nordosten zieht und im Spätsommer gerichtet einzeln und seltener auch gesellig in Gruppen zum Südwesten fliegt (Langstreckenzieher). Größte bisher nachgewiesene Entfernung etwa 1600 km (Gebhard 1999). Ortstreue Populationen bisher nicht eindeutig nachgewiesen.

Gefährdung: Natürliche Feinde sind vor allem Marder, Eulen und Greifvögel. Insbesondere Wanderfalken aber auch Baumfalken fangen in der Abenddämmerung gerne die früh ausfliegenden Abendsegler. Erhebliche Gefährdung durch Windenergieanlagen. Rückgang örtlich durch Abholzen höhlenreicher alter Bäume. Beseitigung von Feuchtgebieten und Teichen, Verschließen von Spalten an Gebäuden. Sonst sind die Populationen vor allem in Osteuropa stabil, haben sich aber auch in Zentraleuropa in den letzten Jahren durch das Verbot bestimmter Pestizide wieder erholt.

Ultraschallrufe

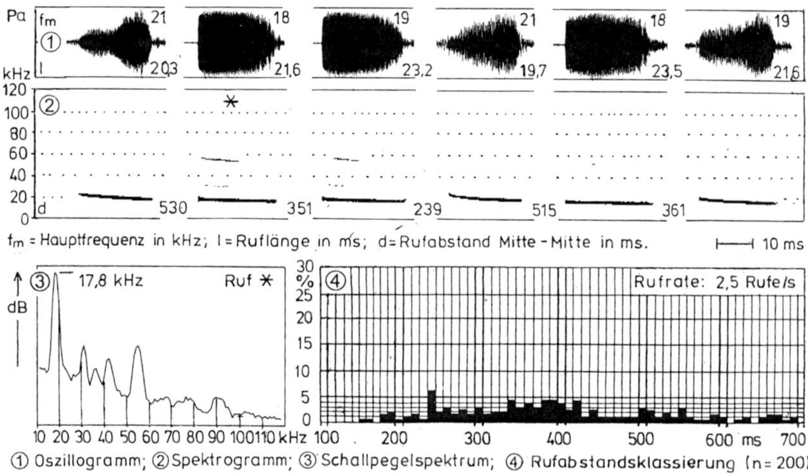

Abb. 42: Rufe des Großen Abendseglers in ca. 20 m Höhe über einem See. 22.9.2007, Buckow/D.

Suchrufe im hindernisarmen Flug (Abb. 42):

F r e q u e n z: Hauptfrequenz wechselnd (17) 18-27 (29) kHz. Die ständigen Wechsel hören sich an wie »plopp«-Rufe mit etwa (17) 18-20 (21) kHz und »plipp«-Rufe mit etwa (20) 21-27 (29) kHz. 3. und 5. Harmonische sind stärker ausgeprägt als 2. und 4. Harmonische. Anfangs- und Endfrequenz der »plopp«-Rufe in der Regel 20-22→16-20 kHz, der »plipp«-Rufe 27-40→20-27 kHz. Frequenzverlauf der »plopp«-Rufe fast frequenzkonstant (cf-n) oder frequenzkonstant (cf-e), die der »plipp«-Rufe sind frequenzmoduliert (fm-d).

O s z i l l o g r a m m f o r m: Unregelmäßig. Die tieffrequenten Töne (»plopp«) neigen zum plötzlichen Amplitudenanstieg bei Rufbeginn (Abb. 42, Rufe 2, 3 und 5). Am Rufende verringen sich die Amplituden in der Regel allmählich. Bei den »plipp«-Rufen besitzen die Amplituden umgekehrt zu Anfang eine Verringerung, zu Ende eine Verstärkung (Abb. 42, Rufe 1, 4 und 6).

R u f l ä n g e : (5) 6-26 (28) ms, dabei »plipp«-Rufe mit (5) 6-13 (15) ms kürzer als »plopp«-Rufe mit (10) 14-26 (28) ms.

R u f a b s t ä n d e : Häufige (typische) Abstände Mitte-Mitte in der Regel 250-300 ms. Zusätzliche Abstände bei etwa 150-200 ms, 380-430 ms, vereinzelt auch 500-620 ms. Oft sind drei deutlich ausgeprägte häufige Abstände vorhanden. Häufige Rufe 3,3-4,0 (2,3-6,7)/s. – JONES (1995) wies nach, dass – wie bei anderen Fledermäusen auch – Rufe und Flügelschläge im Verhältnis 1:1 aufeinander abgestimmt sind.

H ö r e i n d r u c k : Rufreihen mit Rufen unterschiedlicher Frequenz »plipp-plopp« oder noch treffender englisch »tweet-chock«. Die »plopp«-Rufe sind nach dem Mischverfahren oft als harte Knalle zu hören. Nach dem Teilverfahren klingen die Rufe eindringlich »zöck«. Im Zeitdehnverfahren sind die Rufe lang und wohlklingend in unterschiedlicher Tonhöhe. Die »plopp«-Rufe können bis zu einer Entfernung um 150 m gehört werden, manchmal sogar mit bloßem Ohr als hohe »zicks«. Die »plipp«-Rufe lassen sich nur bis zu einer Entfernung von höchstens 100 m vernehmen.

Transferrufe: »Plipp-plopp«-Rufe, wobei die »plopp«-Rufe überwiegen, verhältnismäßig lang sind und exakten (cf-e) oder nahezu frequenzkonstanten (cf-n) Frequenzverlauf besitzen. Die Zahl der Rufe kann sich dabei auf unter 2/s verringern. Da die Großen Abendsegler lange Strecken zu ihren Nahrungsgründen zurücklegen und saisonale Wanderungen durchführen, ist dieser Ruftyp häufig zu hören, besonders in der Abenddämmerung.

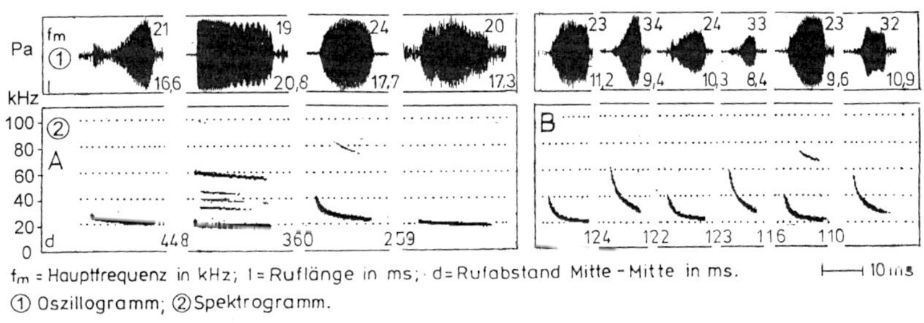

Abb. 43: Rufe des Großen Abendseglers über einem Fluss. **A:** 8 m hoch. 1.9.1999, Wuppertal/D. **B:** 1,5-2,0 m hoch. 2.9.1999, Wuppertal/D.

Suchrufe im hindernisreichen Flug: Anstieg der Frequenz und Zunahme der Frequenzmodulation je nach Umgebungsbedingungen (Abb. 43 A und B). Im Tiefflug mit vielen Hindernissen können die Rufe ähnlich denen des Großen Mausohrs klingen.

Fangrufe: Wie bei Fledermäusen üblich, ansteigend bis etwa 180 Rufe/s, jedoch auch in der Endphase keine wesentliche Abnahme der Hauptfrequenz.

Sozialrufe: Der Umfang der verschiedenen Sozialrufe ist – wie bei allen *Nyctalus*-Arten – groß. Auch sind die einzelnen Sozialruftypen individuell unterschiedlich.

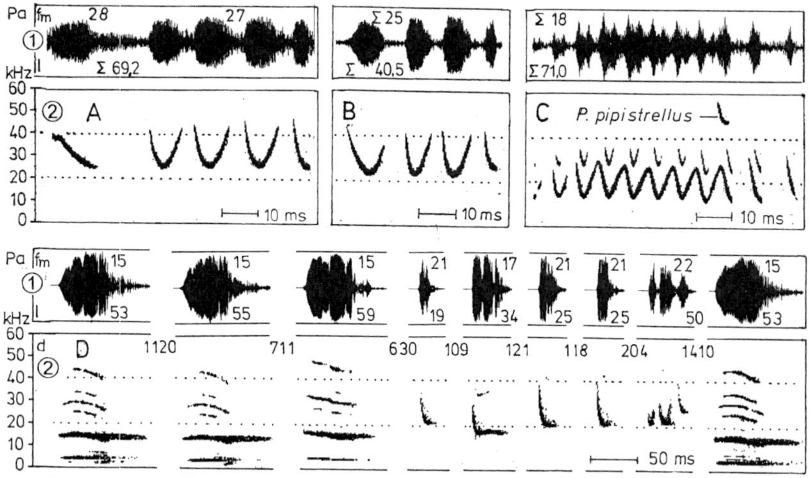

fm = Hauptfrequenz in kHz; l = Ruflänge in ms; d = Rufabstand Mitte - Mitte in ms.
① Oszillogramm; ② Spektrogramm.

Abb. 44: Sozialrufe des Großen Abendseglers im Flug: **A:** Kurztriller. 5.5.2002, Eger/H. **B:** Kurztriller, 19.7.1997, Schönau/D. **C:** Langtriller, 18.6.2002, Ahrweiler/D. **D:** Links und rechts: Stationäre Lockrufe eines männlichen Großen Abendseglers aus einer Höhle. In der Mitte: Rufe aus der Höhle bei Ankunft eines anfliegenden Weibchens. 28.8.1998, Ergste/D.

Kurztriller (Abb. 44 A und B): Dieser Ruf wird von Pfalzer (2002) als »Zwitscherruf« bezeichnet. Er besteht aus 1,5-5,5 Teilen und ist häufig zu hören. Hauptfrequenz um 25 kHz. Gesamtruflänge bis etwa 65 ms. Kräftiger als beim Kleinen Abendsegler. Das Spektrogramm besitzt Teilrufkombinationen mit typischen U-Formen. Die Rufe sind zu Beginn in Form und Frequenz sehr variabel und enden häufig mit der ersten Hälfte eines U-Teiles. Kurztriller werden bevorzugt im Flug im Zusammenhang mit Langtrillern und Erregungsrufen, also zur Revierabgrenzung bei der Balz und als Drohruf benutzt.

Langtriller (Abb. 44 C und Tafel 5): Zu allen Jahreszeiten, vor allem aber im Spätsommer und Herbst zu hörender Triller, der aus 9-17 Teilen besteht, die häufig ineinander übergehen. Die durchschnittliche Hauptfrequenz liegt in der Regel um 12 (10-19) kHz. Die Länge beträgt (80) 90-115 (150) ms. Die Rufe werden als Balz- oder Drohrufe in der Regel im Flug abgegeben, wenn Artgenossen, aber auch andere Arten, vorbeifliegen oder sich jagen. Die Langtriller werden oft auch zusammen mit Kurztrillern gehört. Nach dem Mischverfahren hört sich der Triller als Schnurrlaut wie ein Streichen über einen Kamm und nach dem Zeitdehnverfahren als klangschöner lauter Triller an. Langtriller sind von denen des Kleinen Abendseglers nur in Zusammenhang mit den übrigen Rufen sicher zu unterscheiden. In der Regel sind die Langtriller des Großen Abendseglers kräftiger und die einzelnen Teile stärker miteinander verbunden als beim Kleinen Abendsegler. Ob und inwieweit sich die Langtriller von denen des Riesenabendseglers unterscheiden, ist unbekannt. Alle meine Beobachtungen deuten darauf hin, dass dieser Sozialruf nur von Männchen erzeugt wird. Auch WEID (1994) konnte mehrfach nachweisen, dass es sich um verfolgende Männchen handelte.

Stationärer Lockruf (Abb. 44 D): Diese u.a. von ZINGG (1988) eingehend beschriebene Lautäußerung wird von GEBHARD (1988) auch als »Hallo-Ruf« bezeichnet. Ab etwa Ende Juli bis Oktober sind diese sehr lauten Sozialrufe aus Baumhöhlen in Wäldern mit Altholzbestand oder auch aus geeigneten Fledermauskästen im Abstand von etwa 1 (0,5-2,5) s von Männchen zu hören. Diese Rufe sind lauter und durchschnittlich länger als derartige Rufe vom Kleinen Abendsegler, besitzen jedoch etwa dieselbe Frequenz und sind daher schwer unterscheidbar. Die Rufe hören sich nach dem Mischverfahren wie laute Knalle, nach dem Zeitdehnverfahren wie eindringliche und andauernde Klagelaute (»Sehnsuchtsrufe«) an, die wegen ihrer verhältnismäßig niedrigen und konstanten Frequenz besonders geeignet sind, die Atmosphäre zu durchdringen. Daher dienen diese Rufe in erster Linie dem Anlocken von Weibchen in ein Paarungsquartier und ebenfalls der Revierabgrenzung gegenüber anderen Männchen. Werden Männchen gefangen gehalten, so können mit Hilfe dieser stationären Lockrufe Weibchen angelockt werden, geeignetenorts sogar in großer Zahl (GEBHARD 1988, GODMANN & FUHRMANN 1992, ROER 1997). HELVERSEN (1989a) konnte nachweisen, dass solche Rufe auch von einem Weibchen stationär ausgesandt werden können. Wahrscheinlich signalisieren diese Rufe dann die Paarungsbereitschaft von Weibchen.

Erregungsruf (Abb. 45 C und D): Häufig wird im Flug, vorwiegend in Kombination mit Kurz- und Langtrillern in unregelmäßigen Abständen zwischen anderen Rufen ein etwa 12-25 ms langer Laut mit mehreren Harmonischen erzeugt. Ebenso wie seine Länge ist der Frequenzverlauf dieses Rufes (13-40→8-13 kHz) sehr unterschiedlich. Gemeinsamkeit dieser Rufe ist deren Reichtum an Harmonischen, wobei im Gegensatz zu den Suchrufen im hindernisarmen Gelände meistens die 2. Harmonische stärker als die 3. Harmonische ausgeprägt ist. Dieser Droh- und Balzruf wird bei starker Erregung vom Männchen abgegeben. Nach WEID (1994) werden solche Rufe auch stationär aus Höhlen vernommen, wenn andere Große Abendsegler das Quartier direkt anfliegen. Anscheinend sind auch Weibchen zu solchen Rufen fähig (KOZHURINA 1996).

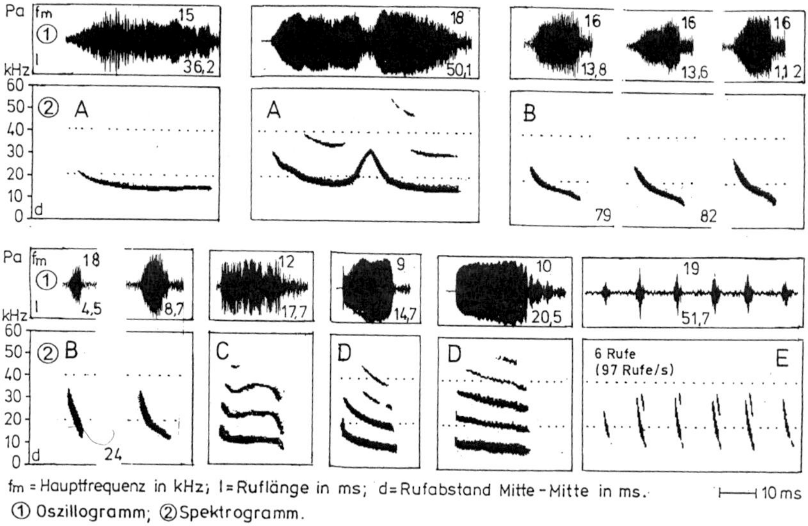

Abb. 45: Sozialrufe des Großen Abendseglers. **A:** Begegnungsrufe 15.8.1997, Vilkerath/ D. **B:** Begegnungsrufe. 15.7.2007, Wuppertal/D. **C:** Erregungsrufe, verletzt am Flügel. 17.8.2007, Warburg/D. **D:** Erregungsrufe im Flug. 29.7.1997, Schönau/D. **E:** Brummrufe. 29.7.1997, Schönau/D.

B e g e g n u n g s r u f (Abb. 45 A und B): Im Flug abgegebene Einzelrufe von meist großer Länge (15) 25-38 (42) ms, manchmal auch als Doppelton. Die Hauptfrequenz liegt um 14-19 kHz. Die Rufe werden fast immer mehrfach hintereinander abgegeben. In allen untersuchten Fällen befand sich mindestens ein weiterer Großer Abendsegler in unmittelbarer Nähe des Rufers. Auffällig ist, dass bei Abgabe solcher Rufe keine Kurz- oder Langtriller oder Erregungs-Kurzrufe gehört wurden. Vermutlich handelt es sich um Kommunikationslaute mit oder von Jungtieren. Vielleicht handelt es sich auch um typische Rufe von Weibchen, möglicherweise im Zusammenhang mit einer Balz.

B r u m m l a u t e (Abb. 45 E): Die von KOZHURINA (1996) beschriebenen Brummlaute (»buzzes«) von gefangen gehaltenen Großen Abendseglern wurden auch von mir gelegentlich im Flug und stationär gehört. Diese verhältnismäßig leisen Rufreihen sind linear frequenzmoduliert (fm-l) und ähneln den Fangrufen, werden jedoch in Gruppen von 4-20 Einzeltönen erzeugt, wobei innerhalb einer Gruppe die Hauptfrequenz und die Rufabstände (60-100 Rufe/s) etwa gleich bleiben. Der Funktion nach scheint es sich in erster Linie um Verständigungslaute zu handeln.

Weitere Rufe: Der Große Abendsegler erzeugt darüber hinaus noch einige andere Laute. So waren beispielsweise kurz vor dem Abflug aus einer Männchenhöhle mit mehreren Individuen Sozialrufe um 23 kHz zu hören. Vom Großen Abendsegler besetzte Höhlen lassen sich zur Sommer- und Herbstzeit oft leicht finden, da die Insassen darin wie junge Buntspechte laut zetern. Schließlich konnten in Tagesquartieren nach dem Einflug am Morgen ständig Rufe gehört werden, die sich im Mischverfahren, vor allem aber im Zeitdehnverfahren wie das zarte Zwitschern von Schwalben in der Morgendämmerung anhörten. Von solchen »Gesängen« weiblicher Individuen berichtet auch KOZHURINA (1996).

Verwechslungsmöglichkeiten: Im hindernisarmen Flug sind die Suchrufe durch ihren in allen Aufnahmeverfahren deutlich zu hörenden Frequenzwechsel für die Gattung Nyctalus sehr charakteristisch und lassen sich im Regelfall nur mit den Rufen von Kleinen Abendseglern und Riesenabendseglern verwechseln. Bei diesen beiden Arten ist der Frequenzwechsel nicht so ausgeprägt wie beim Großen Abendsegler. Hinsichtlich der Frequenz gibt es allerdings Überschneidungsbereiche. Liegt die Hauptfrequenz unter 20 kHz, so handelt es sich nicht um einen Kleinen Abendsegler. Der Riesenabendsegler, dessen Ultraschallinventar von dem des Großen Abendseglers nur schwer zu unterscheiden ist, ruft im Suchflug in etwas niedrigerer Frequenz als der Große Abendsegler. Liegen die Hauptfrequenzen im hindernisarmen Hochflug durchgehend unterhalb von 17 kHz, handelt es sich in der Regel um den Riesenabendsegler. Schwierig ist auch die Unterscheidung der Sozialrufe der Arten der Gattung Nyctalus (Angaben dort).

8.3.14 Kleiner Abendsegler – *Nyctalus leisleri* (KUHL 1818)

Kennzeichen

Körpermerkmale: Mittelgroße Fledermaus. Gewicht (12) 13-20 (25) g. Kopf-Rumpflänge 50-65 mm. Schmale Flügel mit einer Spannweite von 260-320 mm. Unterarmlänge (38) 39-45 (47) mm. Ohren dreieckförmig mit vier bis fünf Querfalten am Außenrand. Tragus kurz und halbkreisförmig. Haarspitzen auf der Oberseite gelb- oder rotbraun, weniger glänzend und meist etwas dunkler als beim Großen Abendsegler. Im Herbst dunkler. Unterseite gelbbraun. Schnauze, Ohren und Flughäute dunkelbraun-schwarz. Die Schnauze ist spitzer als beim Großen Abendsegler. Bürstenartiger Haaraufsatz am Unterarm.

Verbreitung: Europa. Nördliche Verbreitungsgrenze: Irland (häufig), Südschweden (ausnahmsweise), Südestland. Auf Madeira ist die Unterart *N. l. verrucosus* (Bodwich 1825) beheimatet (Palmeirim 1991).

Lebensraum: Gegenden mit höhlenreichen Laubholz-Altbäumen des Flach- und Hügellandes, auch im Gebirge. Jagt gern an Waldrändern, auf Schneisen, über Abhängen und an waldnahen Lampen, auch in Parkanlagen und Alleen, seltener in Ortschaften. Wochenstuben in Baumhöhlen (u.a. Spechthöhlen, sonstige ausgefaulte Höhlen auch in Astgabeln, also von unten zum Teil nicht einsehbar), Fledermauskästen und seltener in Spalten und Hohlräumen von Häusern. Überwinterung Oktober/November bis März/April einzeln oder in Gruppen in Baumhöhlen oder Spalten, Hohlräumen usw. von Gebäuden, im Süden auch in Fledermauskästen.

Flug: Schneller und gewandter Flug, oft auf langer fester Bahn, meist 5-25 m hoch über Bäumen und hellen Straßenlampen, aber auch 1-2 m über Teichen und in hindernisreichem Gelände über Wassergräben. Fluggeschwindigkeit 25-55 km/h. Jagt von April bis Ende September/Mitte Oktober, meist ein- oder zweimal 1-3 Stunden je Nacht. Die Tagesquartiere werden abends etwas später als beim Großen Abendsegler verlassen. Ausflugsbeginn 10-30 Minuten nach Sonnenuntergang.

Wanderungen: Wandert im Herbst und Frühjahr wie die Zugvögel große Strecken (Langstreckenzieher). Wurde beim Überqueren der Ostsee (Rügen-Südschweden) und des Mittelmeeres (Verf.) beobachtet. Umherstreifend auf den Nordsee-Inseln Helgoland und Memmert (Verf.) und auf den Shetland-Inseln (Gebhard 1997) festgestellt. Größte bisher nachgewiesene Entfernung 1567 km (Ohlendorf et al. 2001).

Gefährdung: Keinesfalls häufige, aber doch weit verbreitete und während der Zugzeit gelegentlich überall zu beobachtende Fledermausart, deren Bestände zur Zeit etwa gleichbleibend sind. Eine Gefährdung findet vor allem durch Biotopveränderungen, insbesondere durch die Beseitigung alter, höhlenreicher Bäume, aber auch durch Pestizidverwendung statt. Gefährdung auch durch Windenergieanlagen.

Ultraschallrufe

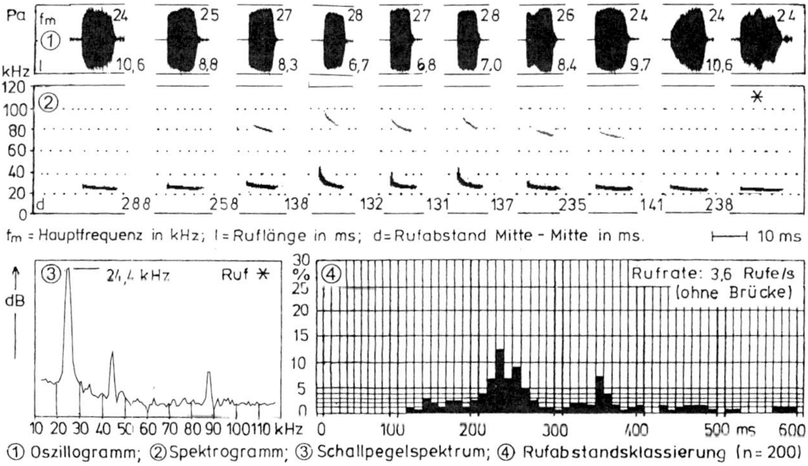

Abb. 46: Rufreihe des Kleinen Abendseglers, der entlang einer Straße mit HQL-Lampen fliegt und eine Kehrtwende vor einer Brücke macht. 14.7.1999, Besch/D.

Suchrufe im hindernisarmen Flug (Abb. 46):

Frequenz: Hauptfrequenz (21) 22-28 (30) kHz. Harmonische, besonders die 3. Harmonische, oft stark ausgeprägt. Anfangs- und Endfrequenz 25-40→22-26 kHz. Frequenzverlauf exakt oder angenähert konstantfrequent (cf-e, cf-n). Manchmal zu Beginn des Rufes leicht abfallende Frequenz (fm-d).

Oszillogrammform: Variabel, oft fast rechteckförmig, aber auch einseitig und beidseitig dreieckförmig oder pflaumenförmig. Charakteristisch ist ein häufiger starker Amplitudenanstieg am Rufbeginn.

Ruflänge: (5) 7-16 (20) ms

Rufabstände: Häufige (typische) Rufabstände zwischen 200 und 300 ms, in der Regel auch zusätzliche häufige Rufe zwischen 300 und 400 ms sowie 100 und 200 ms. Häufige Rufe 3,3-5,0 (2,4-10,0)/s.

Höreindruck: Nach dem Mischverfahren lautstarker, unregelmaßiger Rhythmus, oft in der Frequenz unterschiedlich, aber nicht so stark wie beim Großen Abendsegler. Der Schalldruck kann von Ruf zu Ruf stark wechseln, typisch sind auch quietschende Töne. Infolge des verhältnismäßig schnellen Fluges besonders bei niedriger Flughöhe kurzzeitiges An- und Abschwellen der Rufreihen, manchmal hörbar nach dem Mischverfahren als schussartiges Knallen nach Zeiten der Stille. Gelegentlich sind auch Rufreihen mit regelmäßigen Abständen ohne großen Frequenz- und Schalldruck-

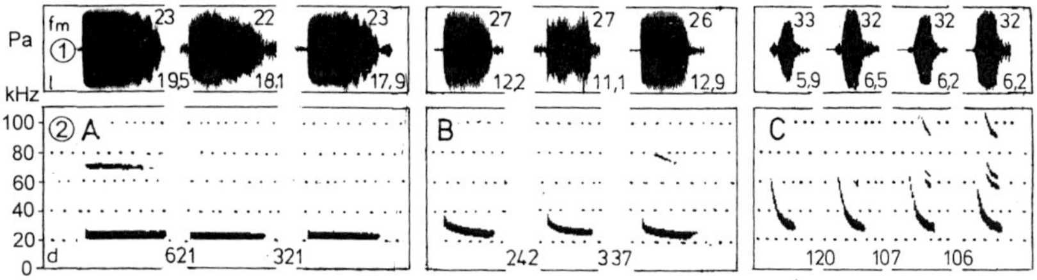

fm = Hauptfrequenz in kHz; l = Ruflänge in ms; d = Rufabstand Mitte - Mitte in ms. 10 ms
① Oszillogramm; ② Spektrogramm.

Abb. 47: Rufreihen des Kleinen Abendseglers auf Madeira. **A:** Transferflug ca. 25 m hoch. 27.7.2002, Candelaria. **B:** 10-14 m hoch im Garten. 29.7.2002, Funchal-Monte. **C:** Flughöhe 8-11 m an einer Straße entlang von Lampen an Peitschenmasten. 27.7.2002, Ponto do Sol, Madeira/P.

wechsel zu hören. Diese Rufreihen ähneln denen der Breitflügelfledermaus im schnellen Rhythmus. Nach dem Zeitdehnverfahren: Klangvolle Einzeltöne, bei denen häufig vorhandene Frequenzunterschiede deutlich von Ton zu Ton hörbar sind. Hörbarkeitsgrenze der Rufe: 70-120 m.

Transferrufe: Sie ähneln den Suchrufen im hindernisarmen Gelände. Die Rufabstände sind verhältnismäßig groß und konstant, oft 400-700 ms lang. Der Frequenzverlauf des Einzelrufs ist fast immer konstantfrequent (cf-e), häufig bei 22 oder 23 kHz. Meist ist im Frequenzspektrum die 3. Harmonische ausgeprägt.

Suchrufe im hindernisreichen Flug: Im Tiefflug steigen die Rufe/s stark an. Die Rufe verkürzen sich und sind abnehmend frequenzmoduliert (fm-d). Die Rufe (Rufrate bis 25 Rufe/s) können sich bei sehr niedrigem Flug nach dem Mischverfahren zeitweise wie ein Steineprasseln anhören. Die Hauptfrequenzen können dabei bis auf etwa 35 kHz ansteigen.

Fangrufe: Anstieg auf 170-200 Rufe/s.

Sozialrufe: Sie werden vom Kleinen Abendsegler auffallend häufig benutzt und können das Ansprechen der Gattung und auch der Art erleichtern. Zu unterscheiden sind vor allem folgende Typen:

K u r z t r i l l e r (Abb. 48 D): Häufigster, aus drei bis sieben, meist vier Teilen bestehender sozialer Flugruf. In den Oszillogrammen dieser Triller ist charakteristisch, dass der erste Teilruf der längste ist und eine auffällige Spitze nach links oder eine abgestumpft ansteigende Dreiecksform besitzt. Der Frequenzverlauf der einzelnen Teilrufe ist leicht abfallend. Der erste Teilruf besitzt oft eine von den folgenden Teilrufen abweichende Hauptfrequenz. Auch der letzte Teilruf kann wesentlich in der Frequenz nach oben oder unten abweichen. Die Gesamtform des Spektrogramms dieses Sozialrufes ist individuell und örtlich unterschiedlich, wird jedoch von einem Individuum ständig in fast konstanter Form benutzt. Die gemittelte

Frequenz der Teilrufe beträgt (13) 20-24 (31) kHz, die Gesamtruflänge (22) 35-60 (75) ms. Nach dem Mischverfahren hört sich der Sozialruf wie ein kurzes Knacken an. In Zeitdehnung ist ein klangvoller Triller zu hören. Der Sozialruf wird manchmal fortwährend wiederholt, wobei normale Suchrufe eingeflochten werden. Der Funktion nach ist er vermutlich in erster Linie ein Abgrenzungsruf für das Flugrevier eines Männchens und ein Drohruf gegenüber anderen Männchen derselben Art bzw. gegenüber Vertretern anderer Arten, häufig auch gegenüber der Zwergfledermaus. Vielleicht ist er auch ein Balzruf gegenüber dem Weibchen (Ohlendorf & Ohlendorf 1998).

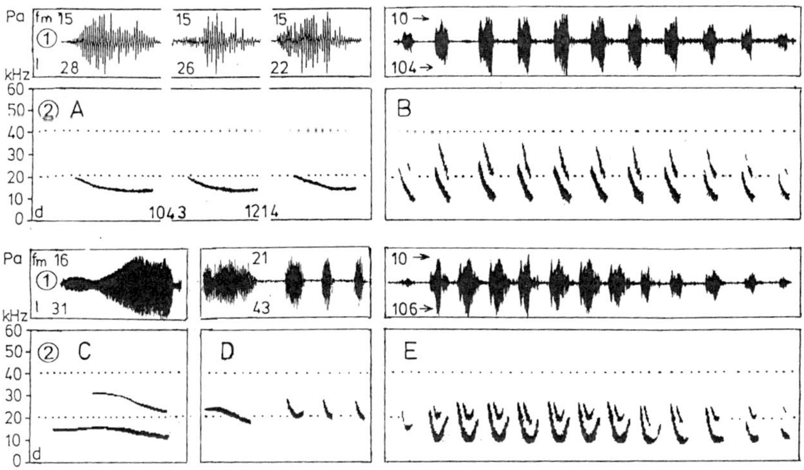

fm = Hauptfrequenz in kHz; l = Ruflänge in ms; d = Rufabstand Mitte-Mitte in ms. 10 ms
① Oszillogramm; ② Spektrogramm.

Abb. 48: A: Balzrufe des Kleinen Abendseglers aus einer Baumhöhle. 29.7.1993, Straußberg/D. **B:** Langtriller in ca. 10 m Höhe. 25.6.2002, Duderstadt/D. **C:** Begegnungsrufe im Flug. 29.7.1997, Petersbächel/D. **D:** Kurztriller in ca. 10 m Höhe. 19.6.2008, Rottleben/D. **E:** Langtriller in ca. 8 m Höhe. 29.7.1998, Rudolstadt/D.

Langtriller (Abb. 48 B und E): Besonders im Sommer und Herbst ist vom Kleinen Abendsegler im Flug ein aus 9-17 frequenzmodulierten Einzelelementen bestehender Triller zu hören. Die durchschnittliche Hauptfrequenz beträgt (9) 10-12 (14) kHz bei einer Länge von (70) 90-135 (145) ms. Nach Braun & Häussler (1993) kann die Trillerlänge bis zu 300 ms betragen. Dies konnte ich bisher nicht bestätigen. Der Langtriller wird nach dem Mischverfahren als Schnurrlaut wie ein Streichen über einen Kamm und in Zeitdehnung als unterschiedlicher melodischer Triller gehört. Er klingt gelegentlich überall wie vom Großen Abendsegler (Abb. 48 E), z.B. auch bei der Unterart *Nyctalus leisleri verrucosus* von Madeira. Oft wird der Langtriller in Kombination mit dem Kurztriller vom Typ D benutzt. Die Funktion des Langtrillers ähnelt der des Kurztrillers und scheint ausschließlich vom Männchen vorwiegend als Droh- und Balzruf u.a. beim Verfolgen von Artgenossen oder Vertretern anderer Fledermausarten benutzt zu werden.

Stationärer Balzruf (Abb. 48 A): Im Hochsommer und Herbst sind stationär aus Baumhöhlen oder in deren Nähe und aus Gebäudenischen im Abstand von etwa 1 (0,5-2,0) s regelmäßig abgegebene laute Balzrufe vom Männchen zu vernehmen. Die Hauptfrequenz der nur schwach modulierten Laute liegt um 15 kHz. Die Ruflänge beträgt etwa 26 (22-33) 35 ms. Diese Rufe, die denen des Großen Abendseglers ähneln, hören sich nach dem Mischverfahren wie laute Knalle an. In der Zeitdehnung klingen sie wie klagende Rufe. Sie dienen der Revierabgrenzung und dem Anlocken von Weibchen in ein Paarungsquartier.

Begegnungsruf (Abb. 48 C): Im Flug werden manchmal dem stationären Balzruf ähnliche, leicht frequenzmodulierte Einzelrufe mit meist ausgeprägter 2. und 3. Harmonischer erzeugt. Die Hauptfrequenz liegt um 15 (13-19) kHz, die Frequenzbandbreite bei (4) 5-12 (20) kHz. Nach dem Mischverfahren hören sich die Rufe wie lautes Knacken, nach dem Zeitdehnverfahren wie gedehnte Klagerufe an. Ungeklärt ist, ob diese einzeln und ebenso mehrfach hintereinander zu hörenden Rufe nur von Männchen oder auch von Weibchen stammen. Die Rufe werden zumindest bevorzugt – vielleicht sogar ausschließlich – bei Begegnungen mit Artgenossen benutzt. Unklar ist auch, ob es sich um einfache Kontaktrufe bei Begegnungen oder um im Flug vorgetragene Balzrufe handelt. Die Rufart wird deshalb hier vorläufig als gesonderter Typ ausgewiesen.

Brummruf: Zwischen den Sozialrufen und normalen Suchrufen wurden im Flug mehrfach je Sekunde wiederholte sehr leise »Brummrufe« (so zu hören in der Zeitdehnung) vernommen. Die Gesamtlänge der Rufkette betrug 50-120 ms. Ob diese nur von Männchen oder auch von Weibchen stammen, ist unbekannt. Dem Großen Abendsegler (Abb. 45 E) ähnliche Rufe hat auch Zingg (1988) festgestellt.

Verwechslungsmöglichkeiten: Die Rufe des Großen Abendseglers sind kräftiger und liegen in der Hauptfrequenz oft um 20 kHz, nicht selten auch wesentlich darunter. Wenn der Große Abendsegler ausschließlich um 23-25 kHz ruft, ist eine Unterscheidung vom Kleinen Abendsegler nach den Suchrufen nur schwer oder nicht möglich. Braun & Häussler (1993) weisen daher zu Recht darauf hin, dass »Detektornachweise des Kleinen Abendseglers ohne sonagraphische Analyse einschließlich Berücksichtigung der Flugsituation oft zweifelhaft bleiben«. Die Sozialrufe des Großen Abendseglers sind ebenfalls kräftiger und meist auch länger als beim

Kleinen Abendsegler, sind aber von ähnlicher Struktur und können Anlass zu Verwechslungen geben. Insbesondere sind die tieffrequenten Triller nur schwer oder nicht unterscheidbar. Die Nordfledermaus hat eine konstantere Ruffrequenz mit Hauptfrequenzen 28-30 kHz, auch ist der Rhythmus nach Struktur und Tonfarbe anders. Letzteres gilt auch für die Breitflügelfledermaus, deren Rufe stärker frequenzmoduliert sind. Die Zweifarbfledermaus hat in der Regel längere Rufe, die nicht knallartig sind. Rufe des Kleinen Abendseglers können denen der Zweifarbfledermaus sehr ähnlich sein. In solchen Fällen ist eine visuelle Kontrolle mit einer starken Lampe nützlich. Im Transferflug sind die Rufe des Kleinen Abendseglers und der Zweifarbfledermaus nur schwer oder nicht zu unterscheiden. Kurztriller des Kleinen Abendseglers können mit denen der Zwerg-, Rauhaut-, Weißrand- und Madeirafledermaus sowie mit dem Großen Abendsegler verwechselt werden, doch ist die Struktur des ersten Teilrufes (siehe oben) beim Kleinen Abendsegler ein gutes Unterscheidungsmerkmal. Kurztriller des Kleinen Abendseglers können im zweiten und folgenden Teil eine leichte U-form aufweisen, jedoch nicht so ausgeprägt wie beim Großen Abendsegler.

8.3.15 Azoren-Abendsegler – *Nyctalus azoreum* (Thomas 1901)

Dem Kleinen Abendsegler ähnlich, ist als eigene Art anerkannt (Palmeirim 1991, Speakman & Webb 1993).

Kennzeichen

Körpermerkmale: Mittelgroße Fledermaus, etwas kleiner als Kleiner Abendsegler, insgesamt jedoch etwas dunkler. Gewicht: (6) 8-13 (17) g (etwas geringer als Kleiner Abendsegler). Kopf-Rumpflänge 51-57 mm. Schmale Flügel mit einer Spannweite von (250) 260-290 (300) mm (etwas geringer als Kleiner Abendsegler). Unterarmlänge 36-42 mm. Ohren wie Kleiner Abendsegler dreieckförmig mit drei bis vier Querfalten am Außenrand. Tragus kurz und halbkreisförmig.

Verbreitung: Endemische Art auf den Azoreninseln mit Ausnahme von Flores und Corvo.

Lebensraum: Ähnlich Kleinem Abendsegler, jagt im gesamten Gebiet der Inseln, besonders gern in und am Rande von Waldgebieten und in Parkanlagen mit alten Bäumen, aber auch entlang der Straßenalleen und Lampenmasten. Wochenstuben in Ortschaften an Gebäuden, in Baumhöhlen und in Felswänden.

Flug: Wie Kleiner Abendsegler. Flughöhe sehr unterschiedlich, in der Regel 6-25 m hoch, gern über Baumwipfeln und Straßenlampen, aber auch 1-2 m über Teichen und Wassergräben. Fängt im Flug Insekten von Häuserwänden. Der Azoren-Abendsegler fliegt zu allen Tages- und Nachtzeiten, bevorzugt jedoch den Nachmittag und frühen Abend sowie die erste Hälfte der Nacht. Auch beim Flug am Tage wird ständig mit Ultraschall geortet. Der häufige Tagesflug erfolgt, weil auf den Azoren die wenigen Greifvogelarten in der Regel keine Fledermäuse fangen können, und der Insektenfang am Tag oft ergiebiger als in der Nacht ist.

Wanderungen: Ortstreue Fledermaus. Wanderungen zwischen den Inseln sind bisher nicht nachgewiesen.

Gefährdung: Besonders durch Katzen, Ratten und andere Beutegreifer. Insgesamt ist aber der Bestand nicht wesentlich gefährdet.

Ultraschallrufe

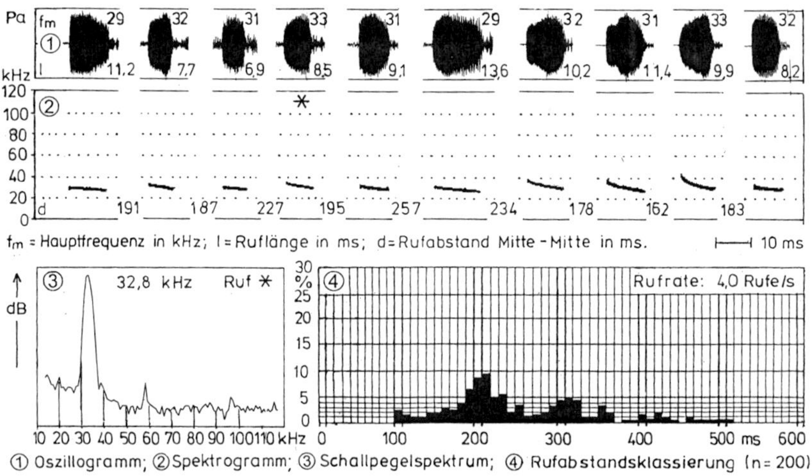

Abb. 49: Rufreihe des Azoren-Abendseglers in ca. 8 m Höhe. 7.7.2006, Pico/P.

Suchrufe im hindernisarmen Flug (Abb. 49):

F r e q u e n z : Die Hauptfrequenz liegt im Bereich von (27) 28-33 (38) kHz und ist damit wesentlich höher als beim Kleinen Abendsegler. 3. Harmonische oft stark ausgeprägt. Anfangs- und Endfrequenz 30-43→27-32 kHz. Frequenzverlauf in der Regel nahezu konstant (cf-n), aber auch exakt konstant (cf-e) oder besonders am Rufanfang schwach moduliert (fm-d).

O s z i l l o g r a m m f o r m : variabel, oft pflaumenförmig, sonst ähnlich Kleinem Abendsegler.

R u f l ä n g e : (5) 6-16 (18) ms.

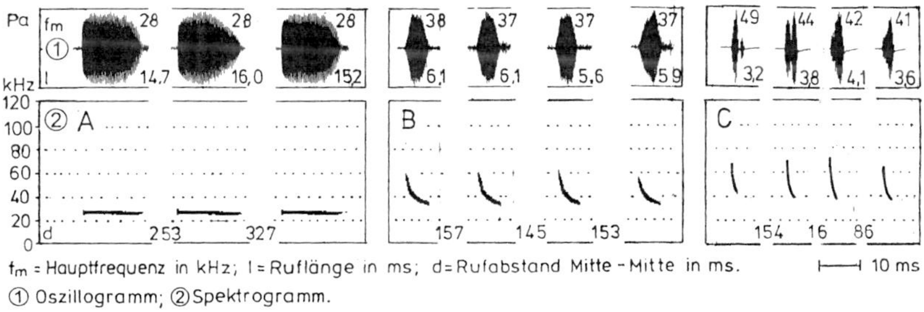

Abb. 50: Rufreihen des Azoren-Abendseglers. **A:** An einem Park ca. 15 m hoch. 12.7.2006, Sao Miguel/P. **B:** 7-12 m hoch an einer Straße jagend. 7.7.2006, Pico/P. **C:** 2 m hoch über einem Wassergraben im Wald. 26.8.1992, Sao Miguel/P.

R u f a b s t ä n d e : Häufige (typische) Abstände unterschiedlich, oft um 180-240 ms, manchmal zwei weitere häufige Abstände um 110 ms und um 330 ms. Häufige Rufe 4,2-5,6 (3,0-9,1)/s.

H ö r e i n d r u c k : Rhythmus und Schalldruck sind dem Kleinen Abendsegler ähnlich. Hörbarkeitsgrenze 70-100 m.

Transferrufe (Abb. 50 A): Die Transferflüge zwischen Quartier und Nahrungsgrund sind in der Regel gleichzeitig Suchflüge. Die Hauptfrequenzen liegen dann im Bereich von (27) 28-30 (32) kHz, die Ruflänge der konstantfrequenten Rufe kann dabei bis zu 16 (19) ms betragen.

Suchrufe im hindernisreichen Flug (Abb. 50 B und C): Im hindernisreichen Flug, besonders im Tiefflug, steigt die Anzahl der Rufe wie beim Kleinen Abendsegler stark an. Die Rufe sind dann myotisartig, die Rufabstände unregelmäßiger.

Fangrufe: Anstieg der Rufe auf 170-200/s.

Sozialrufe: Mehrere Typen von Sozialrufen lassen sich unterscheiden, die nach ihrer Struktur denen des Kleinen Abendseglers gleichen. Der Kurztriller besitzt eine Hauptfrequenz von durchschnittlich 23-28 kHz (Abb. 51 C). Der im Flug vorgetragene Langtriller (Abb. 51 A), variiert in der Hauptfrequenz um 12-23 kHz. Stationäre Balzrufe (Abb. 51 D), Begegnungsrufe (Abb. 51 E) und Brummrufe (Abb. 51 B) zeigen keine wesentlichen Unterschiede zum Kleinen Abendsegler. Die sehr leisen Brummrufe wurden gelegentlich zwischen Normalrufen gehört. Lang andauernde, klagende Rufe wurden von einzelnen Azorenabendseglern nur gelegentlich vernommen (Abb. 51 F).

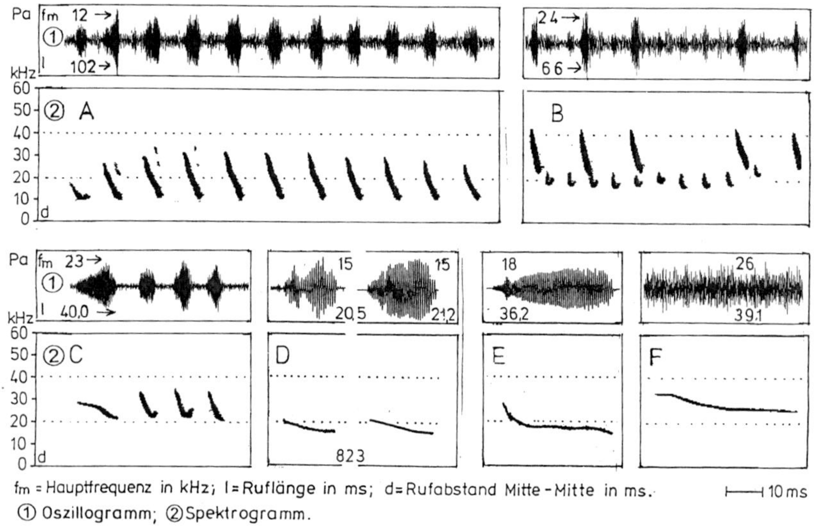

Abb. 51: Sozialrufe des Azoren-Abendseglers. **A:** Langtriller ca. 12 m hoch. 2.7.2006, São Miguel/P. **B:** Begegnungs- und Brummrufe ca. 10 m hoch. 2.7.2006, São Miguel/P. **C:** Kurztriller ca. 13 m hoch. 1.7.2006, São Miguel/P. **D:** Balzrufe aus einem Versteck im Giebel eines Hauses. 2.9.1992, Pico/P. **E:** Begegnungsruf ca. 12 m hoch. 26.8.1992, São Miguel/P. **F:** Mehrfach klagend 15 m hoch, möglicherweise Jungtiere. 2.7.2006, São Miguel/P.

Verwechslungsmöglichkeiten: Da auf den Azoren – von sehr seltenen Ausnahmen abgesehen – nur der Azoren-Abendsegler vorkommt, bestehen keine Verwechslungsmöglichkeiten. Lediglich im Tiefflug können die Rufe mit denen des Großen Mausohrs verwechselt werden, dessen Vorkommen auf der Insel Graciosa nachgewiesen und auf der Insel São Miguel möglich ist (Palmeirim 1979).

8.3.16 Riesenabendsegler – *Nyctalus lasiopterus* (Schreber 1780)

Kennzeichen

Körpermerkmale: Größte europäische Fledermaus. Gewicht (35) 41-65 (76) g. Kopf-Rumpflänge (78) 84-100 (104) mm. Spannweite der schmalen Flügel 410-460 mm. Unterarmlänge (61) 64-69 (71) mm. Oberseite (rot)braun, Unterseite (gelb)braun. Sonst wie Großer Abendsegler, jedoch Ohren größer und breiter.

Verbreitung: Seltene Art, die nur gebietsweise vorkommt. Nachweise bisher für Portugal, Spanien, Frankreich, die Niederlande, die Schweiz, Italien, Südpolen, Ungarn, die Balkanstaaten und die Ukraine. Einzelnachweise auch in Deutschland, Polen, Weißrussland und Nordgriechenland.

Lebensraum: Hochstämmige Laubwälder und deren Umgebung, jagt auch über Straßenbeleuchtungen. Quartiere in Baumhöhlen und Felsspalten, teilweise zusammen mit Großem Abendsegler und anderen Fledermausarten. Winterquartiere nicht bekannt.

Flug: Schneller geradliniger Flug z.T. in großer Höhe mit plötzlichen Sturzflügen in Höhen von etwa 8-40 m. Ist in der Lage, Insekten an hohen Hauswänden im Vorbeiflug zu erbeuten (AHLÉN 1990). Ausflugsbeginn 10-40 Minuten nach Sonnenuntergang.

Wanderungen: Im Osten wandernde Art, ähnlich Großem Abendsegler. Ob Wanderungen auch in den übrigen Gebieten vorkommen, ist nicht bekannt.

Gefährdung: Mangels Vergleichsdaten keine Aussagen über Bestandsveränderungen möglich. Eventuell Gefährdung durch Abholzen von alten Wäldern.

Hinweis: Ernährt sich nicht nur von Insekten, sondern erbeutet auch kleine Vögel. In Spanien in Kotproben bis zu 70 % Vogelreste (DIETZ et al. 2007).

Ultraschallrufe

Suchrufe im hindernisarmen Flug (Abb. 52):

Frequenz: Wechselnde Hauptfrequenzen (14,5) 15-20 (23) kHz, meist 15-18 kHz. 3. und 5. Harmonische stark ausgeprägt. Anfangs- und Endfrequenz: 15-25→14-20 kHz. Frequenzverlauf exakt oder angenähert konstantfrequent (cf-e oder cf-n).

Oszillogrammform: Zu Beginn des Rufes oft plötzliche starke Schallpegeleinsätze und entsprechende Amplitudengrößen, am Ende in der Regel allmählich auslaufender Schallpegel.

Ruflänge: (12) 15-25 (28) ms.

Rufabstände: Sehr unregelmäßig. Häufige (typische) Abstände Mitte-Mitte unregelmäßig, vorwiegend 160-820 ms, manchmal zwischen 400 und 550 ms. Häufige Rufe 1,8-2,5 (1,2-6,3)/s.

Höreindruck: Sehr laute Rufe, ähnlich denen des Großen Abendseglers, jedoch in der Frequenz niedriger bei größeren Rufabständen. Häufig Wechsel des Schallpegels der einzelnen Rufe, jedoch geringerer Wechsel der Ruffrequenz als beim Großen Abendsegler. Hörbarkeitsgrenze 100-170 m.

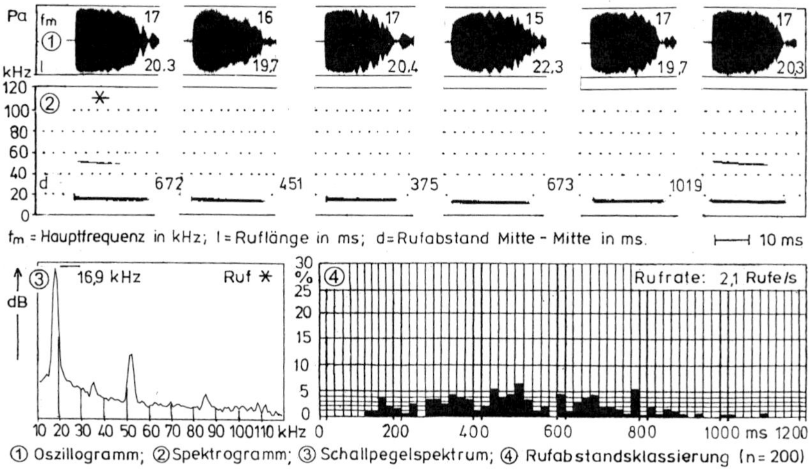

Abb. 52: Rufe des Riesenabendseglers 15- 20 m hoch. 29.6.2000, Poprad/SK.

Transferrufe: Wie Suchrufe im hindernisarmen Flug.

Suchrufe im hindernisreichen Flug: Ansteigen der Hauptfrequenz bei gleichzeitiger Zunahme der Frequenzmodulation, Hauptfrequenz 20-26 kHz, Verringerung der Rufabstände und Ruflängen.

Fangrufe: Ansteigen der Rufe auf bis zu etwa 190/s.

Sozialrufe: Soweit bekannt, denen des Großen Abendseglers ähnlich. AHLÉN (1990) berichtet von etwa 100 ms andauernden Langtrillern, deren Frequenz sich zwischen 15 und 25 kHz bewegt.

Verwechslungsmöglichkeiten: Die Bulldoggfledermaus ruft in der Frequenz tiefer mit Hauptfrequenzen unter 15 kHz. Die Unterscheidung des Riesenabendseglers vom Großen Abendsegler ist schwierig, da es hinsichtlich der Hauptfrequenzen einen Überschneidungsbereich gibt. In der Regel rufen Riesenabendsegler 2-3 kHz niedriger als der Große Abendsegler. Der Frequenzwechsel von Ruf zu Ruf ist beim Riesenabendsegler geringer als beim Großen Abendsegler. Wiederholte Rufe mit Hauptfrequenzen im Bereich 15-17 kHz stammen in der Regel vom Riesenabendsegler.

8.3.17 Breitflügelfledermaus – *Eptesicus serotinus* (Schreber 1774)

Kennzeichen

Körpermerkmale: Große Fledermaus. Gewicht (14) 15-33 (35) g. Kopf-Rumpflänge (62) 65-80 (82) mm. Spannweite der verhältnismäßig breiten Flügel 330-390 mm. Unterarmlänge (47) 49-55 (58) mm. Oberseite dunkelbraun. Unterseite gelblichbraun. Ohren länger als beim Großen Abendsegler. Tragus länglich gestreckt, 1/4-1/3 der Ohrlänge, am Ende abgerundet und nach vorne gebogen. Die letzten eineinhalb Wirbel (ca. 4 mm) ragen aus der Schwanzflughaut.

Verbreitung: Ganz Europa. Verbreitungsgrenze im Norden: Mittelengland (nicht in Irland), Südschweden, Südlettland, Weißrussland und weiter östlich.

Lebensraum: Menschliche Siedlungen und deren Umgebung. Parkanlagen, Waldränder, breite Waldwege, Waldstraßen und Schneisen, Alleen, Brachen und Wiesen, Flussläufe, Seen und Teiche, häufig an Straßenlampen. Fliegt auch in Ortschaften, soweit dort Bäume und sonstige Vegetation vorhanden sind. Meidet höhere Lagen der Mittel- und Hochgebirge. Sommerquartiere und Wochenstuben im Giebelbereich von Gebäuden, Schlössern, Kirchen, in Hausspalten, auf Zwischenböden, auch hinter Fensterläden. Überwinterung Oktober/November bis März/April vorwiegend in Gebäuden, aber auch in Baum- und Felshöhlen, Gesteinsspalten, Stollen und ausnahmsweise im Geröll.

Flug: Langsamer Flug (15-30 km/h) mit gleichmäßigen, mehr schwirrenden Flügelschlägen, oft auf sich ständig wiederholender Bahn entlang von Peitschenmasten der Straßenbeleuchtung, Hausreihen, Waldrändern usw. Ausflugsbeginn 10-40 Minuten nach Sonnenuntergang.

Wanderungen: In der Regel ortstreu, vereinzelt aber auch wandernd. Größte nachgewiesene Entfernung: 330 km (Havekost 1960).

Gefährdung: Örtlich Bestandsabnahmen besonders im Norden des Verbreitungsgebietes. Gründe: Quartierzerstörung durch Sanierungsmaßnahmen, Verwendung schädigender Holzschutzmittel und sonstiger Pestizide, Biotopveränderungen. In den letzten beiden Jahrzehnten haben sich die Bestände vielerorts leicht erholt. – Beim Auffinden einer nicht flugfähigen Breitflügelfledermaus sollte diese nur mit Handschuhen angefasst werden, da diese Art bisher mehrfach von Tollwut befallen war (Kap. 3).

Ultraschallrufe

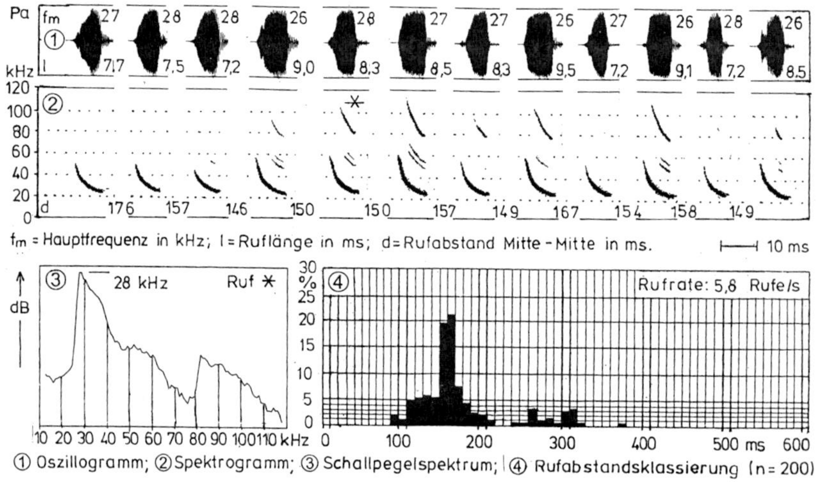

Abb. 53: Ruffolge einer Breitflügelfledermaus 4-8 m hoch über einem Friedhof. 5.9.2007, Rømø/DK.

Suchrufe im hindernisarmen Flug (Abb. 53 und 54 A):

F r e q u e n z : Hauptfrequenz (23) 24-27 (29) kHz. 2. Harmonische wenig ausgeprägt. 3. Harmonische wesentlich stärker. Anfangs- und Endfrequenz 35-60→22-27 kHz. Frequenzverlauf am Anfang und in der Mitte abnehmend moduliert (fm-d), am Ende exakt konstant (cf-e) oder nahezu konstant (cf-n) auslaufend.

O s z i l l o g r a m m f o r m : Oft allmählich zunehmende Amplituden, manchmal fast rechteckförmige Oszillogramme.

R u f l ä n g e : (7) 8-16 (18) ms, meist 9-14 ms.

R u f a b s t ä n d e : Häufige (typische) Abstände Mitte-Mitte 130-180 ms und bei 240- 290 ms, im langsamen Rhythmus auch weitere häufige Abstände ca. 350 ms. Häufige Rufe 3,4-7,7 (2,9-8,3)/s.

H ö r e i n d r u c k : Nach dem Mischverfahren im langsamen Rhythmus laute, klangvolle »nasse« Rufe mit unregelmäßigen Rufabständen, die manchmal denen der Zweifarbfledermaus ähneln. Im normalen und schnellen Rhythmus in der Regel verhältnismäßig gleichmäßige Rufabstände mit typischen Aussetzern, ähnlich dem Geräusch eines Treckermotors mit Zündversagern. Frequenzwechsel verhältnismäßig gering. Schallpegel von Ruf zu Ruf wenig verändert. Nach dem Zeitdehnverfahren laute, in der Frequenz abfallende Ruftöne, die infolge der stark ausgeprägten 3. Harmonischen manchmal etwas krächzend wirken. Hörbarkeitsgrenze 70-90 m.

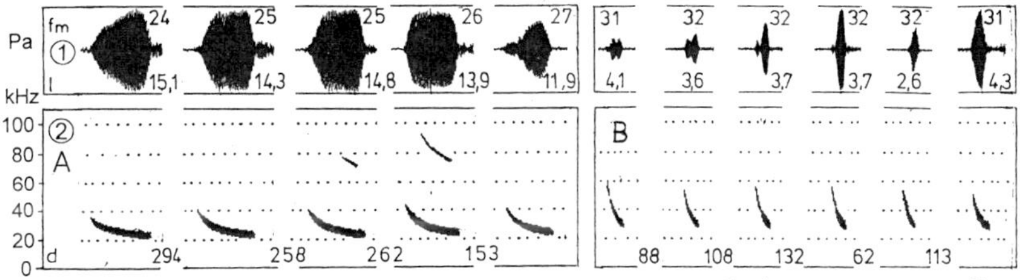

fm = Hauptfrequenz in kHz; l = Ruflänge in ms; d = Rufabstand Mitte - Mitte in ms. 10 ms
① Oszillogramm; ② Spektrogramm.

Abb. 54: Breitflügelfledermaus. **A:** 10-15 m hoch. 3.8.1997, Liverdun, Moselle/F. **B:** 3-4 m hoch über einem Waldweg. 13.7.2001, Osterode/D.

Transferrufe: Im hindernisarmen Gelände regelmäßige Rufabstände mit oft fast konstantfrequenten Rufen, manchmal mit regelmäßig alternierender Schallpegelstärke.

Suchrufe im hindernisreichen Flug (Abb. 54 B): Wesentliche Zunahme von Frequenzbandbreite und Rufen/s. Erhöhung der Hauptfrequenz auf über 27 kHz. Abnahme der Ruflänge. Im Extremfall, insbesondere bei Nahorientierung von Hindernissen und Beute, werden die kurzen Rufe bei starker Frequenzmodulation »trocken«. Dabei können Hauptfrequenzen von 30-35 kHz erreicht werden.

Fangrufe: Wie bei Fledermäusen üblich mit Rufreihen, die in der Endphase etwa 160-190 Rufe/s erreichen.

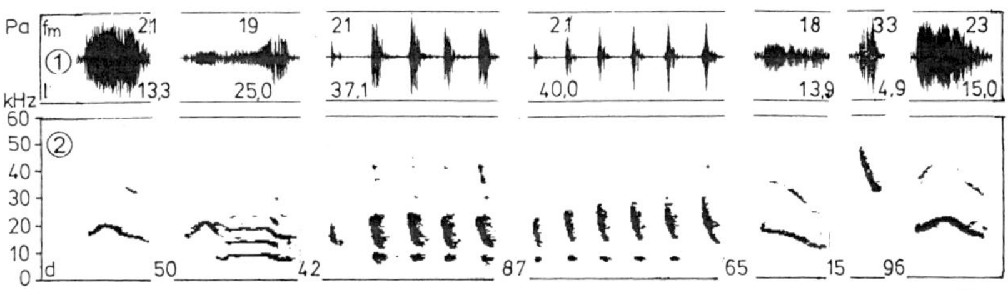

fm = Hauptfrequenz in kHz; l = Ruflänge in ms; d = Rufabstand Mitte - Mitte in ms. 10 ms
① Oszillogramm; ② Spektrogramm.

Abb. 55: Rufe der Breitflügelfledermaus. Vor dem Flug aus einer Kirche. 6.9.2007, Toftlund/DK.

Sozialrufe: Gelegentlich werden Sozialrufe im Flug abgegeben. Am häufigsten sind 10-17 ms lange frequenzmodulierte Rufe (fm-d) mit einer Hauptfrequenz um 16 kHz, die mehrfach (3-8fach) wiederholt werden. Es scheint sich vorwiegend um Kontaktrufe, möglicherweise aber auch um Balzrufe zu handeln. Miller & Degn (1981) beschreiben 7-10 ms lange Sozialrufe, die im Frequenzbereich von etwa 18-28 kHz lagen und zu Beginn der Paarungszeit zu hören waren. In Quartieren und Wochenstuben sind frequenzkonstante und frequenzmodulierte Töne und Geräusche um 10-25 kHz zu hören (Abb. 55).

Verwechslungsmöglichkeiten: Im Normalrhythmus und bei schnellen Ruffolgen ist die Breitflügelfledermaus an ihren in der Regel verhältnismäßig gleichmäßigen Rufabständen mit Aussetzern gut von anderen Arten zu unterscheiden. – Lediglich im hindernisreichen Gelände, z.B. auf nicht sehr breiten Waldwegen, können die dann fast trockenen Rufe der Breitflügelfledermaus mit denen des Großen Mausohrs verwechselt werden. Das Große Mausohr neigt in solchen Situationen zu Rufen mit etwas höherer Hauptfrequenz (31-35 kHz) gegenüber der Breitflügelfledermaus (28-33 kHz). Auch schlagen bei der Breitflügelfledermaus manchmal typischer Rhythmus und klangvoller Charakter zeitweise durch, so dass eine Identifizierung ohne visuelle Beobachtung möglich ist. In den meisten Fällen ist jedoch unter solchen Flugbedingungen im hindernisreichen Waldweg eine sichere Unterscheidung von Breitflügelfledermaus und Großem Mausohr nur auf Grund von Ultraschall nicht möglich (Barataud 1996; Tupinier 1996; Verf.). Im hindernisreichen Gelände ist daher eine Kontrolle mittels Strahler oder durch Fang empfehlenswert. In der elektronischen Rufanalyse gleichen sich die Spektrogramme und Periodogramme der Rufe des Großen Mausohrs und der Breitflügelfledermaus im hindernisreichen Flug fast vollständig. Jedoch haben beim Großen Mausohr die Spektrogramme nach abnehmendem Modulationsverlauf (fm-d) am äußersten Ende teilweise ein typisches »*Myotis*-Schwänzchen«, also einen steilen Frequenzabfall (fm-a). Dagegen ist bei der Breitflügelfledermaus lediglich eine Tendenz zu angenähert konstanter Endfrequenz (fm-d→cf-n) festzustellen. – Im hindernisarmen Höhenflug wird von einigen Individuen der Breitflügelfledermaus manchmal ständig ein Rufrhythmus mit langsamen Ruffolgen benutzt, der dem der Zweifarbfledermaus und manchmal auch dem des Kleinen Abendseglers täuschend ähnlich sein kann. Die Breitflügelfledermaus fällt jedoch nicht selten nach einiger Zeit in ihre typischen schnelleren Ruffolgen zurück. Die »stolpernde« Art der Ruffolgen hoch fliegender Zweifarbfledermäuse ist in der Regel konstanter als bei der Breitflügelfledermaus, doch ist dies kein sicheres Unterscheidungsmerkmal. Bei der elektronischen Rufanalyse fällt auf, dass die Rufe der Breitflügelfledermaus im langsamen Rhythmus seltener konstantfrequent sind wie das bei Zweifarbfledermaus und Kleinem Abendsegler der Fall ist. Bei der Ruffolge ist auch die durchschnittliche Ruflänge der Breitflügelfledermaus meist kürzer als bei der Zweifarbfledermaus. Die Bestimmung derartig rufender Fledermäuse muss im Zweifelsfall mittels Sicht oder durch andere Nachweismethoden abgesichert werden.

8.3.18 Küstenfledermaus – *Eptesicus anatolicus* (Felten 1971)

Diese Art ist der Breitflügelfledermaus ähnlich, jedoch kleiner. Sie wurde von Felten (1971) zunächst als eigene Art in der Türkei (Südküste von Anatolien) erkannt. Nachdem sie zeitweise als Unterart benannt wurde, zeigten genetische und morphologische Untersuchungen eindeutig, dass es sich um eine Art handelt.

Kennzeichen

Körpermerkmale: Große Fledermaus, jedoch kleiner als Breitflügelfledermaus. Gewicht 15-30 g. Kopf-Rumpflänge 63-75 mm. Flügelspannweite 320-360 mm, etwas schmalere Flügel als die Breitflügelfledermaus. Unterarmlänge (43) 44-50 (52) mm. Oberseite mit zweifarbigen Haaren hell braun bis sandfarben. Unterseite weißlich grau. Gesicht schwarz. Schnauze kürzer als Breitflügelfledermaus und schwarz. Ohren fast schwarz. Tragus schmal.

Verbreitung: In Europa bisher nur auf Rhodos besonders von Helversen (1998) und vom Verf. 2008 festgestellt. Auf anderen ägäischen Inseln Griechenlands konnte die Art bisher nicht nachgewiesen werden.

Lebensraum: Lebt verhältnismäßig häufig im Küstenraum an den im Sommer trockenen Mündungsgebieten der Flüsse, insbesondere entlang der breiten Wadis, und an den Stränden. Am Tage oft in den karstigen Felsgebirgen, von wo sie abends meist entlang der Täler bis zu den Küsten fliegt.

Flug: 20-45 km/h, meist an den breiten ausgetrockneten Flussgebieten und den Stränden auf- und abfliegend nach Insekten suchend.

Wanderungen und **Gefährdungen:** Bisher nicht bekannt. Keine Tollwut festgestellt, wie sie bei der Breitflügelfledermaus vorgekommen ist.

Ultraschallrufe

Suchrufe im hindernisarmen Flug (Abb. 56):

F r e q u e n z : Hauptfrequenz (27) 28-29 (30) kHz. Anfangs- und Endfrequenz 35-60→27-30 kHz. Frequenzverlauf am Anfang und in der Mitte abnehmend moduliert (fm-d), am Ende exakt konstant (cf-e) oder nahezu konstant (cf-n) auslaufend.

O s z i l l o g r a m m f o r m : Oft allmählich zunehmend, manchmal auch rechteckförmig.

R u f l ä n g e : (7) 8-13 (16) ms.

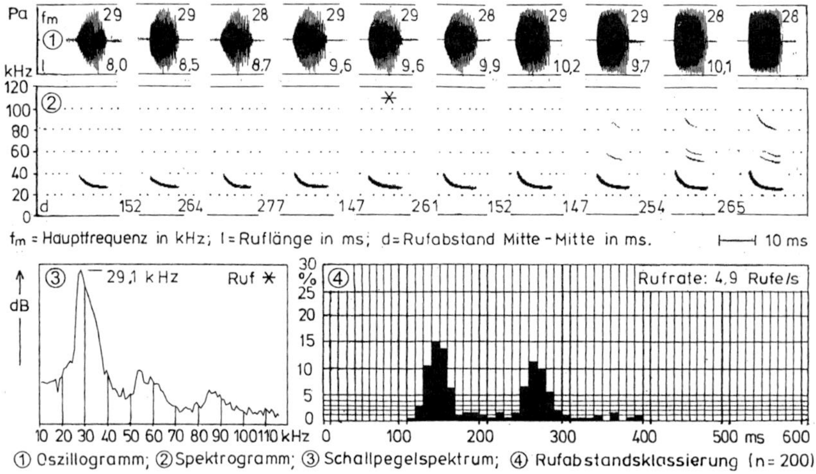

Abb. 56: Rufe der Küstenfledermaus 5 m hoch an einem Sandstrand. 1.5.2008, Rhodos/GR.

Rufabstände: Häufige (typische) Abstände Mitte-Mitte bei 140-160 ms und 250-280 ms. Häufige Rufe 3,6-7,1/s, teilweise ca. 3,6-4,0 Rufe/s.

Höreindruck: Wie Breitflügelfledermaus, jedoch nicht ganz so laut. Im normalen und schnellen Rhythmus in der Regel gleichmäßige Rufabstände mit typischen Aussetzern, die wie von Treckermotoren mit Zündversagern klingen. Frequenz und Schallpegelgröße verändern sich nur gering. 2. und 3. Harmonische sind häufig vorhanden. Hörweite 70-85 m.

Transferrufe: Die Rufabstände sind etwas länger und die Rufe/s weniger. Auch die Modulation der Gesamtfrequenz ist geringer.

Suchrufe im hindernisreichen Flug: Werden selten festgestellt. Ruflänge geringer, Frequenzbeginn höher und Rufe/s vermehrt.

Fangrufe: Frequenzmoduliert, in der Hauptfrequenz leicht abnehmend bis etwa 22 kHz, in der Endphase 160-190 Rufe/s.

Sozialrufe: Bisher nicht bekannt.

Verwechslungsmöglichkeiten: Die Rufe sind denen der Breitflügelfledermaus sehr ähnlich. Die Küstenfledermaus ist jedoch an Hand ihrer etwas höheren und in der Stärke etwas geringeren Rufe deutlich zu unterscheiden. Morphologisch ist die Küstenfledermaus durch ihre geringere Größe, vor allem die kürzere Unterarmlänge und den kürzeren fünften Finger mit 54-57 mm – bei der Breitflügelfledermaus 62-66 mm – äußerlich gut unterscheidbar (Helversen 1998). Die Rufe der Nordfledermaus sind in der Hauptfrequenz in kHz zwar der Küstenfledermaus ähnlich, aber nach der Form der Lautstrukturen deutlich davon unterscheidbar. Die Nordfledermaus (Abb. 57), die bisher für Rhodos nicht nachgewiesen werden konnte, hat im Unterschied zur Küstenfledermaus ein Rufabstandsmaximum von ca. 200 ms.

8.3.19 Nordfledermaus – *Eptesicus nilssonii* (Keyserling & Blasius 1839)

Kennzeichen

Körpermerkmale: Mittelgroße Fledermaus. Gewicht (6) 8-14 (17) g. Kopf-Rumpflänge (45) 48-56 (58) mm. Flügelspannweite 240-280 mm. Unterarmlänge (36) 37-43 (46) mm. Lang behaarte Oberseite, dunkelbraun mit goldgelben oder weißen strähnigen Spitzen. Unterseite gelbbraun. Ohren kurz, Tragus gebogen und am Ende stumpf.

Verbreitung: Östliche Art, die sich auch nördlich des Polarkreises noch vermehrt. Westliche Verbreitungsgrenze: Norwegen, Schweden, Polen, Deutschland, Ostfrankreich, Schweiz, Norditalien. Nachgewiesen auch in Kroatien, Rumänien und Bulgarien. Einzelnachweise in England (Greenaway & Hill 1987) und auf einer Bodenplattform in der Nordsee vor den Niederlanden (Boshamer 1993). Bevorzugt Täler in Mittel- und Hochgebirgen, kommt aber auch sporadisch in der Ebene vor.

Lebensraum: Gegenden mit viel Wald, auch Nadelwald, dort über Wegen, Lichtungen, Schneisen, Teichen, Flüssen, an Waldrändern und auf sonstigen Freiflächen. Jagt gerne entlang von Straßenbeleuchtungen. Quartiere und Wochenstuben in der Regel in Gebäuden, dort gerne hinter Fassaden, Schornsteinverkleidungen, Fensterläden. Einzeltiere auch in Fledermauskästen, in Baumhöhlen und -spalten, Blockhalden sowie hinter Baumrinde. Überwinterung Oktober/November bis März in Höhlen, Stollen, abgeworfenen Schächten sowie in Gebäuden und besonders an Kaminen. Frostharte Art, die in Stollen häufig im Eingangsbereich frei an der Wand hängt. Überwintert auch im Bodengeröll.

Flug: Mittlere bis hohe Fluggeschwindigkeit (20-45 km/h) in Höhen von 4-15 m. Fliegt oft mit geschickten Wendungen bei der Insektenjagd auf derselben Bahn, wobei die Orientierung an Baumstrukturen, Häuserfronten oder Straßenlampen erfolgt. Ausflugsbeginn 25-50 Minuten nach Sonnenuntergang.

Wanderungen: Überwiegend ortstreu, doch auch über große Entfernungen besonders an den nördlichen Arealgrenzen wandernd. Längste bisher nachgewiesene Entfernung 445 km (Tress 1994).

Gefährdung: In den Randgebieten des Verbreitungsareals nicht häufige Art, deren Bestände teilweise örtlich vor allem durch Sanierungsmaßnahmen an Gebäuden abgenommen haben. Andererseits sind in der Mehrzahl der Gebiete die Bestände stabil, auch finden Neubesiedlungen statt.

Ultraschallrufe

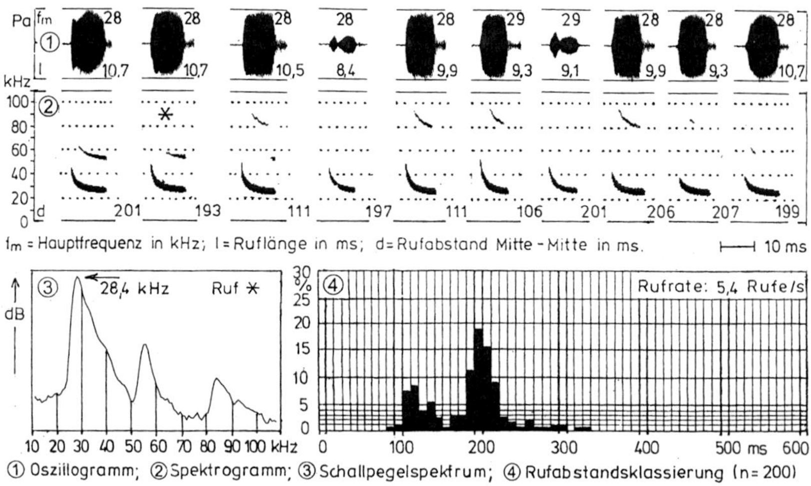

Abb. 57: Rufe einer Nordfledermaus im weiten Kreisflug an einer HQL-Lampe. 11.7.2001, Dorste/D.

Suchrufe im hindernisarmen Flug (Abb. 57, 58 B):

F r e q u e n z : Hauptfrequenz verhältnismäßig konstant (26) 27-30 (31) kHz. Die 3. Harmonische ist in der Regel ausgeprägt, selten und schwach auch die 2. Harmonische. Anfangs- und Endfrequenz 35-45→26-29 kHz. Frequenzverlauf am Anfang und in der Mitte abnehmend moduliert (fm-d), am Ende exakt konstant (cf-e) oder nahezu konstant (cf-n) auslaufend.

O s z i l l o g r a m m f o r m : Oft pflaumenförmig, auch unmittelbar zu Beginn oder allmählich zunehmende Amplituden, seltener allmählich abnehmende Amplituden.

R u f l ä n g e : (8) 9-17 (19) ms.

R u f a b s t ä n d e : Häufige (typische) Abstände Mitte-Mitte 190-220 ms, manchmal weitere kleinere häufige Abstände bei 120-130 ms und 300-320 ms. Häufige Rufe 4,6-5,3 (3,0-8,3)/s.

H ö r e i n d r u c k : Wechsel von gleichmäßigen und ungleichmäßigen Rufabständen, manchmal mit eingeschobenen Rufen geringer Lautstärke.

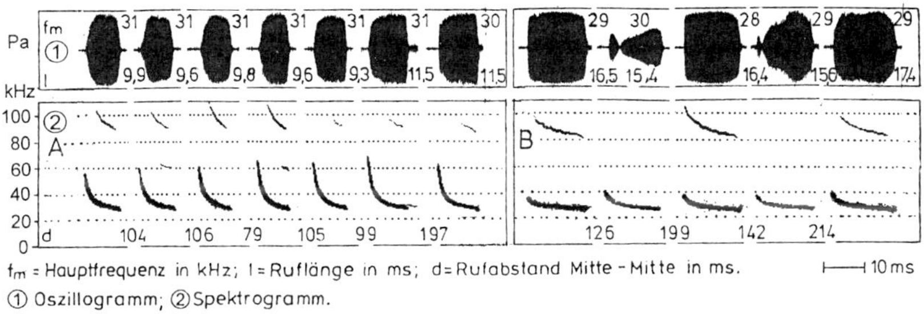

Abb. 58: Rufe der Nordfledermaus. **A:** Flug in 3-4 m Höhe in hindernisreichem Gelände. 22.7.1999, Wernsdorf-Ziegenhals bei Berlin/D. **B:** Flug in 6-8 m Höhe in hindernisarmem Gelände. 23.7.1999, Wernsdorf-Ziegenhals bei Berlin/D.

Die Hauptfrequenz wird innerhalb einer Rufreihe nur geringfügig verändert. Nach dem Mischverfahren typischer, etwas gedämpfter Rhythmus. Nach dem Zeitdehnverfahren mittellange, leicht frequenzmodulierte klangschöne Töne. Hörbarkeitsgrenze 60-80 m.

Transferrufe: Ähnlich den Suchrufen im hindernisarmen Gelände, oft gleichmäßige Ruffolge.

Suchrufe im hindernisreichen Flug (Abb. 58 A): Unter Verringerung der Rufabstände Zunahme der Frequenzmodulation und der Hauptfrequenzen auf etwa 30-35 kHz.

Fangrufe: Wie bei Fledermäusen üblich mit 160-200 Rufen/s in der Endphase.

Sozialrufe: Werden selten außerhalb der Wochenstube gehört. Abb. 59 zeigt Kontaktrufe, die im Flug besonders im Sommer zu hören sind. Sie sind nach dem charakteristischen Klang artbezeichnend.

Verwechslungsmöglichkeiten: Die Breitflügelfledermaus kann einen ähnlichen Rhythmus haben, wobei im Regelfall die Hauptfrequenzen jedoch 2-3 kHz niedriger als bei der Nordfledermaus liegen. Auch ist das

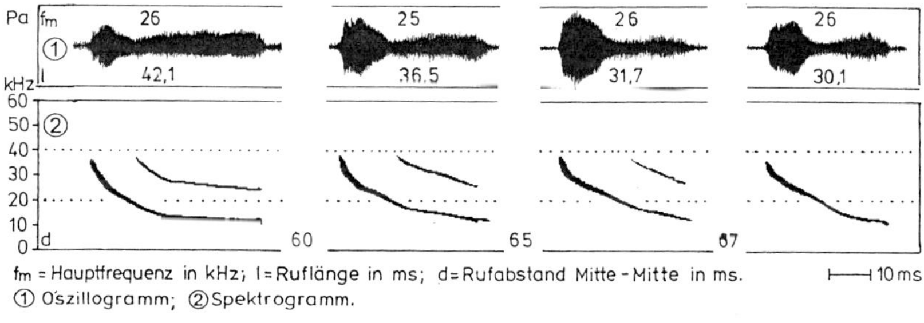

Abb. 59: Sozialrufe der Nordfledermaus. Ca. 10 m hoch im Begegnungsflug. 11.6.2004, Bad Harzburg/D.

Flugverhalten der Nordfledermaus wendiger als bei der größeren Breitflügelfledermaus. Die Zweifarbfledermaus hat in der Regel weniger Rufe/s und wesentlich niedrigere Hauptfrequenzen. Außerdem sind die Rufe der Zweifarbfledermaus lauter sowie die Sozialrufe völlig anders. Die Rufe des Kleinen Abendseglers sind oft in der Lautstärke und im Rufabstand unregelmäßig und hören sich nach dem Mischverfahren knallartig oder auch quietschend an. Zudem hat der Kleine Abendsegler andere Sozialrufe.

8.3.20 Zweifarbfledermaus – *Vespertilio murinus* (Linnaeus 1758)

Kennzeichen

Körpermerkmale: Mittelgroße Art. Gewicht (10) 13-20 (23) g. Kopf-Rumpflänge (48) 55-62 (64) mm. Spannweite der verhältnismäßig schmalen Flügel 260-330 mm. Unterarmlänge (40) 41-47 (50) mm. Oberseite dunkelbraun mit weißen Haarspitzen, die auf dem Fell wie Reif aussehen, dänisch daher »Schimmelfledermaus«. Unterseite hell grauweiß. Kehle weiß, scharf gegen Oberseite und dunkle Schnauze abgegrenzt. Ohren kurz und dunkel. Tragus pilzförmig und abgerundet. Weibchen besitzen im Gegensatz zu den übrigen europäischen Fledermäusen zwei Paar Milchzitzen.

Verbreitung: Östliche Art. Westgrenze der Verbreitung ist Südnorwegen, Dänemark, die Niederlande, Belgien, Ostfrankreich, Norditalien, der Balkan und Griechenland. Die Nordgrenze liegt in Mittelschweden und Russland in Höhe von etwa Sankt Petersburg. Einzelnachweise auch nördlicher und westlicher, z.B. England.

Lebensraum: Jagt in offenem Gelände in 10-30 m Höhe besonders gern über Feuchtgebieten von Flusstälern, über Wiesen und Wäldern, an Waldrändern, auch an Straßenlampen sowie besonders im Herbst auch in der Nähe von hohen Gebäuden in Städten und Fabriken (Felsersatz). In allen diesen Biotopen – bevorzugt in der Nähe hoher Gebäude – finden von September bis November, ausnahmsweise auch noch im Dezember, Balzrufflüge statt. Bildet an der westlichen Verbreitungsgrenze zum Teil große Männchenkolonien. Sommerquartiere und Wochenstuben in der Dachkonstruktion und in Spalten von Gebäuden, hinter Fassaden und seltener in Baumhöhlen. Überwinterung November/Dezember bis März/Anfang April in Spalten von Gebäuden, besonders Hochhäusern, seltener in Baum- und Felshöhlen und -spalten, Stollen usw.

Flug: Schneller, geradliniger Flug (Fluggeschwindigkeit 20-50 km/h), oft auf festen Flugbahnen ständig jagend. Ausflugsbeginn 30-50 Minuten nach Sonnenuntergang.

Wanderungen: Beobachtungen deuten darauf hin, dass vor allem nördlich beheimatete Zweifarbfledermäuse regelmäßig zu weit entfernt liegenden Winterquartieren in südwestlicher Richtung, auch über die Nordsee, ziehen (Langstreckenzieher). Größte bisher festgestellte Entfernung 1787 km (Markovets et al. 2004).

Gefährdung: Da die Art nicht häufig ist, sind Aussagen über Bestandsveränderungen schwierig. Bisherige Feststellungen deuten darauf hin, dass die Bestände stabil sind. Gefährdungen besonders durch Sanierungen von Gebäuden und durch Windenergieanlagen.

Ultraschallrufe

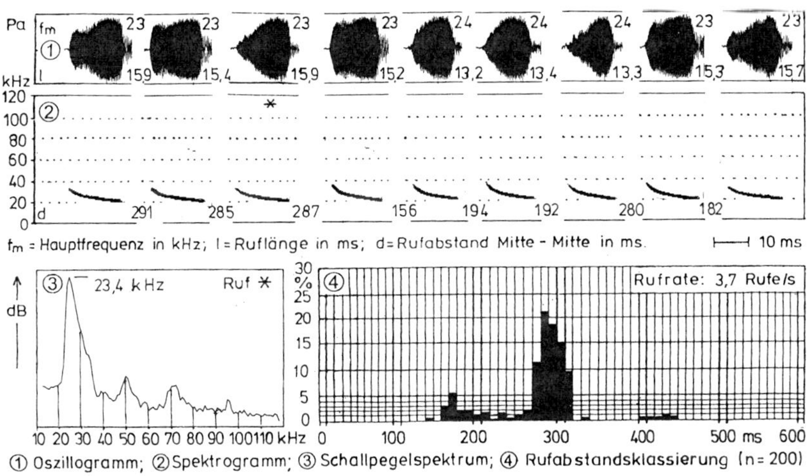

Abb. 60: Rufe der Zweifarbfledermaus. 10-15 m hoch über einer dreiarmigen HQL-Lampe. 1.8.1997, Karlsbrunn/D.

Suchrufe im hindernisarmen Flug (Abb. 60):

F r e q u e n z : Hauptfrequenz (22) 23-26 (27) kHz. Die 2. Harmonische fehlt oder ist nur schwach ausgebildet. Die 3. Harmonische ist in der Regel gut wahrnehmbar. Anfangs- und Endfrequenz 30-45→21-24 kHz. Frequenzverlauf am Anfang und in der Mitte frequenzmoduliert (fm-d), am Ende exakt konstant (cf-c) oder nahezu konstant (cf-n) auslaufend.

O s z i l l o g r a m m f o r m : Neigung von Pflaumenform bis zur Rechteckform, doch werden oft Rufe mit allmählich ansteigenden Amplituden eingefügt.

Ruflänge: (10) 12-19 (21) ms, oft um 16-18 ms.

Rufabstände: Häufige (typische) Abstände Mitte-Mitte meist um 260-320 ms. Weitere häufige Abstände zwischen 380-460 ms sowie zwischen 160-200 ms. Häufige Rufe 3,1-3,9 (2,2-6,3)/s.

Höreindruck: Nach dem Mischverfahren im Höhenflug schwerfälliger »stolpernder« Rhythmus, der selten durch schnellere Rhythmuseinlagen unterbrochen wird. Die Einzelrufe sind klangvoll »nass«. Nach dem Zeitdehnverfahren klingen die verhältnismäßig langen Einzeltöne fast konstantfrequent oder in der Frequenz leicht abfallend. Die Rufe sind lautstark und können bis zu einer Entfernung von 90-120 m gehört werden.

Transferrufe: Fast konstantfrequent, sehr laut und lang (16-21 ms), Rufabstände groß.

Suchrufe im hindernisreichen Flug: Derartige Rufe sind nicht häufig zu hören, da die Zweifarbfledermaus den Höhenflug bevorzugt. Die Hauptfrequenz der dann stark frequenzmodulierten Rufe kann dabei im Extremfall auf bis zu 35 kHz ansteigen und trocken klingen; Ruflänge und -abstände verringern sich dabei wesentlich, während die Frequenzmodulation zunimmt.

Fangrufe: Wie bei Fledermäusen üblich. Es fällt jedoch oft die große Länge solcher Rufreihen auf.

Sozialrufe: Artbezeichnend sind die im September bis November/Dezember beim Balzflug in der Nähe hoher Gebäude und Fabriken oder in der

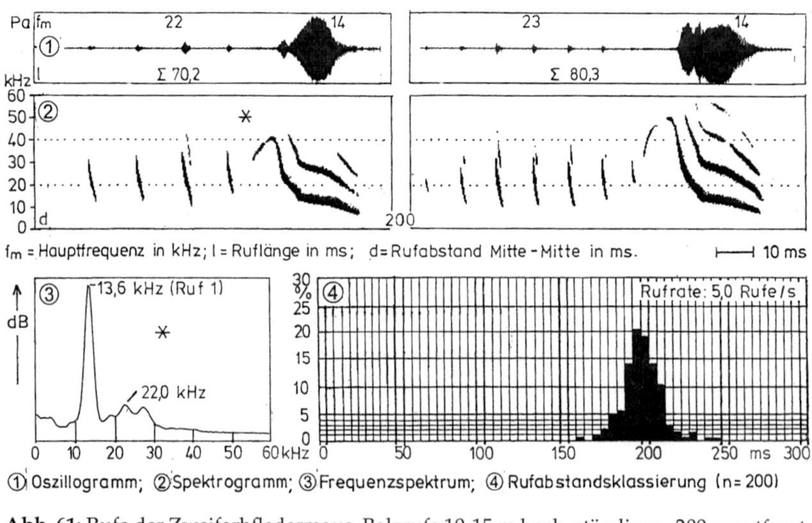

Abb. 61: Rufe der Zweifarbfledermaus. Balzrufe 10-15 m hoch, ständig ca. 200 m entfernt im Kreis fliegend. 27.9.2002, Altenau/D.

Umgebung von Felswänden, aber ebenso auch über Wäldern und anderen Biotopen mit bloßem Ohr zu hörenden Rufreihen der Männchen. Diese Rufe hören sich nach dem Mischverfahren bei einer Einstellung auf 14 kHz klangvoll an. Die Auflösung dieser Rufe nach dem Zeitdehnverfahren zeigt (Abb. 61), dass es sich bei dem nach dem Mischverfahren zu hörenden Einzelruf jeweils um einen Rufkomplex handelt, der laut Zeitdehnung aus 5-11 leisen Einzelrufen (»tecketecketecke...«) und einem lauten Endruf (»djörr«) besteht. Dieser etwa 90-110 ms lange Rufkomplex wird längere Zeit, oft minutenlang, manchmal auch mit kurzen Pausen die ganze Nacht über mit Rufen von (3) 4-5 (6)/s wiederholt. Dies ist auch in regenfreien Nächten bei Temperaturen um den Gefrierpunkt der Fall.

Mehrfach wurden besonders während der Balzzeit Rufreihen gehört, die bei der Begegnung von zwei Artindividuen abgegeben wurden und Sozialrufen des Großen und Kleinen Abendseglers ähneln (Abb. 62). Auch Weid (1988) hörte in Griechenland ähnliche Laute. – Jüdes et al. (1988) beschreiben komplexe Droh- und Abwehrrufreihen eines in Pflege befindlichen Männchens. Die Rufreihen bestanden aus einzelnen 7-30 ms langen frequenzmodulierten (etwa 30→15 kHz) oder fast frequenzkonstanten (etwa 13 kHz) Teilen. Daneben gab die Zweifarbfledermaus bei Störung krächzende oder knarrende Laute mit einer Hauptfrequenz von 16 kHz (12-19 kHz) und einer Dauer von ca. 130 ms bis über 2 s von sich. Ähnliche Droh- und Abwehrrufe hörte auch ich bei einer von mir gepflegten Zweifarbfledermaus.

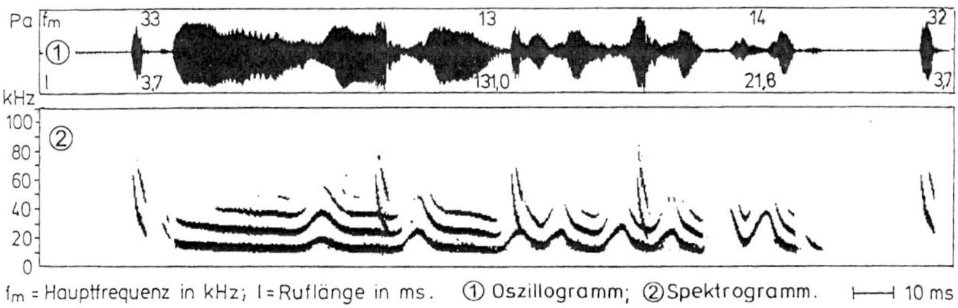

Abb. 62: Sozialrufe von Zweifarbfledermäusen, im Flug während der gegenseitigen Verfolgung. 27.9.2002, Altenau/D.

Verwechslungsmöglichkeiten: Im hindernisarmen Flug können die Rufe mit denen der Breitflügelfledermaus verwechselt werden, wenn diese im langsamen Rhythmus ruft. Im Zweifelsfall ist eine Absicherung durch Sichtnachweis oder durch eine andere Nachweismethode erforderlich. Die Nordfledermaus ruft unter gleichen Flugbedingungen in der Frequenz höher. Die Rufe des Großen Abendseglers lassen sich an Hand der Frequenz und deren Variation gut von Rufen der Zweifarbfledermaus unterscheiden. Rufe des Kleinen Abendseglers können denen der Zweifarbfledermaus ähneln, unterscheiden sich aber hinsichtlich Rhythmus, Länge und Frequenzverlauf der Einzelrufe in der Regel deutlich von Rufen der Zweifarbfledermaus. Im Zweifelsfall sind auch hier Sichtnachweise oder andere Nachweismethoden erforderlich.

8.3.21 Zwergfledermaus – *Pipistrellus pipistrellus* (SCHREBER 1774)

Kennzeichen

Körpermerkmale: Sehr kleine Fledermaus. Gewicht (3) 4-7 (9) g. Kopf-Rumpflänge (33) 35-50 (51) mm. Spannweite der verhältnismäßig schmalen Flügel 180-220 mm. Unterarmlänge (26) 28-32 (35) mm. Oberseite dunkelbraun bis rotbraun, individuell und örtlich unterschiedlich. Unterseite etwas heller. Ohren kurz, verhältnismäßig breit, Tragus länger als breit, leicht nach innen gebogen und oben abgerundet. Schnauze, Ohren und Flughäute dunkelbraun-schwarz. Im Gegensatz zur Rauhautfledermaus maximale Länge des 5. Fingers = 42 mm und Schwanzflughaut im oberen Teil nur kurz und im unteren nicht behaart.

Verbreitung: Ganz Europa einschließlich Irland, England, Südskandinavien und Südfinnland, ausschließlich Kanarische Inseln, Azoren und Madeira.

Lebensraum: Wohngebiete, auch Großstädte, und deren Umgebung, in der strukturierten Landschaft fast überall, aufgelockerte Wälder, Waldränder, Wege mit Strauch- und Baumbegrenzungen, gern auch an Flüssen, Seen und Teichen sowie an Brücken und Straßenlampen. Vorkommen auch in größeren Höhen bis zur Waldgrenze. Sommer- und Winterquartiere in der Regel in Spalten, hinter Haus- und Garagenfassaden, Rollläden usw. von Gebäuden, auch in Neubauten, Tunneln, Baumhöhlen und in Holzstapeln. Im Süden vorwiegend in Felshöhlen. Überwinterung Oktober/November bis März/Anfang April.

Flug: In der Regel 3-8 m hoch, sehr gewandt mit plötzlichen Wendungen. Fluggeschwindigkeit 15-35 km/h. Oft auch auf fester Bahn längere Zeit auf und ab fliegend. Jagt zu allen Nachtzeiten, bevorzugt jedoch die ersten beiden Stunden des Abends. Im August und September werden gelegentlich Invasionen von mehreren 100 Individuen beobachtet, die dann in Gebäudeflure und Zimmer einfliegen und sich dort hinter Gardinen, in Krügen, Vasen und hinter Möbeln usw. verstecken. Besonders im Herbst und Frühjahr findet ausnahmsweise auch Jagdflug am Tage statt, in der Regel nachmittags. Bei warmer Witterung verlassen auch einige Individuen ihr Winterquartier. Ausflugsbeginn 10-30 Minuten nach Sonnenuntergang.

Wanderungen: Am Nordrand des Verbreitungsareals wandernde Art, die in Gruppen und einzeln gerichtet zwischen Sommer- und Winterquartier umherstreift. Ob ausnahmsweise Entfernungen über 1000 km zurückgelegt wurden (Corbet & Ovenden 1982) ist fraglich (Dietz et al.2007). Die Art fliegt aber nicht selten auch über die Nordsee. In südlichen Gebieten und in Zentraleuropa überwiegend ortstreu.

Gefährdung: In vielen Gegenden häufigste Fledermaus. Bestand zurzeit nicht wesentlich gefährdet, hat jedoch örtlich infolge Haussanierungen und Biotopveränderungen abgenommen.

Ultraschallrufe

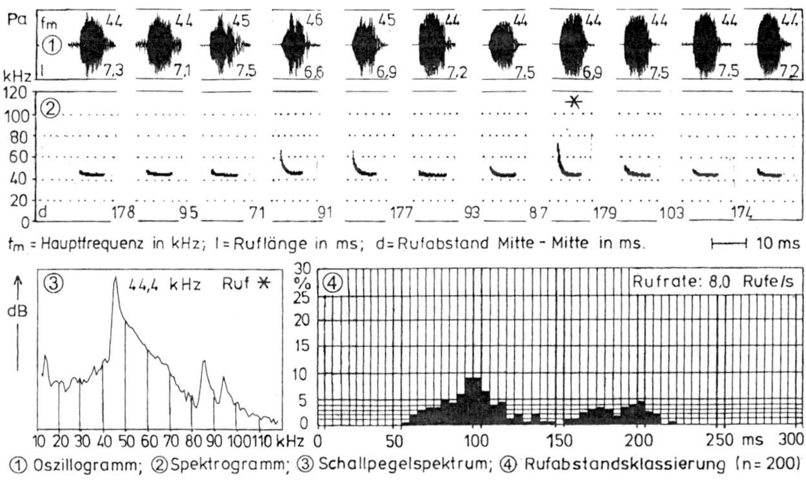

Abb. 63: Rufreihe der Zwergfledermaus, ca. 7 m hoch an einer Straße mit Lampen. 5.9.2006, Remscheid/D.

Suchrufe im hindernisarmen Flug (Abb. 63):

Frequenz: Die Hauptfrequenz ist sehr unterschiedlich und beträgt (41) 43-49 (52) kHz. Die leichteren Männchen haben im Durchschnitt etwas höhere Hauptfrequenzen als die Weibchen. Anfangs und Endfrequenz 44-70→42-51 kHz. Der Frequenzverlauf des Einzelrufs ist in der Regel moduliert (fm-d), wobei sich der Endteil einer konstanten Frequenz nähert (cf-e, cf-n). Reihen mit konstantfrequenten Rufen (cf-e, cf-n) einzeln oder mehrfach hintereinander sind nicht selten.

Oszillogrammform: Überwiegend symmetrisch pflaumenförmig, doch sind erhebliche Abweichungen möglich.

Ruflänge: (3) 4-8 (10) ms.

Rufabstände: Häufige (typische) Abstände Mitte-Mitte 75-130 ms, weitere weniger häufige Abstände meist bei 150-220 ms. Häufige Rufe 7,7-13,3 (4,6-13,3)/s. Die Rufabstände sind durchschnittlich länger als bei der Mückenfledermaus.

Höreindruck: Nach dem Mischverfahren sind mit dem Detektor Hauptfrequenz und oft auch die 2. Harmonische deutlich erkennbar. Die nach dem Mischverfahren bis zu einer Entfernung von 30-40 m hörbaren Suchrufe klingen oft stumpf »blubbernd« wie Regentropfen, die aus einer undichten Regenrinne fallen.

Transferrufe: Gleichmäßige Rufabstände um 100 ms und mehr. Der Frequenzverlauf ist dann oft fast konstant (cf-n) oder konstant (cf-e).

Suchrufe im hindernisreichen Flug: Zunahme der Rufe/s, Ansteigen der Hauptfrequenz und Abnahme der Ruflänge und des Schallpegels. Die Frequenzbandbreite steigt stark an.

Fangrufe: Wie bei Fledermäusen üblich mit Rufen in der Endphase bis zu etwa 210/s. Dabei sinkt die Hauptfrequenz erheblich (Kalko 1991, 1995; Verf.).

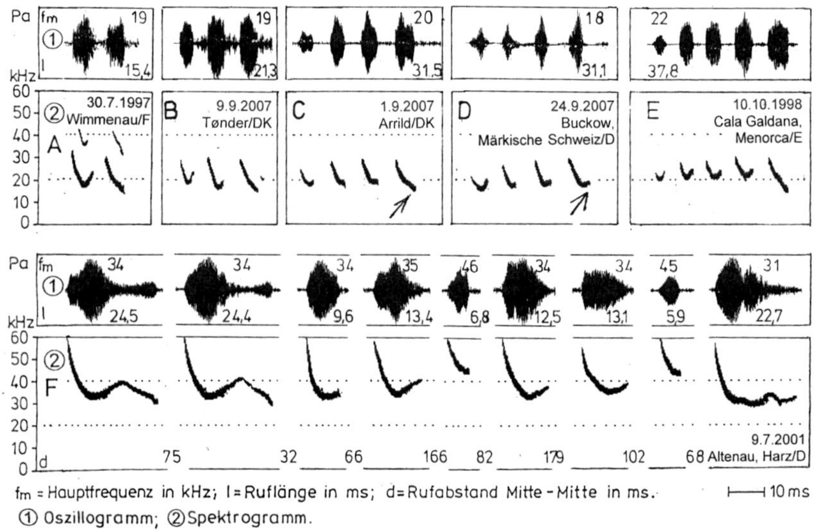

Abb. 64: Sozialrufe der Zwergfledermaus. **A-E:** Balz- und Drohrufe von Männchen im Flug, 3-7 m hoch. **F:** Kontaktrufe der Zwergfledermaus im Flug, ca. 4 m hoch.

Sozialrufe: Von den Männchen werden ausschließlich im Flug zwei- bis fünfteilige, sehr selten auch sechsteilige Triller von etwa 20-60 ms Dauer mit einer Hauptfrequenz von (16) 17-19 (22) kHz vorgetragen (Abb. 64 A-E). Dabei überwiegen vier- und fünfteilige Triller mit einer Tendenz zu Hauptfrequenzen unter 20 kHz. Abweichungen sind jedoch nicht selten. Die Rufe können mit bloßem Ohr als hohe »Zicks« gehört werden. Die Frequenzbandbreite der Sozialrufe ist in der Regel kleiner als bei der Mückenfledermaus. Die Struktur der Triller kann individuell und örtlich stark abweichen. In manchen Gegenden werden Trillerfolgen gehört, deren letzter Teil in der Frequenz ansteigt (Abb. 64 D) oder abfällt (Abb. 64 A-C und E). Auch Umfang und Stärke der oberen Harmonischen sind unterschiedlich. Diese nur im Flug vorgetragenen Sozialrufe werden nach dem Mischverfahren als Peitschenknalle und nach dem Zeitdehnverfahren als klangvolle Triller vernommen. Sie sind lautstark und bis zur Entfernung von etwa 70 m zu hören. Die Trillerfolgen sind besonders im Herbst Balzrufe, werden aber immer auch als Drohrufe z.B. beim Begegnen mit eigenen Artgenossen, aber auch anderen vor allem größeren Arten benutzt. Versuche von Barlow & Jones (1997) haben ergeben, dass die Sozialrufe u.a. der Verteidigung von Nahrungsgründen gelten; die Häufigkeit der Rufe/s stieg mit abnehmender Insektendichte an. Derartige Ergebnisse ergaben sich bei meinen Untersuchungen nicht (vgl. auch Heib 2007). Die spektrografische Struktur von Balz- und Droh- bzw. Warnrufen unterscheidet sich nicht. Weibchen können ausnahmsweise den Triller in nicht so ausgeprägter Form zur Abwehr verwenden, wie an einem gefangenen Individuum festgestellt wurde (Verf.). Kontaktrufe flugfähiger Zwergfledermäuse sind selten zu hören. Sie variieren nach der Frequenz (stets wesentlich niedriger als Suchflugrufe), Länge (bis etwa 30 ms) und Struktur (Abb. 64 F). Bedrängte Zwergfledermäuse wehren sich mit Fauchlauten, deren Hauptfrequenz bei 17-21 kHz liegt.

Verwechslungsmöglichkeiten: Die ähnlichen Rufe der Mückenfledermaus (Hauptfrequenz ≥ 52 kHz) lassen sich an Hand der Hauptfrequenz im Regelfall gut unterscheiden. Allerdings gibt es einen Überschneidungsbereich von 50-52 kHz. In diesem Bereich rufen beide Arten jedoch selten. Im Flug sind Zwergfledermäuse kleiner als die bei etwa 51/52 kHz rufenden Langflügelfledermäuse und lassen sich auch an ihren Sozialrufen eindeutig identifizieren. Sehr selten entstehen bei einer Zwergfledermaus auch ohne besonderen Grund ein oder zwei frequenzmodulierte Rufe mit einer Hauptfrequenz von 55-65 kHz. – Ähnliche Sozialrufe sind vom Großen und Kleinen Abendsegler als Kurztriller (in der Frequenz meist etwas höher, erster Triller gedehnter), von der Rauhautfledermaus (zwei getrennte unterschiedliche Trillerfolgen), Weißrandfledermaus (Frequenz niedriger) und Madeira-Fledermaus (endemisch) bekannt. Einzelheiten hierzu bei den Besprechungen der betreffenden Arten. – Suchrufe können auch mit denen der Gattung *Myotis* verwechselt werden. Die Rufe der Wasserfledermaus und die ähnlichen der anderen *Myotis*-Arten sind jedoch mehr trocken und hören sich im Mischverfahren wie Stecknadelköpfe an, die einzeln schnell auf Glasplatten fallen. Der zeitliche Frequenzverlauf eines Tons der Gattung *Myotis* (vorwiegend linear moduliert = fm-I) ist anders als bei der Zwergfledermaus (vorwiegend abnehmend moduliert = fm-d und konstant = cf-e oder cf-n). Entsprechend lassen sich Hauptfrequenzen von Fledermäusen der Gattung *Myotis* nicht so einfach feststellen wie bei der Zwergfledermaus. Bei 43-51 kHz lassen sich Zwerg- und Wasserfledermaus (oder ähnliche *Myotis*-Arten) im Mischverfahren gut hören, bei 40-30 kHz jedoch nur die Wasserfledermaus. Nach dem Zeitdehnverfahren besitzt die Zwergfledermaus (wie alle *Pipistrellus*-Arten) im Schallpegelspektrum entsprechend eine steilere Flanke unterhalb der Hauptfrequenzspitze anders als vergleichbare *Myotis*-Arten.

8.3.22 Mückenfledermaus – *Pipistrellus pygmaeus* (Leach 1825)

Leach (1825) hat eine der Zwergfledermaus ähnliche Fledermausart beschrieben, die aus Südengland stammte. Sie wich morphologisch wesentlich von der Zwergfledermaus ab. Nachdem in den letzten Jahren genaue Ultraschallanalysen technisch möglich wurden, stellte sich heraus, dass die von Leach (1825) beschriebene Art wahrscheinlich dem Pipistrellustyp zuzuordnen ist, der im Jagdflug bei etwa 55 kHz ortet und Mückenfledermaus genannt wird. Unklar ist zur Zeit, ob die Beschreibung von Leach (1825) auf den »55 kHz-Ruftyp der Zwergfledermaus« tatsächlich zutrifft (Häussler et al. 1999).

Eine ähnliche Beschreibung stammt für Südspanien von Cabrera (1904) für *Pipistrellus pipistrellus mediterraneus*. Diese seinerzeit beschriebene Unterart ruft ebenfalls mit Hauptfrequenzen um 55 kHz. Wahrscheinlich sind *Pipistrellus pygmaeus* und *Pipistrellus pipistrellus mediterraneus* dieselbe Art. Hierfür sprechen insbesondere Untersuchungen von Häussler et al. (1999, 2000), nach denen die Beschreibung von *Pipistrellus pipistrellus mediterraneus* durch Cabrera (1904) ohne Einschränkung auch auf die in Deutschland untersuchten Individuen des 55 kHz-Typs *(Pipistrellus pygmaeus)* zutrifft.

Da sich die Mückenfledermaus von der Zwergfledermaus morphologisch, genetisch und akustisch deutlich unterscheidet, ist sicher, dass es sich um eine eigene, bisher weitgehend übersehene Schwesterart handelt.

Kennzeichen

Körpermerkmale: Morphologisch unterscheidet sich die Mückenfledermaus von der Zwergfledermaus vor allem durch folgende Merkmale, die teilweise individuell und örtlich variieren oder fehlen können:

- Durchschnittlich etwas geringere Körpergröße, etwas kürzere Ohren und Unterarmlänge, im Schnitt 1 g geringeres Gewicht (Jones & Parijs 1993; Barlow & Jones 1999; Häussler et al. 1999, 2000).
- 2. und 3. (äußeres) Glied des 3. Fingers sind gleichlang oder das 2. Glied ist nur minimal (1 mm) länger. Bei der Zwergfledermaus ist das 2. Glied des 3. Fingers wesentlich länger (1-3 mm) als das 3. Glied (Häussler et al. 1999, 2000).
- Schnauze kurz. Die Schnauze der Zwergfledermaus ist länger. Zwischen den Nasenlöchern befindet sich ein kleiner Höcker, den die Zwergfledermaus nicht besitzt (Häussler et al. 1999; Sendor et al. 2002). Dieses Merkmal scheint sich für die Unterscheidung beider Arten besonders zu eignen. Der Ohrgrund der Mückenfledermaus ist rötlich braun; die Ohren sind in der Tiefe hell, die der Zwergfledermaus dunkel.
- Flughäute und Unterarm sind bei der Zwergfledermaus schwärzlich dunkel, bei der Mückenfledermaus bräunlich oder dunkel rot-braun (Helversen & Holderied 2003). Auch zeigen sich in der Regel Unterschiede im Verlauf der elastischen Flügelfasern (nicht der die Flughaut versorgenden Adern!). Die Mückenfledermaus besitzt normalerweise zwei durchgängige Spannfelder zwischen 5. Finger und dem Unterarm, vor dem sie sich kurz vorher verzweigen. Die Zwergfledermaus hat in der Regel nur ein Spannfeld (Helversen & Holderied 2003). Die Schwanzflughaut der Mückenfledermaus ist im körpernahen Drittel lang behaart, ähnlich den Verhältnissen bei der Rauhautfledermaus. Bei der Zwergfledermaus ist das körpernahe Drittel der Schwanzflughaut bei den meisten Tieren nur kurz behaart (Häussler et al. 1999, 2000).
- Die Armflughaut besitzt zwischen dem 5. Finger und dem Fuß einen schmalen weißen Saum (Häussler et al. 1999, 2000; Koch & Helversen 2000). Dieser ist bei der Zwergfledermaus in der Regel nicht vorhanden.
- Alte Tiere sind in der Regel heller (fast sandfarben) als die des 45 kHz-Typs (Häussler et al. 1999, 2000). Gesicht und Unterarm rötlich-braun, bei der Zwergfledermaus dunkel, fast schwarz.
- Penisfärbung »bräunlich bis orangefarben, Borsten hellbraun. Glans penis [vorderer Teil des Penis] ohne auffälliges Mittelband«. Die Zwergfledermaus hat einen grauen Penis mit hellen Borsten, Glans penis durch

Seitenpolster mäßig kolbig aufgetrieben, dazwischen zur grauen Färbung kontrastierendes helles Mittelband« (HÄUSSLER et al. 1999; Farbfotos in SIEMERS & NILL 2000 S. 113; ähnlich HELVERSEN & HOLDERIED 2003 S. 423).

Das Verhältnis der Längen des 2. zum 3. Fingerglied (HÄUSSLER et al. 1999, 2000) scheint nach Erhebungen von SENDOR et al. (2002) kein sicheres Unterscheidungsmerkmal zur Zwergfledermaus zu sein.

Verbreitung: Nordgrenze in Irland, Schottland, Südskandinavien, St. Petersburg, von dort östlich verlaufend. In Finnland nicht nachgewiesen. Südgrenze Spanien, Frankreich, Mittelitalien, Griechenland. Karte bei HELVERSEN & HOLDERIED (2003).

Lebensraum: Die Mückenfledermaus bevorzugt Tallagen und Wassernähe mit Strauch- und Baumbewuchs (OAKELEY & JONES 1998; Verf.), jagt aber auch in Wäldern und an Straßenlampen in Wohngebieten. Paarungsquartiere und Wochenstuben sind von der Zwergfledermaus getrennt, Quartiere sonst ähnlich der Zwergfledermaus, manchmal sind beide Arten im selben Gebäude (JONES & PARIJS 1993; PARK et al. 1996; Verf.).

Flug: Wie Zwergfledermaus, gelegentlich näher an der Vegetation.

Wanderungen: Im nördlichen Verbreitungsgebiet sind saisonale Wanderungen beobachtet worden (Verf.), deren genaues Ausmaß noch nicht bekannt ist. Solche Wanderungen sind für die Mittelmeerländer bisher nicht nachgewiesen. Größte bisher nachgewiesene Entfernung 775 km von Sachsen-Anhalt nach Kroatien (OHLENDORF schriftlich).

Gefährdung: Soweit erkennbar, sind die Bestände nicht wesentlich gefährdet.

Ultraschallrufe

Suchrufe im hindernisarmen Flug (Abb. 65 und 66):

F r e q u e n z: Die Hauptfrequenz ist individuell und örtlich sehr unterschiedlich. Sie beträgt (50) 52-57(64) kHz. Die leichteren Männchen haben im Durchschnitt etwas höhere Hauptfrequenzen als die Weibchen (PARK et al. 1996, Verf.). Anfangs- und Endfrequenz 60-80→51-56 kHz. Der Frequenzverlauf ist in der Regel frequenzmoduliert (fm-d), wobei der Endteil sich einer konstanten Frequenz nähert. Gelegentlich wurden auch Rufreihen mit konstanten Einzelrufen (cf-n und cf-e) beobachtet (Abb. 66).

O s z i l l o g r a m m f o r m: Ähnlich der Zwergfledermaus, überwiegend symmetrisch pflaumenförmig, doch sind erhebliche Abweichungen möglich.

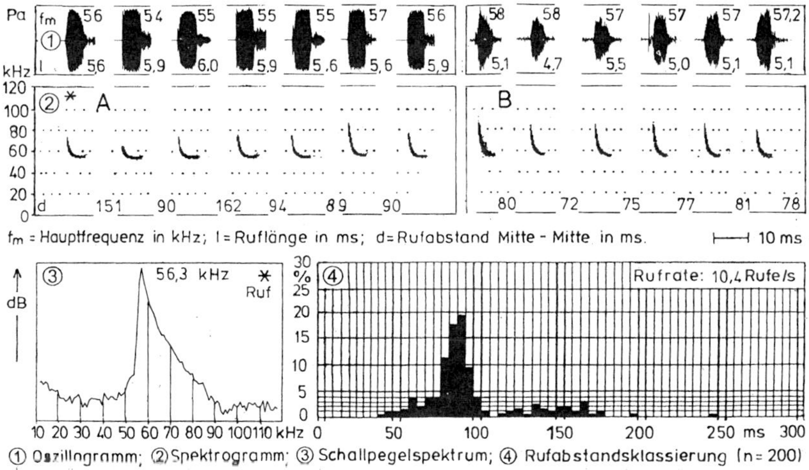

Abb. 65: Rufe der Mückenfledermaus **A:** ca. 5 m hoch. 18.4.1999, Trujillo, Extremadura/E. **B:** ca. 8 m hoch in einer Allee am Haff. 8.10.2008, Ueckermünde/D.

R u f l ä n g e : (3) 4-8 (10) ms. Wesentliche Unterschiede zur Zwergfledermaus konnten von Jones & Parijs (1993) nicht festgestellt werden. Bei eigenen Untersuchungen war die Ruflänge unter gleichen Flugbedingungen durchschnittlich bis zu 1 ms kürzer als bei der Zwergfledermaus.

R u f a b s t ä n d e : Häufige (typische) Abstände Mitte-Mitte bei 65-95 ms, zusätzlich auch 130-180 ms, durchschnittlich deutlich kürzer als bei der Zwergfledermaus (Jones & Parijs 1993; Verf.). Häufige Rufe 10,5-15,4 (5,6-15,4)/s.

H ö r e i n d r u c k : Nach dem Mischverfahren klingen die bis zu einer Entfernung von ca. 30 m hörbaren Suchrufe ähnlich denen der Zwergfledermaus oft »blubbernd« wie Regentropfen, die aus einer undichten Regenrinne fallen. Sie sind meist etwas leiser als die Rufe der Zwergfledermaus.

Transferrufe: Gleichmäßige Rufabstände 90-100 ms. Der Frequenzverlauf ist dann häufig (fast) konstant (cf-e oder cf-n).

Suchrufe im hindernisreichen Flug: Starke Zunahme der Rufe/s, nur geringes Ansteigen der Hauptfrequenz, Abnahme der Ruflänge und des Schallpegels.

Fangrufe: Ähnlich denen der Zwergfledermaus (Abb. 66).

Sozialrufe: Von den Männchen werden im Flug zwei- oder dreiteilige, selten auch vier- oder fünfteilige Triller von etwa 20-60 ms Dauer mit einer Hauptfrequenz von 18-26 kHz vorgetragen (Abb. 67 A-D). Die Hauptfrequenzen der Triller liegen überwiegend oberhalb von 20 kHz. Abweichun-

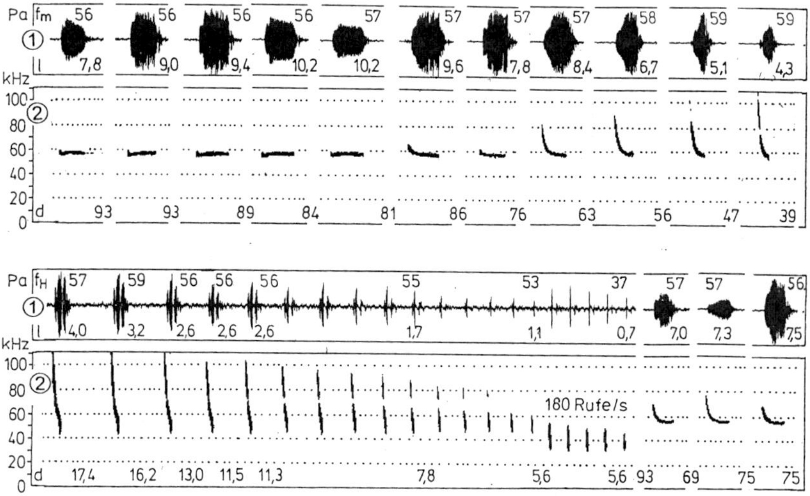

f_m = Hauptfrequenz in kHz; l = Ruflänge in ms; d = Rufabstand Mitte-Mitte in ms; ⊢—⊣ 10 ms
① Oszillogramm; ② Spektrogramm.

Abb. 66: Rufe der Mückenfledermaus mit Fangrufen. Hindernisarmer Flug ca. 7 m hoch entlang von Straßenlampen. 25.9.1997, Heiligenhafen/D.

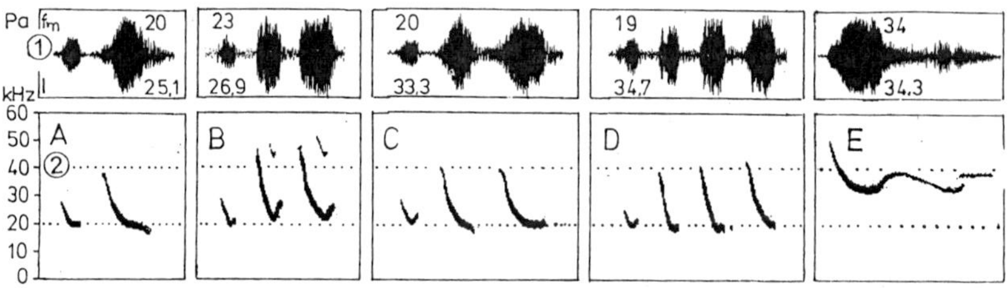

fm = Hauptfrequenz in kHz; l = Ruflänge in ms. ① Oszillogramm; ② Spektrogramm. ⊢—⊣ 10 ms

Abb. 67: Rufe der Mückenfledermaus. **A-D:** 4-7 m hoch, Balz und Drohrufe. A und C: 26.9.1997, Mönchsneversdorf/D. B und D: 18.4.1999, Trujillo/E. **E:** 8-10 m hoch, Begegnungsruf. 18.4.1999, Trujillo/E.

gen sind jedoch nicht selten. Die Rufe können nicht immer mit dem bloßen Ohr vernommen werden. Nach dem Mischverfahren werden die Balzrufe bei einer Einstellung auf etwa 20 kHz wie Peitschenknalle aus Entfernungen bis zu etwa 70 m wahrgenommen. Nach dem Zeitdehnverfahren sind die Balzrufe der Männchen als klangschöne, sehr kurze Triller zu hören. Die Frequenzbandbreite der Sozialrufe ist in der Regel größer als bei der Zwergfledermaus. Die Struktur der Triller kann individuell und örtlich stark abweichen. In manchen Gegenden werden Trillerfolgen gehört, deren letzter Teil in der Frequenz ansteigt oder abfällt. Auch Frequenzbandbreite und Stärke der weiteren Harmonischen sind unterschiedlich. Die Trillerfolgen sind hauptsächlich territoriale Balzrufe (Benk 2000), werden aber auch als Drohrufe, z.B. beim Begegnen mit anderen, vor allem größeren Arten benutzt. – Kontaktrufe (Abb. 67 E) ähneln denen der Zwergfledermaus.

Verwechslungsmöglichkeiten: Von der Zwergfledermaus lassen sich die Rufe an Hand der Frequenz fast immer sicher unterscheiden. Allerdings gibt es einen Überschneidungsbereich von 50-52 kHz. In diesem Bereich rufen beide Arten jedoch selten. – Die Rufe der mediterranen Mückenfledermäuse können leicht mit denen der Langflügelfledermaus verwechselt werden, da sich Hauptfrequenzen und Rufrhythmus sehr ähneln. In der Regel sind die Rufe der Langflügelfledermaus länger als die der Mückenfledermaus. Sicheres Unterscheidungsmerkmal ist der Sozialruf der Mückenfledermaus. Die Langflügelfledermaus fliegt schneller, meist auch höher und ist wesentlich größer als die Mückenfledermaus. – Hinsichtlich von Verwechslungsmöglichkeiten mit der Gattung *Myotis* vgl. die Ausführung über die Zwergfledermaus.

8.3.23 Madeira-Fledermaus – *Pipistrellus maderensis* (Dobson 1878)

Kennzeichen

Körpermerkmale: Sehr kleine Fledermausart. Gewicht (3) 4-7 (8) g. Kopf-Rumpflänge (33) 35-47 (50) mm. Flügel verhältnismäßig schmal. Spannweite 180-210 mm. Unterarmlänge (29) 31-33 (34) mm. Ohren kurz, verhältnismäßig breit, Ohrdeckel länger als breit und oben abgerundet. Färbung ähnlich der Zwergfledermaus. Oberseite dunkelbraun, Unterseite nur wenig heller. Schnauze, Ohren und Flughäute braunschwarz. Besitzt keinen weißen Rand an den Flügelhäuten.

Verbreitung: Kanarischen Inseln, Madeira und Azoren. Bei der 1992 von Flores genannten Zwergfledermaus (Skiba 1996) hat es sich vermutlich um eine Madeira-Fledermaus gehandelt, wie nachträglich festgestellt wurde (Abb. 68).

Lebensraum: Wie Zwergfledermaus. Beobachtungen auf Teneriffa bis etwa 2150 m Höhe (Trujillo & Barone 1991, Verf.).

Flug: Wie Zwergfledermaus. Fliegt bei günstiger Witterung auch im Winter.

Wanderungen: Weitgehend ortstreu.

Gefährdung: Bestände sind stabil.

Ultraschallrufe

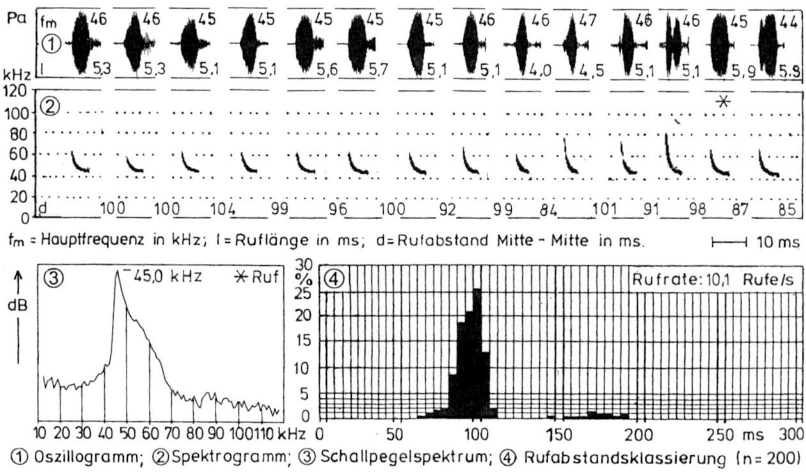

Abb. 68: Rufreihe der Madeira-Fledermaus ca. 6 m hoch an einer Straßenlampe. 4.7.2006, Azoren, Flores/P.

Suchrufe im hindernisarmen Flug (Abb. 68 und 69 B):

F r e q u e n z : Hauptfrequenz (42) 43-47 (49) kHz. Anfangs- und Endfrequenz 44-70→42-47 kHz. Frequenzverlauf in der Regel moduliert (fm-d), aber auch durchgehend, meist jedoch am Ende exakt konstant (cf-e) oder nahezu konstant (cf-n).

O s z i l l o g r a m m f o r m : Vorwiegend symmetrisch pflaumenförmig, erhebliche Abweichungen nicht selten.

R u f l ä n g e : (4) 5-9 (11) ms.

R u f a b s t ä n d e : Häufige (typische) Abstände Mitte-Mitte 80-120 ms, gelegentlich auch 150-200 ms. Häufige Rufe 8,3-12,5 (5,0-12,5)/s.

H ö r e i n d r u c k : Entfernung 30-40 m hörbar wie bei der Zwergfledermaus.

Transferrufe und Fangrufe: Wie bei Mücken- und Zwergfledermaus.

Suchrufe im hindernisreichen Flug (Abb. 69 A): Wie bei Zwergfledermaus.

Sozialrufe: Auf Madeira werden 3-5teilige Triller mit einer Hauptfrequenz von 15-18 kHz vorgetragen. Typisch für die dortigen Sozialrufe ist, dass nach etwa 20-30 ms ein zweiter Trillerteil mit gleicher Frequenz und ähnlicher Struktur folgt. Dies ist jedoch nicht immer der Fall. Die Hauptfrequenzen aller untersuchten Balzrufe überschritten nicht 20 kHz. Die Rufe

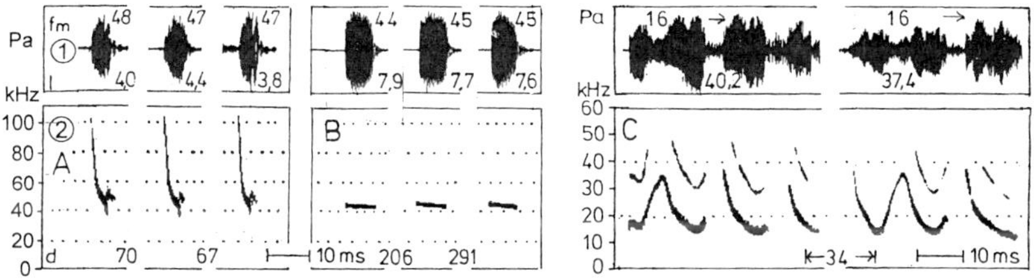

f_m = Hauptfrequenz in kHz; l = Ruflänge in ms; d = Rufabstand Mitte - Mitte in ms. 10 ms
① Oszillogramm; ② Spektrogramm.

Abb. 69: Rufe der Madeira-Fledermaus. **A:** 1-3 m hoch im hindernisreichen Gelände. 27.7.2002, Candelaria, Madeira/P. **B:** 8-10 m hoch im hindernisarmen Gelände, 31.7.2002, Camacha, Madeira/P. **C:** Typischer zweiteiliger Sozialruf ca. 5 m hoch. 29.7.2002, Porto do Cruz, Madeira/P.

konnten größtenteils mit dem bloßen Ohr als hohes »Zicks« wahrgenommen werden (Abb. 69 C).

Verwechslungsmöglichkeiten: Eine Verwechslung der Rufe mit denen der Zwergfledermaus ist bisher ausgeschlossen, da diese Art auf den Kanarischen Inseln, Madeira und den Azoren nicht nachgewiesen ist. Zudem besitzt die Madeira-Fledermaus etwas andere und meist etwas höhere Sozialrufe (Abb. 69 C). Die Sozialrufe der Weißrandfledermaus sind etwas niedriger.

Hinweis: Auf La Gomera entdeckte ich im März 1988 neben zahlreichen typischen Rufen der Madeira-Fledermaus auch solche, die eine Hauptfrequenz von (50) 52-54 (60) kHz besaßen. Die zugehörigen Sozialrufe entsprachen in drei oder vier Trillerteilen mit etwa 17 kHz denen der Madeira-Fledermaus. Im April 2009 wurde das Gebiet nochmals mehrfach untersucht. Es ergaben sich nur normal rufende Madeira-Fledermäuse. Daher muss offen bleiben, um welche hochfrequenten Fledermäuse es sich vor 21 Jahren gehandelt hatte.

8.3.24 Rauhautfledermaus – *Pipistrellus nathusii* (Keyserling & Blasius 1839)

Kennzeichen

Körpermerkmale: Kleine Fledermaus, ähnlich der Zwergfledermaus, aber etwas größer. Gewicht (5) 6-10 (14) g. Kopf-Rumpflänge (46) 47-55 (58) mm. Spannweite der verhältnismäßig langen und schmalen Flügel 220-250 mm. Unterarm (31) 32-36 (37) mm. Oberseite im Sommer mittelbraun, im Winter dunkelbraun, Unterseite hellbraun. Fellfarbe variierend. Oft heller

Randsaum zwischen 5. Finger und Fuß. Oberseite der Schwanzflughaut etwa bis zur Mitte fellartig behaart. Dies ist bei der Zwergfledermaus nicht der Fall. Unterseite nur an den Oberschenkeln behaart. Ohren kurz und verhältnismäßig breit. Tragus leicht nach innen gebogen, länger als breit und oben abgerundet. Schnauze, Ohren und Flughäute braunschwarz. Im Unterschied zur Zwergfledermaus beträgt die Länge des 5. Fingers (42) 44-48 (49) mm.

Verbreitung: Ganz Europa. Im Norden bis Mittelschweden und Südfinnland, nur vereinzelte Nachweise in Mittel- und Süditalien, Spanien, Portugal, England, Irland, auf Korsika und Sardinien. Auch auf Kreta festgestellt (Skiba 2007a). Wochenstuben sind in Westeuropa selten. Bei den dort beobachteten Individuen handelt es sich meist um Übersommerer.

Lebensraum: Bevorzugt Feuchtgebiete, vor allem Ufer von Seen, Teichen und Flüssen. Fliegt aber auch an Waldrändern, auf Schneisen und an Straßenlampen, in Wohngebieten seltener. Meidet höhere Lagen. Sommerquartiere in Baumhöhlen, Spalten, Fledermauskästen, seltener in Gebäuden. Paarungsquartier oft an exponierten Stellen, z.B. Häusern, Bäumen, Brücken, Alleen. Überwinterung Oktober/November bis März in Spalten von Felsen und Gebäuden, Holzstapeln usw., selten in Baum- und Felshöhlen. Die Männchen besetzen von Mitte Juli bis Oktober Paarungsquartiere, aus denen sie die Weibchen durch Rufe anlocken (s.u.). Diese Balzrufe können auch im Flug erfolgen.

Flug: Fliegt geradliniger und schwerfälliger als Zwergfledermaus 3-10 m hoch. Fluggeschwindigkeit 15-40 km/h, oft auf fester Bahn hin und her fliegend. Ausflugsbeginn 10-30 Minuten nach Sonnenuntergang.

Wanderungen: Zwischen Sommer- und Winterquartieren werden große Strecken zurückgelegt (Langstreckenzieher). Größte bisher nachgewiesene Entfernung 1905 km (Petersons 2004). Die durchschnittliche Fluggeschwindigkeit von zwölf Individuen betrug 47,8 km/Nacht (Petersons 2004). Flug erfolgt auf dem Zuge ONO–WSW vorzugsweise entlang von landschaftlichen Leitlinien, also Küsten, Flüssen, Kanälen, Waldrändern und sonstigen Strukturen, fliegt aber auch gerichtet über Wohngebiete, freie Flächen, Berge, Ost- und Nordsee hinweg.

Gefährdung: Zunahme im Westen des Verbreitungsareals. Profitiert von der Eutrophierung der Gewässer. Bestand kann im Tiefland durch Anbringen von Fledermauskästen vergrößert werden. Gefährdung besonders auf dem Zug durch Windenergieanlagen, Straßen und Insektizide.

Ultraschallrufe

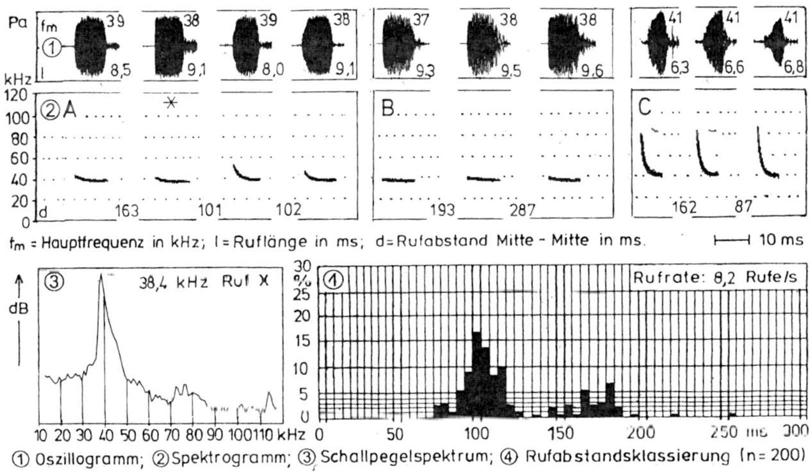

Abb. 70: Rufe der Rauhautfledermaus. **A:** 4-5 m hoch an einem Kanal. 9.9.2007, Ribe/DK. **B:** Transferflug 5-6 m hoch über die Nordsee. 22.8.2008, 23.45 Uhr, schwachwindig, in Westrichtung aus der Insel Rømø/DK. **C:** Ständige Insektenjagd an einem windgeschützten Baum. 2.9.2000, Nordseeinsel Helgoland/D.

Suchrufe im hindernisarmen Flug (Abb. 70 A):

F r e q u e n z : Hauptfrequenz (35) 37-41 (42) kHz. Die 2. Harmonische ist oft deutlich ausgeprägt. Anfangs- und Endfrequenz 36-70→35-41 kHz. Überwiegend nahezu frequenzkonstant (cf-n) oder seltener exakt frequenzkonstant (cf-e), jedoch häufig eingestreute Einzelrufe oder Rufreihen moduliert (fm-d).

O s z i l l o g r a m m f o r m : Vorwiegend symmetrisch pflaumenförmig, doch kommen häufig Abweichungen vor.

R u f l ä n g e : (5) 7-10 (12) ms.

R u f a b s t ä n d e : Häufige (typische) Abstände Mitte-Mitte 100-130 ms, gelegentlich weitere Abstände im Bereich 160-200 ms. Häufige Rufe 7,7-10,0 (5,0-10,0)/s.

H ö r e i n d r u c k : Nach dem Mischverfahren lässt sich die Hauptfrequenz im Gegensatz zu den *Myotis*-Arten gut feststellen. Die bis zu einer Entfernung von etwa 50-60 m hörbaren Rufe klingen wie bei der Zwergfledermaus oft stumpf »blubbernd« wie Regentropfen, die aus einer undichten Regenrinne fallen. Die »Blubberrufreihen« der Rauhautfledermaus sind durchschnittlich schwerfälliger und lauter als bei der Zwergfledermaus. In Zeitdehnung sind die Rufe oft etwas krächzend und im Gegensatz zu den *Myotis*-Arten am Ende leicht frequenzkonstant.

Transferrufe (Abb. 70 B): Die Hauptfrequenz sinkt auf 35-39 kHz; die Rufabstandsmaxima verschieben sich in den Bereich um 130 ms. Die Rufreihen haben häufig Rufaussetzer. Der Frequenzverlauf ist exakt oder nahezu frequenzkonstant (cf-e, cf-n).

Suchrufe im hindernisreichen Flug (Abb. 70 C): Stark frequenzmodulierte Rufe (fm-d), wobei die Hauptfrequenz auf etwa 40-45 kHz ansteigt und die Rufabstände abnehmen.

Fangrufe: Wie bei Fledermäusen üblich (Abb. 9). In der Endphase starker Rückgang der Hauptfrequenz.

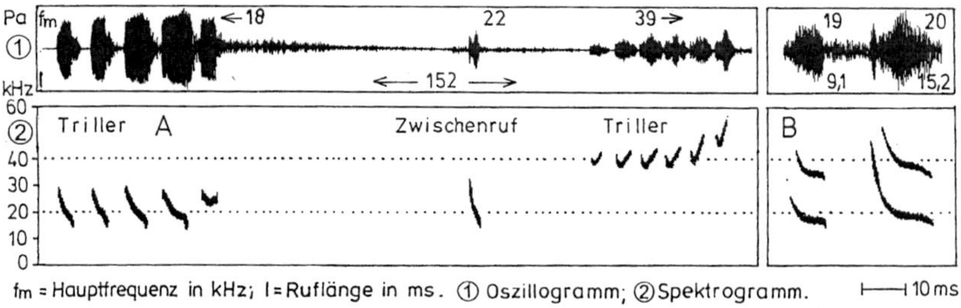

Abb. 71: Sozialrufe der Rauhautfledermaus. **A:** Balztriller aus einem Fledermauskasten. 18.8.1998, Ergste/D. **B:** Erregungsruf beim Balzen, hier 2teilig, sonst oft auch 3-7teilig. 18.8.1998, Ergste/D.

Sozialrufe: Von den Männchen sind folgende arttypische Sozialrufe besonders im Herbst zu hören:

Trillerkomplex (Abb. 71 A): 120-160 ms langer, meist stationär, nicht selten aber auch im Flug vorgetragener Balzrufkomplex. Er besteht aus einem Anfangstriller mit einer Hauptfrequenz 15-20 kHz (manchmal mit einem letzten Trillerteil um 25 kHz), einem kurzen Zwischenruf mit einer Hauptfrequenz von 18-30 kHz (meist um 27 kHz) und einem in der Frequenz ansteigenden leiseren Endtriller mit einer Hauptfrequenz von (25) 30-40 (45) kHz. Diesen letzten Triller kann man nach dem Mischverfahren aus der Nähe gut hören, wenn auf etwa 35 kHz eingestellt wird. Gelegentlich wird dieser dreiteilige Trillerkomplex nach dem ersten oder zweiten Teil abgebrochen.

Zwischenruf*:* Ruf, der zwischen normalen Suchrufen im Abstand von wenigen Sekunden ständig wiederholt wird oder auch nur vereinzelt zu hören ist. Er klingt im Zeitdehnverfahren wie »jepp« und ähnelt dem oben beschriebenen Zwischenruf im Trillerkomplex. Die Bedeutung dieses Rufes bedarf noch der Klärung.

Erregungsruf (Abb. 71 B): Nasaler, aus zwei bis sieben Einzelteilen bestehender Ruf, der in höchster Erregung im Anschluss an Triller und zwischen Trillerkomplexen zu hören ist. Die Hauptfrequenzen liegen zwischen 16 und 30 kHz.

Verwechslungsmöglichkeiten: Verwechslungen sind in Südeuropa vor allem mit der Weißrandfledermaus möglich. Sichere Unterscheidungsmerkmale beider Arten sind deren Sozialrufe. Anhalte für die Artbestimmung können vor allem folgende Eigenschaften geben: Die Suchrufe der Weißrandfledermaus sind im hindernisarmen Flug oft durchschnittlich etwas kürzer und stärker frequenzmoduliert als bei der Rauhautfledermaus. Rauhautfledermäuse fliegen geradliniger und lieben die Wassernähe mehr als Weißrandfledermäuse, die sich gerne in der Nähe von Ortschaften an Beleuchtungskörpern aufhalten. Diese Eigenschaften genügen jedoch nicht für die sichere Unterscheidung beider Arten. In Gebieten, in denen beide Arten vorkommen können und keine Sozialrufe hörbar sind, sind Analysen langer Rufreihen oder Fänge erforderlich. – Falls *Pipistrellus*-Arten im Bereich von 41-43 kHz rufen, sind auch Verwechslungen zwischen Zwerg- und Rauhautfledermaus möglich. Sofern keine Sozialrufe gehört werden, können auch hier Aufnahme und Analyse langer Rufreihen sowie Registrierung der Verhaltenseigenschaften der Artbestimmung förderlich sein.

8.3.25 Weißrandfledermaus – *Pipistrellus kuhlii* (Kuhl 1819)

Kennzeichen

Körpermerkmale: Kleine Fledermaus. Gewicht (4) 5-9 (10) g. Kopf-Rumpflänge (40) 41-47 (48) mm. Flügelspannweite 210-230 mm. Unterarmlänge (30) 31-36 (37) mm. Oberseite variabel hell- bis dunkelbraun, Unterseite grauweiß. Schnauze und Flughäute braunschwarz. Ohren oft heller. Die Armflughaut besitzt besonders zwischen dem 5. Finger und dem Fuß einen scharf abgegrenzten weißen 1-2 mm breiten Randsaum, der nur selten fehlt. Im Unterschied zu den übrigen europäischen *Pipistrellus*-Arten ist der obere erste (äußere) Schneidezahn (I^1) nicht zwei-, sondern einspitzig und mehr als doppelt so lang wie der zweite Schneidezahn (I^2).

Verbreitung: Wärmeliebende Art, die rund um das Mittelmeer einschließlich aller Inseln vorkommt und dort oft örtlich häufigste Fledermausart ist. Nördliche Verbreitungsgrenze ist Nordwestfrankreich, die Schweiz, Österreich, Ungarn, Serbien, Südwestrumänien und die Ukraine. Kommt auch teilweise auf den Kanaren vor. Die Arealgrenze scheint sich zur Zeit allmählich nach Norden zu verlagern. Wochenstuben existieren bereits nördlich der Alpen in Süddeutschland.

Lebensraum: Kulturfolger, ähnlich Zwergfledermaus. Jagdgebiete vorwiegend in Ortschaften und an deren Rändern, an Waldrändern, über insektenreichen offenen Flächen, in Gärten und häufig auch an Straßenlampen. Sommerquartiere und Wochenstuben vorwiegend in Spalten und sonstigen Verstecken an Gebäuden, auch hinter Fensterläden. Überwinterung November bis März in Fels- und Gebäudespalten, auch in Kellern.

Flug: Jagt oft auf fester Bahn entlang von Wegen, Waldrändern, Straßenlampen und Häusern. Flughöhe 3-10 m. Fluggeschwindigkeit 15-25 km/h. Ausflugsbeginn 10-35 Minuten nach Sonnenuntergang.

Wanderungen: Ortstreu. Einzeltiere können jedoch auch weit umherstreifen.

Gefährdung: Bestände sind in der Regel konstant. Vereinzelt Gefährdung durch Sanierungsmaßnahmen.

Ultraschallrufe

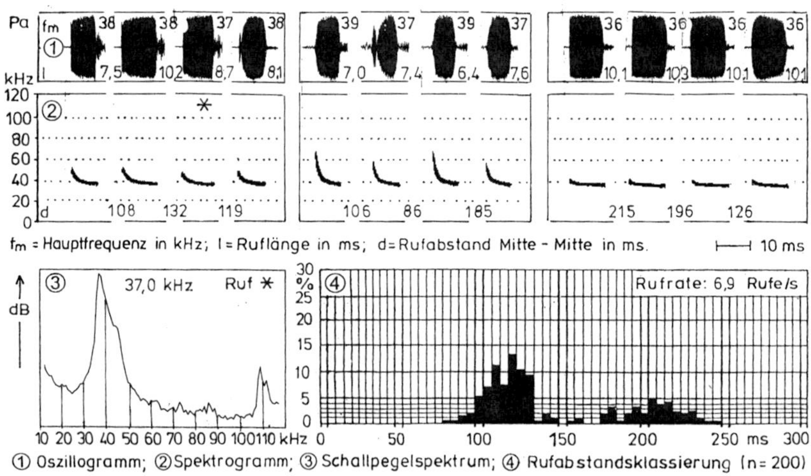

Abb. 72: Rufe der Weißrandfledermaus. **A:** Straße, hindernisarmer Flug 5-7 m hoch. 5.10.1998, Menorca/E. **B:** Waldweg, hindernisreicher Flug 2-3 m hoch. 4.5.1998, Keramoti/GR. **C:** Strandweg, Transferflug 7-8 m hoch. 2.10.1998, Cala Galdana, Menorca/E.

Suchrufe im hindernisarmen Flug (Abb. 72 A):

F r e q u e n z : Hauptfrequenz (35) 36-41 (42) kHz. Häufig ist die 2. Harmonische deutlich erkennbar. Anfangs- und Endfrequenz 35-60→35-42 kHz. Frequenzverlauf leicht moduliert (fm-d) oder nahezu konstant (cf-n), am Ende auch gelegentlich exakt konstant (cf-e).

Oszillogrammform: Vorwiegend symmetrisch pflaumenförmig, auch fast rechteckig und andere Formen.

Ruflänge: (5) 6-10 (12) ms. SCHNITZLER et al. (1987) geben 8-12 ms an.

Rufabstände: Häufige (typische) Abstände Mitte-Mitte 90-130 ms. Weitere kleinere Abstände oft bei 170-230 ms. Häufige Rufe 7,7-11,1 (4,3-11,1)/s.

Höreindruck: Nach dem Mischverfahren für die Gattung *Pipistrellus* charakteristische Rufe. Ungleichmäßige Rufabstände. In Zeitdehnung sind die Rufe am Ende leicht frequenzkonstant. Hörbarkeitsgrenze ca. 40-50 m.

Transferrufe (Abb. 72 C): Wie Suchrufe im hindernisarmen Flug, in der Regel nahezu konstantfrequent (cf-n).

Suchrufe im hindernisreichen Flug (Abb. 72 B): Geringfügige Erhöhung der Hauptfrequenz bei verstärkter Frequenzmodulation sowie Verkürzung der Ruflänge.

Fangrufe: Wie üblich: Abfallen der Hauptfrequenz bis auf Endfrequenzen um 20 kHz, Verkürzung der Rufe auf 0,3-0,6 ms. Ansteigen der Rufe auf bis zu 200/s.

Sozialrufe (Abb. 73 A-F): Der Balzruf der Männchen besteht aus einem (2) 3-5 (6)-teiligen Ruf, dessen Hauptfrequenz 12-15, meist um 13 kHz beträgt

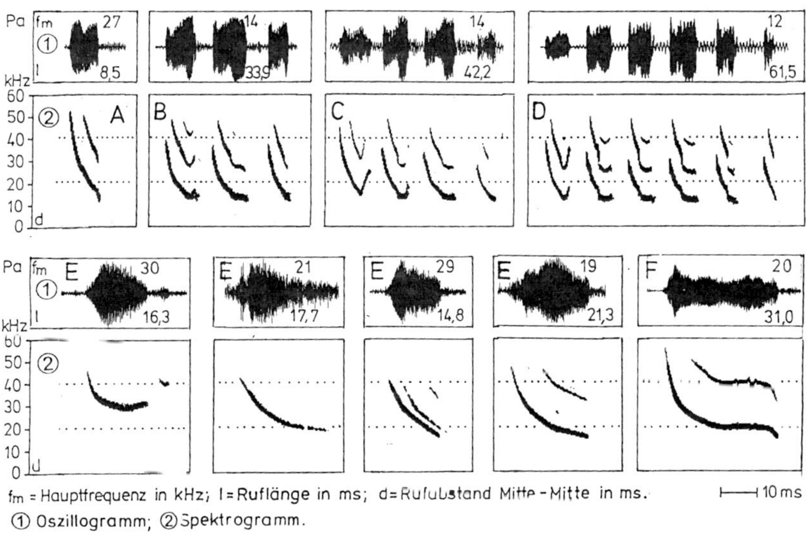

Abb. 73: Sozialrufe der Weißrandfledermaus. **A-C:** Balz- und Drohrufe 4-7 m hoch. 4.5.1998, Keramoti/GR. **D:** Balz- und Drohruf ca. 5 m hoch. 9.10.1998, Cala Galdana, Menorca/E. **E:** Begegnungsrufe 3-5 m hoch. 22.9.2001, Bansko/BG. **F:** Begegnungsruf 5-6 m hoch. 30.4.2004, Katamafka, Kreta/GR.

(Abb. 73 A-D). Er klingt nach dem Mischverfahren kräftig wie »örrk« und wird im Zeitdehnverfahren als klangvoller lauter Triller vernommen. Dieser Sozialruf ist artbezeichnend. Daneben gibt es seltener auch andere Sozialrufe, die anscheinend in erster Linie der Kommunikation dienen (Abb. 73 E-F).

Verwechslungsmöglichkeiten: In Südeuropa sind die Rufe der Weißrandfledermaus mit denen der Rauhautfledermaus zu verwechseln. Die Rufe der Rauhautfledermaus sind in der Regel stärker »blubbernd«. Außerdem bevorzugt die Rauhautfledermaus Ufer von Gewässern. Sichere Unterscheidungsmerkmale sind nur die sehr unterschiedlichen Balzrufe der Männchen beider Arten. Ähnliche Rufe aus der Gattung *Myotis* können u.a. an der Oszillogrammform (Dreiecksform) und dem entsprechenden Abfall der Endfrequenz nach dem Zeitdehnverfahren sowie nach der Spektrogrammform (S-Form der *Myotis*-Rufe) gut unterschieden werden.

8.3.26 Alpen-Fledermaus – *Hypsugo savii* (Bonaparte 1837)

Kennzeichen

Körpermerkmale: Kleine Fledermaus, ähnlich der Nordfledermaus, jedoch wesentlich kleiner. Gewicht (5) 6-10 (11) g. Kopf-Rumpflänge (40) 43-48 (54) mm. Flügelspannweite 220-230 mm. Unterarmlänge (30) 32-36 (38) mm. Oberseite variabel gelbbraun bis dunkelbraun, mit weißlichen oder gelblichen Haarspitzen. Unterseite hell grauweiß. Keine »Goldsträhnen« im Rückenfell wie bei der Nordfledermaus. Ohren, Schnauze und Armflughaut braunschwarz. Tragus kurz, nach oben etwas breiter, abgerundet, leicht nach innen gebogen.

Verbreitung: Mittelmeerländer einschließlich der Südschweiz und Südösterreich, Ungarn und Bulgarien, auch auf den Kanarischen Inseln Gran Canaria, El Hierro, La Gomera und Teneriffa sowie auf allen Mittelmeerinseln. Neuerdings zahlreiche Einzelfunde nördlich der eigentlichen Verbreitungsgrenzen. Die deutsche Artbezeichnung ist irreführend.

Lebensraum: Vorwiegend in und am Rande von Ortschaften, auch in Städten und in Karstgebieten von der Küste bis in die Hochgebirgstäler. Sommerquartiere und Wochenstuben in Gebäuden, Felsspalten und Baumhöhlen. Dort auch Winterquartiere sowie in Höhlen und Kellern. Überwinterung Oktober/November bis März/April.

Flug: Fliegt geradliniger und ruhiger als Zwergfledermaus, oft auf fester Bahn über Straßen, an Lampen, entlang von Felshängen, Wegen mit Hecken und Mauern und sonstigen Landschaftsstrukturen. Flughöhe 3-15 m.

Fluggeschwindigkeit 15-35 km/h. Ausflugsbeginn 10-30 Minuten nach Sonnenuntergang.

Wanderungen: In der Regel ortstreu, doch vereinzelt auch wanderfähig. Größte nachgewiesene Entfernung 250 km (SCHOBER & GRIMMBERGER 1998), wahrscheinlich nach Norden auch weitere Strecken.

Gefährdung: Bestände sind fast überall stabil. Gefährdung vor allem durch Quartierverluste infolge von Gebäudesanierungen.

Ultraschallrufe

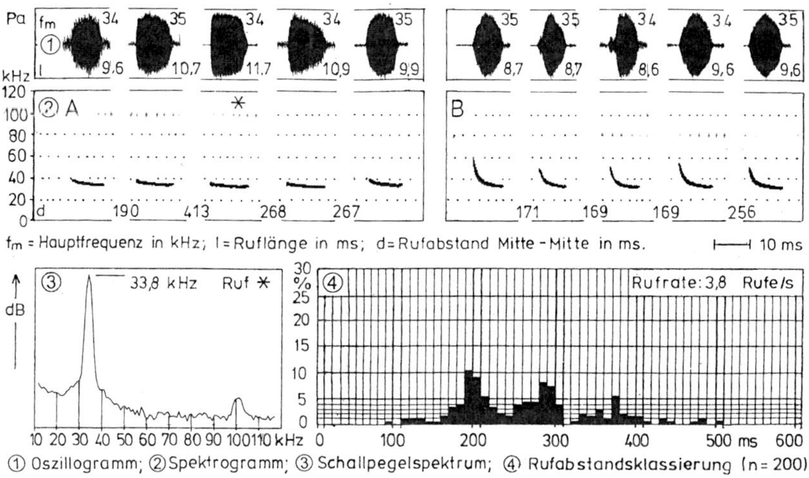

Abb. 74: Rufe der Alpenfledermaus. **A:** Hindernisarm 6-10 m hoch an einem Hang. 5.10.1998, Cala Morell, Menorca/E. **B:** Hindernisreich 3-4 m hoch unmittelbar an einem Gehölz. 6.10.1998, Son Ermita, Menorca/E.

Suchrufe im hindernisarmen Flug (Abb. 74 A):

F r e q u e n z : Hauptfrequenz (31) 32-35 (36) kHz. 3. Harmonische meist stärker ausgeprägt als 2. Harmonische. Anfangs- und Endfrequenz 35-50→ 31-36 kHz. Frequenzverlauf mehr oder weniger moduliert (fm-d), oft nahezu oder exakt konstant auslaufend (cf-n, cf-e).

O s z i l l o g r a m m f o r m : Symmetrisch pflaumenförmig bis fast rechteckig, nicht selten auch andere unsymmetrische Formen.

R u f l ä n g e : (6) 7-11 (12) ms.

R u f a b s t ä n d e : Häufige (typische) Abstände Mitte-Mitte 180-200 ms, manchmal weitere häufige Abstände um 280 und 370 ms. Häufige Rufe 5,0-5,6 (2,7-5,6)/s.

H ö r e i n d r u c k : Nach dem Mischverfahren typischer, etwas gedämpfter Rhythmus ähnlich dem der Nordfledermaus. Hörbarkeitsgrenze 50-60 m.

Transferrufe: Hauptfrequenz wie bei hindernisarmem Flug, jedoch typische Durchschnittshäufigkeit ca. 3 Rufe/s und Frequenzverlauf (fast) konstant (cf-n, cf-e).

Suchrufe im hindernisreichen Flug (Abb. 74 B)**:** Erhöhung der Rufe/s und der Hauptfrequenz bei Verkürzung der Ruflänge und Zunahme der Frequenzmodulation. Fliegt im hindernisreichen Gelände nur ausnahmsweise.

Fangrufe: Wie bei Fledermäusen üblich in der Endphase bis 200 Rufe/s.

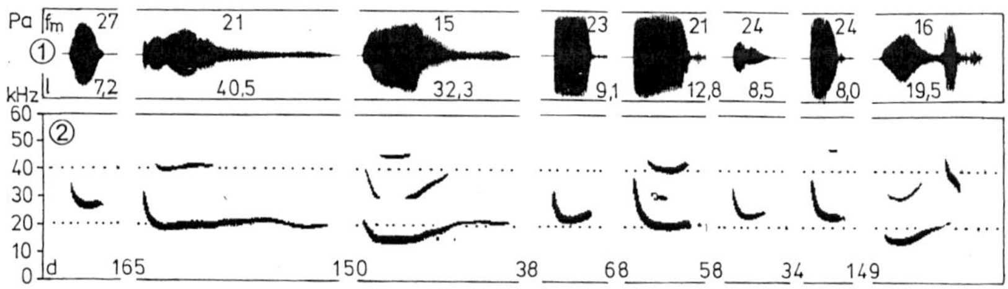

fm = Hauptfrequenz in kHz; l = Ruflänge in ms; d = Rufabstand Mitte-Mitte in ms. ⊢—⊣ 10 ms
① Oszillogramm; ② Spektrogramm.

Abb. 75: Sozialrufe der Alpen-Fledermaus beim Flug am Waldrand. Datenquelle: Barataud 1996, CD II Nr. 76.

Sozialrufe (Abb. 75): Sie werden nur selten gehört (Barataud 1996).

Verwechslungsmöglichkeiten: Frequenz und ein der Nordfledermaus ähnelnder Rhythmus gewährleisten ein sicheres Ansprechen der Art. Verwechslungen mit der Nordfledermaus sind ausgeschlossen, wenn die Hauptfrequenz der Rufe genau ermittelt wird (Nordfledermaus < 32 kHz, Alpenfledermaus ≥ 32 kHz).

8.3.27 Braunes Langohr – *Plecotus auritus* (Linnaeus 1758)

Kennzeichen

Körpermerkmale: Mittelgroße Fledermaus mit sehr langen Ohren. Diese werden in Tageslethargie und im Winterschlaf nach hinten unter die Flügel gelegt. Die Tragusspitzen bleiben dann aufrecht stehen und täuschen kleine Ohren vor. Einzelne Körpermerkmale s. Abb. 76.

Merkmal	Braunes Langohr *Plecotus auritus*	Alpen-Langohr *Plecotus macrobullaris*	Graues Langohr *Plecotus austriacus*	Balkan-Langohr *Plecotus kolombatovici*
Gewicht	(5) 6-11 (12) g	6-11 g	(5) 6-11 (14) g	(5) 6-9 (10) g
Unterarmlänge	(34) 35-42 (44) mm	(36) 37-45 (46) mm	(35) 37-43 (45) mm	(35) 36-39 (40) mm
Kopf-Rumpf	(40) 42-50 (55) mm	42-52 mm	(41) 43-55 (60) mm	41-50 mm
Flügelspannweite	240-290 mm	240-290 mm	250-290 mm	260-280 mm
Oberseite	adult: gelblich graubraun, Haargrund graubraun; juv.: grau	adult: gelblich graubraun, Haargrund graubraun; juv.: grau	adult: grau, Haargrund grau; juv.: grau	adult: graubraun, Haargrund grau; juv.: grau
Unterseite	hell graugelb	hell graugelb, fast weiß	hell grauweiß	hell grauweiß
Schnauze	rötlich-fleischfarben, große Warze über den Augen	rötlich-fleischfarben, große Warze über den Augen	grauschwarz, kleine Warze über den Augen	grauschwarz, kleine Warze über den Augen
Ohren	sehr lang, in der Ruhezeit hinten zusammengefaltet	sehr lang, in der Ruhezeit hinten zusammengefaltet	sehr lang, in der Ruhezeit hinten zusammengefaltet	sehr lang, in der Ruhezeit hinten zusammengefaltet
Tragus	lanzettförmig 14-17 mm, Breite 4-6 mm, pigmentiert hell gelblich	lanzettförmig 16-19 mm, Breite 5-6 mm, pigmentiert hell gelblich	lanzettförmig 14-18 mm, Breite 5-7 mm, pigmentiert grau	lanzettförmig <14 mm, Breite 5,5-6,5 mm, pigmentiert grau
Gesicht	mittelbraun, im mittleren Teil der Unterlippe glattes dreieckiges Feld	mittelbraun, im mittleren Teil der Unterlippe glattes dreieckiges Feld	dunkelbraun/ grauschwarz	dunkelbraun/ grauschwarz
Daumen	> 6,5 (6,0) mm	> 6,5 mm	< 6,5 mm	< 6,5 mm
Daumenkralle	2,5-3,0 mm	2,5-3,0 mm	≤ 2,0 mm	≥ 2,0 mm
Hinterfuß	ohne Krallen 8-11 mm, Zehen lang und borstig behaart	ohne Krallen 8-11 mm, Zehen lang und borstig behaart	ohne Krallen 5-8 mm, Zehen kurz behaart	ohne Krallen 7-9 mm, Zehen kurz behaart
Penis	sich verjüngend (konisch), größter Ø ca. 2,0 mm	gleich breit, nur an der Spitze verjüngt, Ø ca. 2,0 mm	sich verdickend (eiförmig), größter Ø ca. 2,5 mm	sich verdickend (eiförmig), größter Ø ca. 2,5 mm

Abb. 76: Körpermerkmale vom Braunen-, Alpen-, Grauen- und Balkan-Langohr.

Verbreitung: Europa mit Ausnahme von Nordskandinavien, Nordfinnland, Nordrussland, Südspanien und Süditalien. Kommt nicht auf den Mittelmeerinseln vor, ausnahmsweise jedoch auf Sardinien.

Lebensraum: Vorwiegend in lichten Wäldern und deren Randgebieten, Wiesen mit Strauchhecken, Parkanlagen, selten direkt in Ortschaften. Findet sich auch in höheren Lagen von Gebirgen, ist jedoch in Tieflagen und Küstenregionen selten. Sommerquartiere und Wochenstuben in Baumhöhlen, Vogelnistkästen, Fledermauskästen, Dachböden von Kirchen, Gebäudespalten usw. Einzeltiere auch in Höhlen. Überwinterung Oktober/November bis März in Kellern, Höhlen, Stollen, Bodengeröll, Fels- und Gebäudespalten. Die Art ist verhältnismäßig kälteunempfindlich und überwintert daher meistens in der Nähe des Quartiereingangs.

Flug: Flatterhafter, oft gaukelnder Flug mit Rütteleinlagen, auch Insekten von Blättern und Wänden (auch im Quartier) zum Teil in vertikalem Flug ablesend. Große Insekten werden vielfach an Fraßplätzen verzehrt, unter denen die Insektenreste, besonders Flügel, liegen. Solche Fraßplätze befinden sich auch auf Dachböden. Fluggeschwindigkeit 10-30 km/h. Flughöhe 0,5-7 m, an Baumkronen auch höher. Ausflugsbeginn spät, 30-60 Minuten nach Sonnenuntergang. Bei warmem Wetter werden auch im Winter Flugaktivitäten beobachtet.

Wanderungen: Ortstreue Art. Bisherige Ringwiederfunde in Entfernungen < 100 km.

Gefährdung: Bestände haben teilweise in den letzten Jahren abgenommen. Verluste vor allem durch Quartierzerstörungen, Beseitigung von höhlenreichen Bäumen, Biotopveränderungen, auch durch schädigende Holzschutzmittel und durch Straßenverkehr.

Ultraschallrufe

Kann auch bei geschlossenem Mund durch die Nase Ultraschall entsenden.

Suchrufe im hindernisarmen Flug (Abb. 77 A):

F r e q u e n z : Hauptfrequenz liegt wegen der stark modulierten Rufe in weitem Rahmen um (22) 25-35 (40) kHz. Anfangs- und Endfrequenz 45-60→18-23 kHz. Typisch ist eine ausgeprägte 2. Harmonische mit einer Schallpegelspitze um 55-65 kHz. Verlauf der 2. Harmonischen, die manchmal teilweise auch Hauptton sein kann, etwa 70-80→50-55 kHz. Frequenzverlauf stark moduliert (fm-d).

O s z i l l o g r a m m f o r m : Unterschiedlich, meist mit allmählichem Anstieg und Abfall.

R u f l ä n g e : 2-5 ms.

R u f a b s t ä n d e : Häufige (typische) Abstände sehr unterschiedlich etwa 40-80, aber auch bis 120 ms. Die Abstände zwischen den einzelnen Rufen wechseln stark. Häufige Rufe sehr unterschiedlich 12,5-25,0 (8,3-25,0)/s.

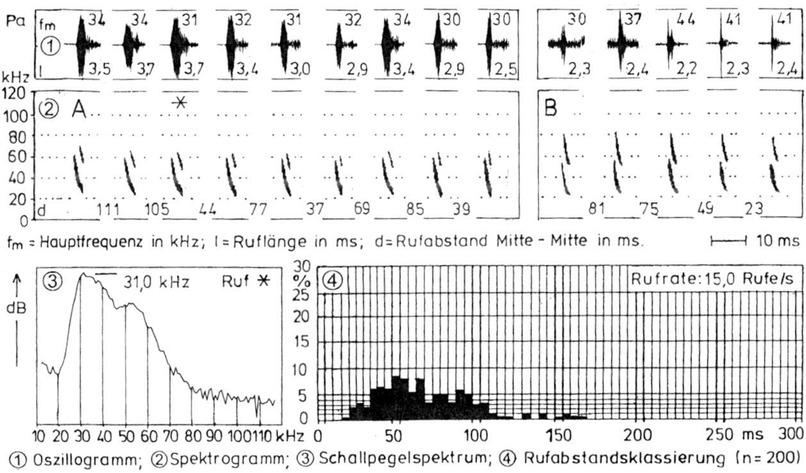

Abb. 77: Rufe des Braunen Langohrs **A:** Im lichten Wald ca. 2 m hoch. 6.9.2006, Nottuln/ D. **B:** Im dichten Wald ca. 3 m hoch vorbeifliegend. 13.7.2001, Osterode am Harz/D.

Höreindruck: Leise, »flüsternde« Rufe bis maximal 7 m Entfernung. Sehr unregelmäßiger Rhythmus. Rufreihen sind nach dem Mischverfahren als Knacken vernehmbar. Nach dem Zeitdehnverfahren typisch frequenzabfallend klangvoll »d(i)jöb«. Hörentfernung maximal 3-7 m.

Transferrufe: Etwa wie Suchrufe im hindernisarmen Gelände, jedoch verhältnismäßig große Rufabstände, zeitweise 200-400 ms. Diese Rufe sind leise.

Suchrufe im hindernisreichen Flug (Abb. 77 B): Verkürzung der Ruflänge auf 0,7-2,0 ms. Höhere Frequenz des Rufbeginns. Frequenzverlauf mit (130) 90→23 (18) kHz. Die Hauptfrequenz liegt dann bei (30) 35-50 (55) kHz. Typisch ist dabei der Rüttelflug unmittelbar vor der Vegetation oder der unmittelbare Flug an insektenreichen Sträuchern, Bäumen, Gräsern usw. Rufe 14-22/s.

Fangrufe: Wie bei Fledermäusen üblich, Ansteigen bis zu 220 Rufe/s. Die Rufe sind mit dem Ultraschalldetektor nur schwach vernehmbar.

Sozialrufe: Besonders im zeitigen Frühjahr, aber auch zu anderen Zeiten nach dem Mischverfahren ein verhältnismäßig gleichmäßiges, rotkehlchenartiges »Ticken« (Hauptfrequenz um 16 kHz), das von einzelnen fliegenden Individuen mit dem bloßen Ohr bis zu einer Entfernung von etwa 40 m gehört werden kann. Es handelt sich um Balzrufe von Männchen vor allem zur Revierabgrenzung. Diese Rufe besitzen ähnlich den Suchrufen eine stark ausgeprägte 2. Harmonische (Abb. 78). Außerdem sind bei Vorhandensein mehrerer Individuen, z.B. in oder an Quartieren, Kontaktrufe

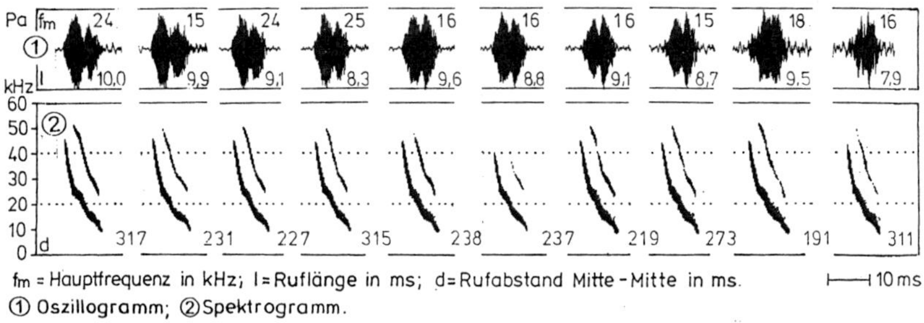

Abb. 78: Sozialrufe des Braunen Langohrs. Balzflug 3-4 m hoch am Waldrand entlang fliegend. 29.3.1998, Ibbenbüren/D.

von fast frequenzkonstantem Verlauf (cf-n) mit Hauptfrequenzen von 15-25 kHz (Länge 15-40 ms) zu hören.

Verwechslungsmöglichkeiten: Die »Flüsterrufe« des Braunen Langohrs lassen sich gut von den Rufen der Arten anderer Gattungen unterscheiden und können höchstens mit den Rufen von Fransenfledermaus und Bechsteinfledermaus verwechselt werden. In Spektrogrammen zeitgedehnter Rufe ist die starke Betonung der 2. Harmonischen ein wesentliches Unterscheidungsmerkmal. Zusammen mit dem typischen Flugverhalten von Langohren, vor allem dem Rüttelflug und auch dem vertikalen Absuchen von Strauch- und Baumblättern, dürfte die Bestimmung der Gattung in der Regel gelingen. Innerhalb der Gattung ist die Unterscheidung von Braunem und Grauem Langohr schwierig und manchmal nicht möglich. Das Graue Langohr ist jedoch im hindernisarmen Flug bereits aus einer Entfernung von 15-35 m mit dem Detektor zu hören. Dies habe ich bisher beim Braunen Langohr nicht feststellen können (übereinstimmend AHLÉN 1990). Die Rufe des Alpen-Langohrs konnten bisher nicht vom Braunen Langohr unterschieden werden. Das Balkan-Langohr ruft wahrscheinlich wie das Graue Langohr.

8.3.28 Alpen-Langohr – *Plecotus macrobullaris* (KUZJAKIN 1965)

Bereits 1965 hatte KUTZJAKIN das Alpen-Langohr als Unterart des Braunen Langohrs beschrieben. Erst 2001 wurde die Art nach morphologischen und genetischen Untersuchungen als Art anerkannt (KIEFER & VEITH 2001).

Kennzeichen

Körpermerkmale: Mittelgroße Fledermaus mit sehr langen Ohren. Merkmale s. Abb. 76.

Verbreitung: Vorkommen im Gebirge des südöstlichen Teils von Europa, im gesamten Alpenbogen, in den Pyrenäen, auch auf Korsika und Kreta bekannt. In vielen Gebieten bisher jedoch noch unbekannt.

Lebensraum: Vorwiegend in Bergwiesen, lichten Wäldern und Strauchgebieten. Übertagungsquartiere und Wochenstuben in Dächern, unter Holzschindeln, in Kirchen und Höhlen.

Flug: Wie beim Braunen Langohr.

Gefährdung: Bisher nicht bekannt. Durch Gebäudesanierung können jedoch erhebliche Gefährdungen entstehen.

Ultraschallrufe

Wie beim Braunen Langohr (Dietrich et al. 2006).

8.3.29 Kanaren-Langohr – *Plecotus teneriffae* (Barrett-Hamilton 1907)

Kennzeichen

Körpermerkmale: Mittelgroße Fledermaus, etwas größer als Braunes Langohr. Gewicht unbekannt. Kopf-Rumpflänge 46-57 mm. Flügelspannweite unbekannt. Unterarmlänge (40) 42-45 (46) mm. Oberseite schwärzlich. Unterseite grauweiß. Ohren, Tragus, Schnauze und Flughäute dunkelgrauschwärzlich. Nach Ibáñez & Ferdinández (1985) ist die Verwandtschaft dieser Art zum Braunen Langohr größer als zum Grauen Langohr.

Verbreitung: Endemische Art auf den Kanarischen Inseln El Hierro, La Palma, Teneritta.

Lebensraum: Lorbeer- und Kiefernwälder, auch Zwergsträucher. Quartiere und Wochenstuben in Gebäuden, Baumhöhlen, Felsspalten und Felshöhlen. Wurde auch im Gebirge beobachtet. Überwinterungen sind bisher nicht bekannt.

Flug: Wie beim Braunen Langohr.

Gefährdung: Kein sicheres Abnehmen der Bestände feststellbar.

Ultraschallrufe

Hierüber sind bisher keine Daten bekannt geworden. Es dürfte zu erwarten sein, dass das Ultraschallinventar dem des Braunen Langohrs ähnelt.

8.3.30 Sardisches Langohr – *Plecotus sardus* (Mucedda, Kiefer, Pidinchedda & Veith 2002)

Erst durch Mucedda et al. (2002) als endemische Art von Sardinien bekannt geworden. Die folgenden Angaben bedürfen daher noch weiterer Untersuchungen.

Kennzeichen

Körpermerkmale: Mittelgroße Fledermaus, ähnlich Braunem und besonders Grauem Langohr. Gewicht (6) 7-8 (11) g. Unterarmlänge 40-43 mm. Flügelspannweite 250-280 mm. Oberseite bräunlich grau. Unterseite hell gelblich (cremefarben). Ohren sehr lang, in der Ruhezeit nach hinten zusammengefaltet. Tragus besonders lang 18-20 mm, Breite 6,0-6,5 mm. Daumen 6,0-6,5 mm. Daumenkralle > 2,0 mm. Hinterfuß 6,5-8,0 mm. Penis parallel, nur an der Spitze verjüngt.

Verbreitung: Bisher nur im mittleren Teil des Tieflandes von Sardinien beobachtet.

Lebensraum: Vorwiegendes Vorkommen in Olivenhainen und Eichenwäldern. Aufenthalt der Männchen und Wochenstuben besonders in Dachböden, Karsthöhlen, Tunneln von Staudämmen, Straßenbrücken.

Flug, Wanderungen, Gefährdung: Wie bei Braunem und Grauem Langohr.

Ultraschallrufe

Vermutlich wie Braunes oder Graues Langohr. Einzelheiten sind bisher noch nicht bekannt.

8.3.31 Graues Langohr – *Plecotus austriacus* (Fischer 1829)

Kennzeichen

Körpermerkmale: Mittelgroße Fledermaus mit langen Ohren wie beim Braunen Langohr. Die Ohren werden in Ruhe nach hinten unter die Flügel gelegt. Die Tragusspitzen bleiben dabei aufrecht stehen und täuschen kleine Öhrchen vor. Einzelne Körpermerkmale s. Abb. 76.

Verbreitung: Mittelmeergebiet und Zentraleuropa. Nordgrenze der Verbreitung: Südengland, Norddeutschland und Polen ohne Küstenregionen, Ukraine. Im Ostseebereich nur in Südschweden nachgewiesen. Auch auf den Balearen, Sardinien, Korsika und Sizilien vertreten.

Lebensraum: Ähnlich Braunem Langohr, jedoch wärmeliebender und mehr an menschliche Siedlungen und Kulturlandschaft gebunden. Sommerquartiere und Wochenstuben bevorzugt versteckt in Gebäuden mit großen Dachböden. Überwinterung Oktober bis März/April in Höhlen, Kellern, Stollen und Gebäuden.

Flug: Flatterhafter Flug wie beim Braunen Langohr. Liest auch Insekten von Blättern ab. Fluggeschwindigkeit 10-30 km/h. Flughöhe sehr unterschiedlich 0,5-10 m. Ausflugsbeginn spät 30-60 Minuten nach Sonnenuntergang.

Wanderungen: Ortstreue Art. Ringwiederfunde bisher nur < 80 km entfernt.

Gefährdung: In der Regel sind die Bestände konstant. Im Norden des Verbreitungsareals ist jedoch örtlich eine Abnahme zu beobachten. Ursachen: Quartierzerstörungen, Pestizidverwendung, schädigende Holzschutzmittel, Biotopveränderungen.

Ultraschallrufe

Kann auch bei geschlossenem Mund durch die Nase Ultraschall entsenden.

Suchrufe im hindernisarmen Flug (Abb. 79 A):

F r e q u e n z : Hauptfrequenz (22) 23-28 (32) kHz. Anfangs- und Endfrequenz 40-50→20-25 kHz. Typisch ist eine ausgeprägte 2. Harmonische mit einem Schallpegelmaximum um 40-55 kHz. Die 2. Harmonische verläuft etwa 60-70→ 40-50 kHz, davon ist der Endteil manchmal auch Hauptton. Frequenzverlauf stark moduliert (fm-d), dabei meist leicht abnehmend bis zum Ende, dort jedoch nicht konstant.

O s z i l l o g r a m m f o r m : Unterschiedlich, meist mit allmählichem Amplitudenanstieg und -abfall.

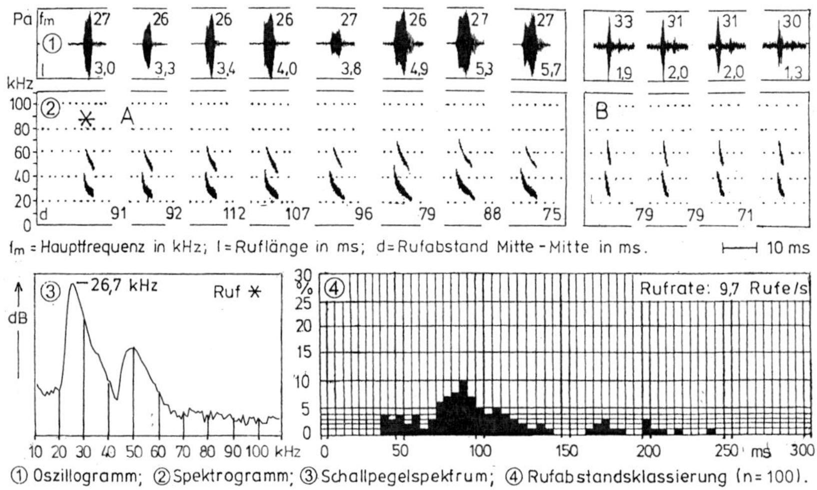

Abb. 79: Rufe des Grauen Langohrs. **A:** Im hindernisarmen Waldgelände ca. 2-6 m hoch. 30.6.2004, Geldern/B. **B:** 4-8 m hoch im Dorf hindernisreich an der HQL-Lampe und am Holzmast Insekten ablesend. 16.6.1999, Wörlitz/D.

Ruflänge: 2-6 ms.

Rufabstände: Häufige (typische) Abstände Mitte-Mitte unterschiedlich, oft 80-130 ms, gelegentlich auch 60-150 ms. Auch die Abstände zwischen den einzelnen Rufen wechseln stark. Häufige Rufe unterschiedlich 7,7-12,5 (6,7-16,7)/s.

Höreindruck: Rufe mit unregelmäßigem Rhythmus. Nach dem Mischverfahren als trockenes Knacken zu hören. Nach dem Zeitdehnverfahren typisch frequenzabfallend kräftig klangvoll »d(i)jöb«. Hörbarkeitsgrenze sehr unterschiedlich 12-35 m.

Transferrufe: Etwa wie Suchrufe im hindernisarmen Flug, jedoch verhältnismäßig große Rufabstände, manchmal auch kurzzeitiges Aussetzen der Rufe.

Suchrufe im hindernisreichen Flug (Abb. 79 B): Verkürzung der Ruflänge auf (1,0) 1,2-2,2 (3,0) ms und Ansteigen der Rufabstände bis ca. 50 ms und der Rufe bis ca. 20/s. Typisch ist dabei der Flug an HQL-Lampen, an deren Beleuchtungskörper und Masten das Graue Langohr Insekten direkt ablesen kann. Insekten werden auch vom Boden, z.B. unter Straßenbeleuchtungen, aufgelesen.

Fangrufe: Wie bei Fledermäusen üblich. Ansteigen der Rufe bis zu 210/s. Diese Fangrufe sind sehr leise.

Sozialrufe: Im Flug »Ticken« mit Hauptfrequenz um 16 kHz wie Braunes Langohr, aber anscheinend seltener zu hören. Es handelt sich vermutlich um Balzrufe.

Verwechslungsmöglichkeiten: Die Rufe des Grauen Langohrs lassen sich in der Regel gut von den Lautäußerungen anderer Fledermausarten unterscheiden, s. Angaben unter Braunes Langohr. Die Unterscheidung zwischen Braunem und Grauem Langohr ist schwierig und gelingt sicher nur im hindernisarmen Gelände an Hand der Hörweite, die nach bisheriger Kenntnis für Suchrufe wesentlich größer (12-35 m) als beim Braunen Langohr (maximal 7 m) ist (übereinstimmend Ahlén 1990). Diese Aussage bedarf jedoch weiterer Bestätigung.

8.3.32 Balkan-Langohr – *Plecotus kolombatovici* (Duliç 1980)

Das Balkan-Langohr wurde 1980 zunächst als Unterart des Grauen Langohrs benannt. Nach morphologischen und genetischen Untersuchungen wird das Balkan-Langohr heute als eigene Art angesehen.

Kennzeichen

Körpermerkmale: Gilt als die kleinste Langohrart in Europa (Abb. 76) und ist dem Grauen Langohr ähnlich.

Verbreitung: Südosteuropa entlang der Adria bis an die Küste und auf Inseln in Griechenland einschließlich Rhodos, Kreta und Zypern. Die Verbreitung ist heute noch ungenügend bekannt.

Lebensraum: Vorwiegend an der Küste und auf den Inseln in Karstgebieten, Flusstälern, Steineichenwäldern, Olivenhainen, Buschland und Waldlichtungen. Quartiere in Spalten, Ritzen, Brücken und Höhlen. Wochenstuben vorwiegend in Wohngebäuden und Kirchen.

Flug: Wie beim Grauen Langohr.

Gefährdung: Bisher nicht genau bekannt, jedoch an Gebäuden wahrscheinlich gefährdet.

Ultraschallrufe

Im Wesentlichen wie beim Grauen Langohr.

8.3.33 Mopsfledermaus – *Barbastella barbastellus* (Schreber 1774)

Kennzeichen

Körpermerkmale: Mittelgroße Fledermaus mit kennzeichnendem mopsartig gedrungenem Gesicht. Gewicht (6) 7-11 (13) g. Kopf-Rumpflänge (44) 45-56 (58) mm. Spannweite der verhältnismäßig schmalen Flügel 260-295 mm. Unterarmlänge (35) 36-44 (46) mm. Oberseite (braun)schwarz mit weißen oder gelblichen Haarspitzen (fehlen bei Individuen auf den Kanaren), Unterseite (braun)grauschwarz. Ohren, Schnauze und Flughäute braunschwarz. Nach vorn gestellte, breite Ohren, die sich an der Basis berühren. Tragus an der Basis breit, im oberen Drittel schmal verlaufend und bei etwa halber Ohrhöhe abgerundet endend.

Verbreitung: Zentraleuropa, im Norden bis Mittelengland, ausnahmsweise Irland und Südnorwegen, Südschweden, Lettland und weiter ostwärts. Auch auf den Kanaren, Balearen, Korsika und Sardinien, nicht auf Sizilien, Kreta, Zypern. Selten auf dem Balkan.

Lebensraum: Waldreiche Gebiete der Ebene, des Hügellandes und der Gebirge. Jagt gern auf Schneisen, in Wäldern, an Waldrändern und Wegbegrenzungen, in Alleen, Feuchtgebieten und an Flussläufen, auch in Parkanlagen und Gärten. Sommerquartiere in Spalten und hinter Fensterläden von waldnahen Gebäuden, auch in Viehställen, hinter Baumrinde und in Baumhöhlen. Überwinterung November bis März/April in Felsspalten, Stollen, Höhlen, Kellern und alten Gebäuden. Gegen Kälte verhältnismäßig unempfindliche Art, die meist in der Nähe der Eingänge überwintert.

Flug: Gewandt, mittelschnell oder schnell, Geschwindigkeit 15-40 (60) km/h, 2-8 m hoch. Ausflugsbeginn 10-30 Minuten nach Sonnenuntergang.

Wanderungen: In der Regel ortstreu, doch sind auch Wanderungen zwischen Sommer- und Winterquartier bis zu Entfernungen von etwa 150 km bekannt. Größte bisher festgestellte Entfernung 290 km (Schober & Grimmberger 1998).

Gefährdung: Vor allem an der Nordgrenze des Verbreitungsareals sehr gefährdete Art, die vielerorts in den 1950er- bis 70er-Jahren vor allem durch Verwendung von Pestiziden ausgestorben ist. Zurzeit erholen sich die Bestände, sind aber teilweise durch erneute Insektizidanwendungen in Wäldern bedroht.

Ultraschallrufe

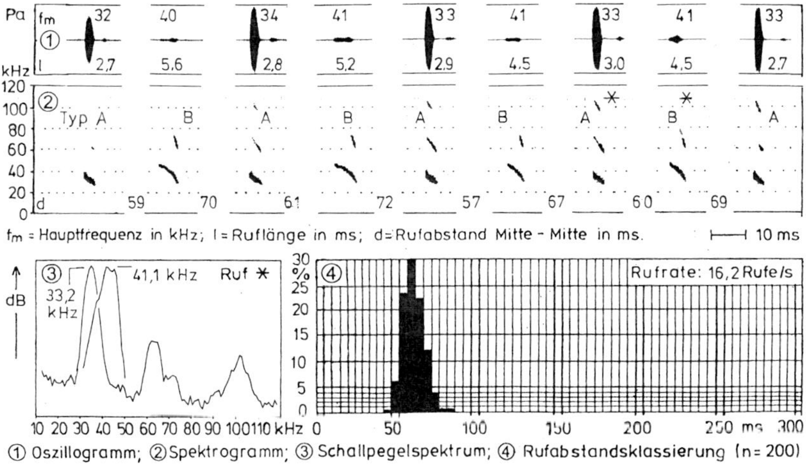

Abb. 80: Rufe der Mopsfledermaus ca. 3 m hoch über einem breiten Waldweg. Wechselrufe im Zeitdehnverfahren Typ **A** laut »jüb«, Typ **B** leise »djib«. 16.6.1999, Selbitz/D.

Suchrufe im hindernisarmen Flug (Abb. 80): Die Rufreihen der Mopsfledermaus setzen sich aus zwei unterschiedlichen Typen zusammen, die ständig abwechselnd zu hören sind. Der laute, nach Dietz et al. (2007) durch das Maul ausgestoßenen Ruf des Typs A dient der Fernorientierung, während der in der Frequenz etwas höhere und leise, nach Dietz et al. (2007) aus den Nasenlöchern ausgestoßene Ruf des Typs B in erster Linie bei der Nahorientierung verwendet wird. Die wechselnde Schallabgabe aus Maul und Nasenlöchern erfolgt nach Dietz et al. (2007) »vermutlich entweder durch eine Verschiebung des Kehlkopfes oder des Gaumensegels«.

F r e q u e n z : Typ A (31) 32-33 (34) kHz, Typ B (38) 39-42 (43) kHz. Schallpegel des Typs A wesentlich größer (lauter) als der des Typs B. Anfangs- und Endfrequenz des Typs A 38-42→27-30 kHz, die des Typs B 42-48→25-30 kHz. Beim Frequenzverlauf von Typ A nimmt die Modulation leicht ab, der Abfall wird also geringer (fm-d). Bei Typ B erfolgt der Frequenzverlauf stark abfallend, die Modulation nimmt also zu (fm-a). 2. Harmonische stärker als 3. Harmonische.

O s z i l l o g r a m m f o r m : Typ A kugelförmig mit starkem Schalldruck. Typ B länger und mit nur geringem Schalldruck.

R u f l ä n g e : Typ A konstant (2,0) 2,3-3,3 (3,5) ms. Typ B unterschiedlich, meist (3,5) 4,0-6,5 (7) ms.

Rufabstände: Häufige (typische) Abstände Mitte-Mitte 50-75 ms. Die Abstände von Typ B nach Typ A sind meist etwas länger als die Abstände von Typ A nach Typ B. Häufige Rufe 13,3-20,0/s.

Höreindruck: Verhältnismäßig gleichmäßige Rufabstände, wobei oft nur die lauteren Rufe des Typs A hörbar sind. Im Mischverfahren klingen die Rufe manchmal »klappernd« bzw. »kastagnettenartig«. Nach dem Zeitdehnverfahren lassen sich Mopsfledermäuse an Hand ihrer in der Frequenz konstant wechselnden Rufe leicht bestimmen, wobei die Rufe des Typs A laut »jüb« und die des Typs B leise »djib« klingen. Die Hörbarkeitsgrenze des Typs A beträgt ca. 40 m, die des Typs B ca. 20 m.

Transferrufe: Wie beim hindernisarmen Flug.

Suchrufe im hindernisreichen Flug: Je nach Art und Umfang der Hindernisse findet ein Wechsel der Frequenz unter Verkürzung der Rufabstände oder eine ausschließliche Verwendung von Rufen des Typs B statt. Die Länge des Einzelrufes verkürzt sich bis auf etwa 1 ms, die Frequenzbandbreite vergrößert sich und der Schalldruck der 2. Harmonischen nimmt nicht immer zu. Typisch sind solche Rufe zunächst, wenn die Tiere von den Quartieren in die Umgebung ausfliegen (Abb. 81) oder in unmittelbarer Nähe von Sträuchern nach Nahrung suchen.

Fangrufe: Wie bei Fledermäusen üblich, doch nimmt die Frequenz in der Endphase nicht oder nur geringfügig ab. Die Rufe können 220/s erreichen.

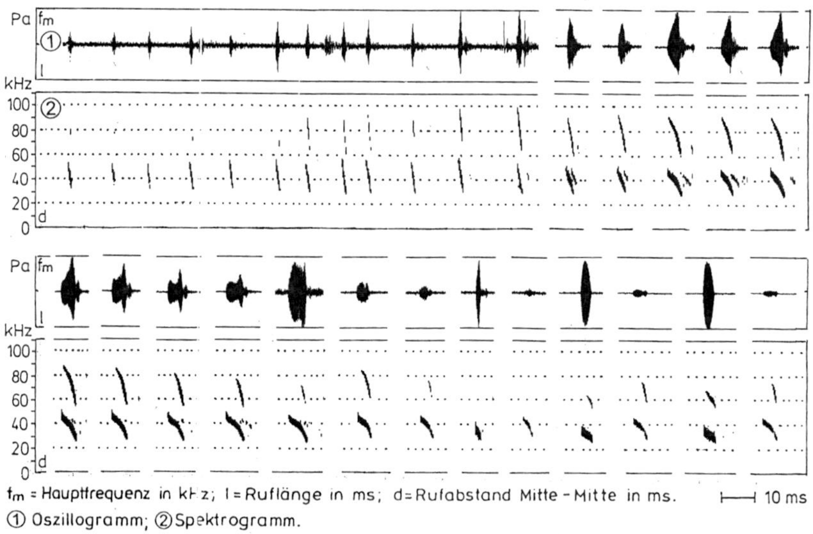

Abb. 81: Rufe einer Mopsfledermaus beim Abflug vom Hausquartier in den Wald. 14.6.1999, Selbitz/D.

Sozialrufe: Ständig wiederholte 15-25 ms lange Rufe (etwa 4 Rufe/s) mit Hauptfrequenzen um 22 kHz (Abb. 82 A) sowie im Flug vorgetragene Doppelrufe mit einer Hauptfrequenz um 13 kHz (Abb. 82 B). Letztere Rufe wurden von Barataud (1996) als revierabgrenzende Balzrufe eines Männchens gedeutet und wurden nur Mitte August bis Mitte September gehört.

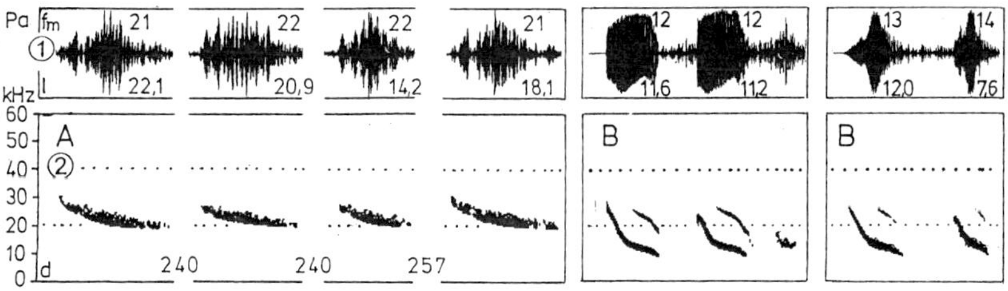

fm = Hauptfrequenz in kHz; l = Ruflänge in ms; d = Rufabstand Mitte-Mitte in ms. 10 ms
① Oszillogramm; ② Spektrogramm.

Abb. 82: Sozialrufe der Mopsfledermaus. **A:** Aus einem Gebäude im Wald in der Morgendämmerung. 14.6.1999, Selbitz/D. **B:** Beim Flug an einem Gebäude im Wald. Datenquelle: Barataud 1996 CD II/58.

Verwechslungsmöglichkeiten: Im hindernisarmen Suchflug lassen sich die Rufe nach dem Mischverfahren mit denen des Großen Mausohrs oder ähnlich rufender *Myotis*-Arten verwechseln. Die kastagnettenartigen Anklänge der Rufe können bei der Unterscheidung zu diesen Arten helfen. Rufe und Spektrogramme nach dem Zeitdehnverfahren sind wegen des Frequenzwechsels und der unterschiedlichen Frequenzmodulation der Ruftypen A und B (Abb. 80) eindeutig artbezeichnend.

8.3.34 Langflügelfledermaus – *Miniopterus schreibersii* (Kuhl 1819)

Kennzeichen

Körpermerkmale: Mittelgroße Fledermaus. Gewicht (8) 9-14 (16) g. Kopf Rumpflänge (48) 53-60 (62) mm. Schmale, spitz auslaufende Flügel mit einer Spannweite von 280-330 mm. Unterarmlänge (42) 43-47 (48) mm. Oberseite graubraun, Unterseite etwas heller. Kurze Schnauze, mit gewölbter Stirn und weit auseinanderstehenden, sehr kurzen Dreiecksohren mit vier bis fünf Querfalten. Kurzer, halbkreisförmiger Tragus. Kurze, stehende Kopfhaare. Hellbrauner Kehlkopffleck bei bulgarischen und rumänischen Populationen. Äußeres Glied des 3. und 4. Fingers wird in Ruhestellung nach innen abgewinkelt. Das 2. Glied des 3. Fingers ist fast dreimal so lang wie das 1. Fingerglied.

Verbreitung: Mittelmeerländer einschließlich Mittelmeerinseln. Nordgrenze der Verbreitung: Zentralfrankreich, Westschweiz, Norditalien, Südösterreich, Slowakei, Ungarn und Rumänien.

Lebensraum: Klimagünstiges, offenes Gelände in der Ebene, im Hügelland und in den unteren Gebirgslagen. Teilweise auch im Laubwald. Quartiere und Wochenstuben in Höhlen bevorzugt in Karstgebieten, im Norden auch in Gebäuden. Lebt gerne gesellig. Überwinterung November-März.

Flug: Schneller und gewandter Flug, meist über 7 m hoch in hindernisarmem Gelände, oft auch über Lampen mit UV-Lichtanteil, z.B. HQL-Lampen. Fluggeschwindigkeit 25-50 (60) km/h. Ausflugsbeginn 10-30 Minuten nach Sonnenuntergang.

Wanderungen: Die Populationen am Nordrand des Verbreitungsgebietes wandern zumindest teilweise zu klimatisch günstigen, meist südlich gelegenen Überwinterungsgebieten. Weiteste bisher nachgewiesene Wanderung 839 km (Dietz et al. 2007).

Gefährdung: In den nördlichen Randgebieten des Verbreitungsareals stark gefährdet und lokal durch Quartierzerstörungen und Lebensraumveränderungen ausgestorben, z.B. am Kaiserstuhl/Süddeutschland und in der Südschweiz. Auch heute noch Gefährdung durch Pestizide.

Ultraschallrufe

Suchrufe im hindernisarmen Flug (Abb. 83):

Frequenz: Hauptfrequenz verhältnismäßig konstant bei (49) 51-55 (56) kHz, jedoch örtlich unterschiedlich, auf Korsika 49-50 kHz (Barataud 1996). Anfangs- und Endfrequenz 55-80→49-55 kHz. Frequenzverlauf in der Regel im ersten Teil abnehmend moduliert (fm-d), im zweiten Teil nahezu oder exakt konstant (cf-n) oder (cf-e).

Oszillogrammform: Unterschiedlich gleichmäßig ansteigend oder abfallend. Nicht selten befinden sich auch Amplitudenmaxima im ersten und letzten Drittel des Oszillogramms. Beginn und Ende des Schalldrucks der einzelnen Rufe sind typischerweise sehr unterschiedlich.

Ruflänge: In der Regel (6) 7-13 (15) ms. Ruflängen über 10 ms sind verhältnismäßig häufig.

Rufabstände: Häufige (typische) Abstände Mitte-Mitte sehr variabel, in der Regel 65-140 ms. Häufige Rufe 7,1-15,4/s.

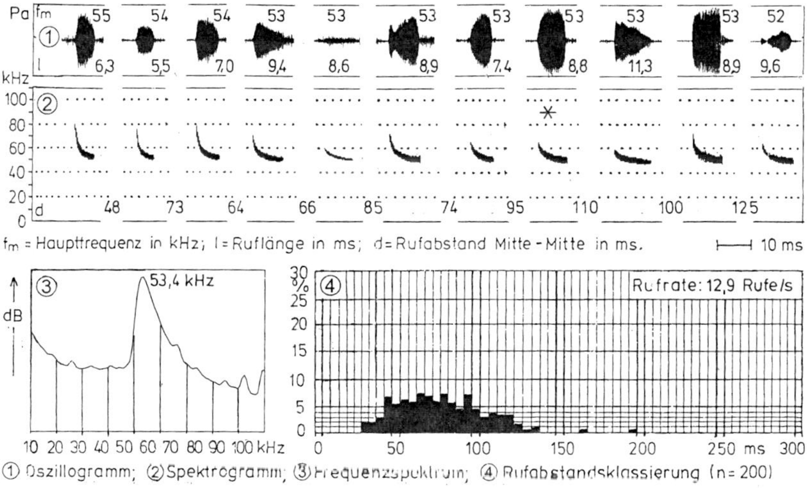

Abb. 83: Rufe der Langflügelfledermaus. 5 m hoch in einem Karstgebiet. 4.5.2003, Moni Katholico, Kreta/GR.

H ö r e i n d r u c k: Im Mischverfahren nach Rufabstand und Lautstärke unregelmäßiger Rhythmus. Infolge der verhältnismäßig hohen Fluggeschwindigkeit werden meist nur wenige Rufe hintereinander gehört. Die maximale Hörweite beträgt ca. 40 m.

Transferrufe: Wie Suchrufe im hindernisarmen Flug, jedoch sind die Rufe/s etwas weniger.

Suchrufe im hindernisreichen Flug: Je nach Umfang der Hindernisse verkürzen sich die Rufe wesentlich, während die Hauptfrequenz nur geringfügig ansteigt. Beispielsweise verringerten sich bei einem Flug am Waldrand mit Hindernissen die Ruflängen auf durchschnittlich etwa 4 ms bei einer Hauptfrequenz von etwa 52 kHz.

Fangrufe: Wie bei Fledermäusen üblich, jedoch fällt auf, dass die Langflügelfledermaus zu überdurchschnittlich vielen Rufen/s in der Endphase des Fangrufs fähig ist. Ich konnte bis zu etwa 230 Rufe/s registrieren.

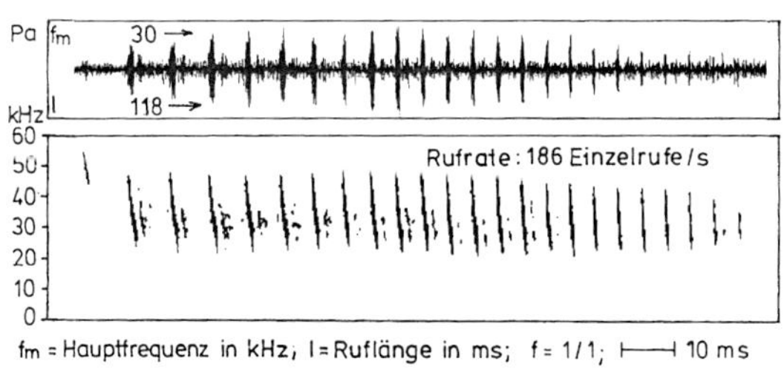

Abb. 84: Sozialrufe der Langflügelfledermaus, 7 m hoch über einer Höhle des Karstgeländes. 4.5.2003, Moni Katholico, Kreta/GR.

Sozialrufe: Selten zu hören, von den Männchen meist in der Nähe von Karstquartieren (Abb. 84). Die kurzen, meist 20-25 trillerartigen Rufe haben eine wie für den Insektenfangruf ähnliche Zahl von Rufen um 180/s. Die Hauptfrequenz liegt dabei um 25-30 kHz.

Verwechslungsmöglichkeiten: Die Rufe der Langflügelfledermaus hören sich »stumpfer« und »blubbernder« an als die »trockenen« bzw. »spitzen« Rufe der *Myotis*-Arten. Eine Verwechslung ist nach Frequenz und Höreindruck mit der um 55 kHz rufenden Mückenfledermaus oder mit einer ungewöhnlich hoch rufenden Zwergfledermaus möglich. Nach dem Mischverfahren ist in der Regel eine eindeutige Unterscheidung zwischen Mücken- und Langflügelfledermaus nur schwer oder nicht möglich. In der Regel ist der Rhythmus der Langflügelfledermaus jedoch unregelmäßiger. Die erfassbaren Rufreihen sind infolge der verhältnismäßig hohen Fluggeschwindigkeit kürzer. Die Sozialrufe der Mückenfledermaus (und der Zwergfledermaus) sind eindeutige Unterscheidungsmerkmale. Durch das Zeitdehnverfahren kann auch die spektrografische Analyse Klarheit ergeben, sofern die Langflügelfledermaus in nahezu hindernisfreiem Gelände geflogen ist. Im Gegensatz zu den *Pipistrellus*-Arten sind die Ruflängen der Langflügelfledermaus häufig länger als 10 ms. BARATAUD (1996) weist darauf hin, dass Struktur und Frequenz der Rufe der Langflügelfledermaus beim Flug unmittelbar am Laubwerk denen von Bart- und Zwergfledermaus ähneln. Allerdings sind derartige Flüge der Langflügelfledermaus nicht häufig.

8.4 Familie Bulldoggfledermäuse – Molossidae

Bulldoggfledermäuse sind in Europa nur durch eine Art vertreten. Typische Kennzeichen sind: Langer, weit über die Schwanzflughaut hinausragender Schwanz, sich an der Basis berührende Ohrmuscheln und mehrere Falten an der Oberlippe.

8.4.1 Bulldoggfledermaus – *Tadarida teniotis* (RAFINESQUE 1814)

Kennzeichen

Körpermerkmale: Sehr große robuste Fledermaus mit langem freiragendem Schwanz mit zahlreichen Endborsten. Gewicht (20) 25-50 (55) g. Kopf-

Rumpflänge (81) 82-88 (92) mm. Spannweite der schmalen Flügel 400-420 mm. Unterarmlänge (55) 58-65 (70) mm. Kurzes, dünnhaariges Fell. Oberseite dunkel(grau)braun. Unterseite grauweiß. Lange und breite, an der Basis miteinander verbundene Ohren. Schnauze und Flughäute dunkelgrau. Fünf Querfalten an der Oberlippe.

Verbreitung: Mittelmeerländer. Im Norden bis Südfrankreich, Schweiz, Südwestösterreich, Slowakei (selten, Verf.), Bulgarien. Auch verbreitet auf den Kanarischen Inseln El Hierro, La Gomera, La Palma, Teneriffa und selten Madeira. Sehr selten auch nördlicher.

Lebensraum: Benötigt freies Gelände über Ortschaften, Steinbrüchen, felsigem Gebiet und sonstiger Landschaft. Fliegt auch entlang von Straßenlampen. Jagdgebiete vom Meeresspiegel bis etwa 2000 m Höhe. Quartiere in Spalten von hohen Gebäuden, Kirchtürmen, Felsen und Höhlen. Überwinterung November bis März.

Flug: Fliegt geradlinig, schnell, hoch (10-80 m und höher) und in jeder Nacht oft sehr weit bis zu einer Entfernung von etwa 50-80 km. Fluggeschwindigkeit 25-65 km/h. Ausflug in der Regel 10-30 Minuten nach Sonnenuntergang, oft auch später. Der Winterschlaf wird regelmäßig unterbrochen. Dann jagt die Bulldoggfledermaus auch bei niedrigen Temperaturen.

Wanderungen: Gerichtete Wanderungen über große Strecken zwischen Sommer- und Winterquartieren sind bisher nicht sicher nachgewiesen. Die Art streift jedoch weit umher.

Gefährdung: Bestände sind in der Regel stabil, flukturieren aber an der Nordgrenze des Verbreitungsareals.

Ultraschallrufe

Suchrufe im hindernisarmen Flug (Abb. 85):

Frequenz: Hauptfrequenz (8) 10-14 (15) kHz. Anfangs- und Endfrequenz 10-22→10-14 kHz. Frequenzverlauf meist nahezu oder exakt konstantfrequent (cf-n) oder (cf-e), seltener frequenzmoduliert (fm-d). 3. Harmonische stärker ausgeprägt als 2. Harmonische.

Oszillogrammform: Unterschiedlich, oft pflaumenförmig, aber auch bei Rufbeginn plötzlicher Schallpegelanstieg möglich. Schallpegel läuft häufig am Ende des Rufes allmählich aus.

Ruflänge: (10) 12-20 (27) ms.

Rufabstände: Häufige (typische) Abstände meist um 450-550 ms, beim Flug in großen Höhen auch 650-850 ms. Häufige Rufe 1,8-2,2 (1,2-1,5)/s.

Höreindruck: Verhältnismäßig gleichmäßiger Rhythmus mit großen Rufabständen und sich wenig verändernder Frequenz. Nach dem Misch-

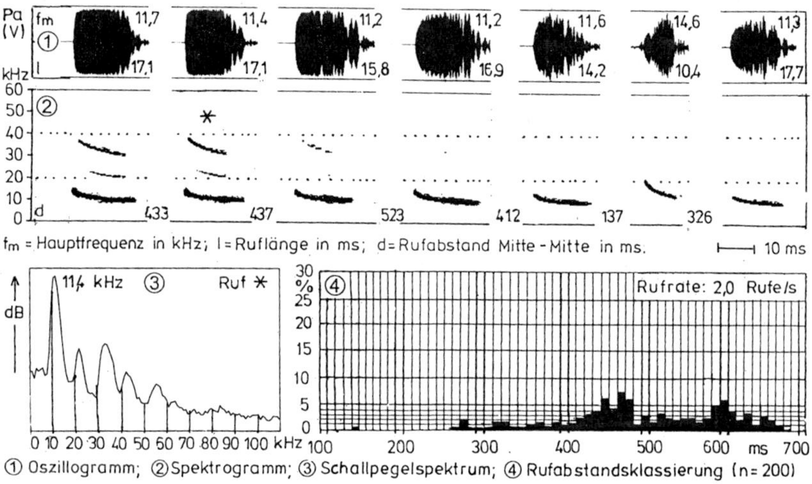

Abb. 85: Rufe der Bulldoggfledermaus ca.15 m hoch an einer Straßenlampe. 24.4.2004, Agios Nicolaos, Kreta/GR.

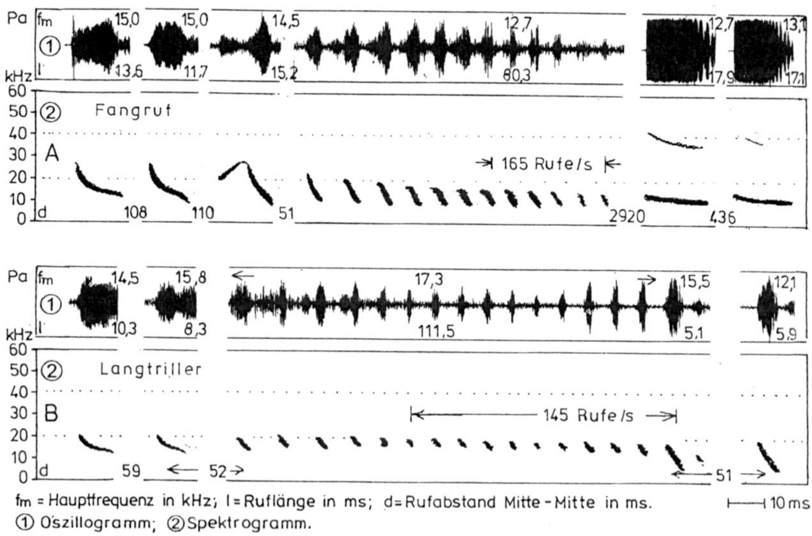

Abb. 86: Rufe der Bulldoggfledermaus: **A:** Fangruf und **B:** Langtriller 15-20 m hoch über einer starken HQL-Lampe. 6.5.2008, Apolakia, Rhodos/GR.

verfahren sind die Rufe lautstark zu vernehmen. Hörbarkeitsgrenze 130-160 m. Nach dem Zeitdehnverfahren sind die Rufe wohlklingend. Sie sind auch mit dem bloßen Ohr schon auf große Entfernung als »Zicks« zu hören.

Transferrufe: Wie Suchrufe im hindernisarmen Flug. Hauptfrequenz um 11 kHz und Rufabstände überwiegend über 500 ms.

Suchrufe im hindernisreichen Flug: Verhältnismäßig laute Rufe unter Zunahme der Rufe/s und Frequenzmodulation, geringfügiges Ansteigen der Hauptfrequenz und Abnahme der Ruflänge. Da die Bulldoggfledermaus fast ausschließlich in größeren Höhen fliegt, sind Rufe im hindernisreichen Gelände selten zu hören.

Fangrufe (Abb. 86 A): In der Endphase werden 140-180 Rufe/s erreicht. Die Hauptfrequenz ändert sich dabei nur gering.

Sozialrufe: Gelegentlich sind Langtriller (Abb. 86 B) zu hören. Deren Hauptfrequenzen liegen bei 12-18 kHz und sind manchmal von den Fangrufen nur schwer zu unterscheiden.

Verwechslungsmöglichkeiten: Nach den typischen Rufreihen mit Frequenzen von 10-14 kHz ist die Bulldoggfledermaus unverwechselbar. Der Rhythmus ist ruhiger als der von den *Nyctalus*-Arten, auch klingen die Einzelimpulse etwas gedämpfter, etwa »blopp«.

Die Sozialrufreihen der Bulldoggfledermaus hören sich im Zeitdehnverfahren klangschön an, ähnlich wie von Großem und Kleinem Abendsegler (AHLÉN 1990).

9 Bestimmungsschlüssel nach Ultraschall-Merkmalen

Genaue Bestimmungsschlüssel für Fledermäuse o h n e Angaben von Ultraschall befinden sich bei DIETZ, HELVERSEN & NILL (2007).

Die folgenden Daten über Ultraschall gelten für den hindernisarmen Flug.

Doppelklickrufe

Art Hauptfrequenz in kHz	Anfang →Ende in kHz	Ruf- länge in ms	häufige Rufe/s	Hör- weite in m	Besonderheiten der Rufe
Nilflughund ca. 30	60-80 →10-15	0,3-0,7	8,3-12,5	20-30	Rufe nur bei völliger Dunkelheit

Doppelfrequente Rufe

Art Hauptfrequenz in kHz	Anfang →Ende in kHz	Ruf- länge in ms	häufige Rufe/s	Hör- weite in m	Besonderheiten der Rufe
Mopsfledermaus A: (31) 32-33 (34) B: (38) 39-42 (43)	38-42 →27-30 42-48 →25-30	2,3-3,3 4,0-6,5	13,3-20,0	ca. 40 ca. 20	zwei Ruftypen, die fast immer abwechselnd zu hören sind: A: lauter, aus dem Mund B: leiser, aus der Nase

Hochfrequente Rufe

Art Hauptfrequenz in kHz	Anfang →Ende in kHz	Ruf- länge in ms	häufige Rufe/s	Hör- weite in m	Besonderheiten der Rufe
Große Hufeisennase (77) 79-84 (86)	55-70 →50-70	35-75	8,3-12,5	10	Ruffolgen flötenartig, ähnlich dem Fluggeräusch von Enten
Kleine Hufeisennase (106) 107 115 (116)	80-100 →75-95	30-60	10,0-16,7	6	Ruffolgen flötenartig, ähnlich dem Fluggeräusch von Enten
Mittelmeer-Hufeisennase (101) 102-107 (108)	80-95 →75-95	30-60	10,0-16,7	6	ähnlich Kleiner Hufeisennase, jedoch etwas niedrigere Frequenz
Blasius-Hufeisennase (92) 93-96 (98)	75-85 →70-80	40-80	8,3-14,3	7	Hauptfrequenz sicheres Unterscheidungsmerkmal
Mehely-Hufeisennase (105) 106-112 (115)	85-95 →70-95	120-140	7,1-5,6	7	längere Rufe als Kleine und Mittelmeer-Hufeisennase

Endfrequente konstante Rufe

Art Hauptfrequenz in kHz	Anfang →Ende in kHz	Ruf- länge in ms	häufige/ *weitere* Rufe/s	Hör- weite in m	Besonderheiten der Rufe
Großer Abendsegler A: (17) 18-20 (21) B: (20) 21-27 (29)	20-22 →16-20 27-40 →20-27	(10) 14-26 (28) (5) 6-13 (15)	3,3-4,0 *2,3-6,7* wie oben	150 100	oft Frequenzwechsel A: »plopp« laut B: »plipp« leise
Kleiner Abendsegler (21) 22-28 (30)	25-40 →22-26	(5) 7-16 (20)	3,3-5,0 *2,4-10,0*	70-120	keine ständigen Frequenzwechsel
Azoren-Abendsegler (27) 28-33 (38)	30-43 →27-32	(5) 6-16 (18)	4,2-5,6 *3,0-9,1*	70-100	nur auf den Azoren; Ultraschall auch am Tage
Riesenabendsegler (14,5) 15-20 (23)	15-25 →14-20	(12) 15-25 (28)	1,8-2,5 *1,2-6,3*	100-170	wie Großer Abendsegler; Frequenz meist niedriger
Breitflügelfledermaus (23) 24-27 (29)	35-60 →22-27	(7) 8-16 (18)	3,1-7,7 *2,9-8,3*	70-90	gleichmäßige Rufabstände mit Aussetzern; langsame Rufabstände gelegentlich

Küstenfledermaus (27) 28-29 (30)	35-60 →27-30	(7) 8-13 (16)	3,6-7,1	70-85	wie Breitflügelfledermaus, jedoch etwas leiser
Nordfledermaus (26) 27-30 (31)	35-45 →26-29	(8) 9-17 (19)	4,6-5,3 *3,0-8,3*	60-80	typisch getragener Rhythmus
Zweifarbfledermaus (22) 23-26 (27)	30-45 →21-24	(10) 12-19 (21)	3,1-3,9 *2,2-6,3*	90-120	oft getragener Rhythmus; Balzflüge im Herbst
Zwergfledermaus (41) 43-49 (52)	44-70 →42-51	(3) 4-8 (10)	7,7-13,3 *4,6-13,3*	30-40	oft typisch »blubbernd«; häufige Balzrufe
Mückenfledermaus (50) 52-57 (64)	60-80 →51-56	(3) 4-8 (10)	10,5-15,4 *5,6-15,4*	ca. 30	Frequenz von anderen *Pipistrellus*-Arten gut zu unterscheiden
Madeira-Fledermaus (42) 43-47 (49)	44-70 →42-47	(4) 5-9 (11)	8,3-12,5 *5,0-12,5*	30-40	Madeira, Kanaren, Azoren; Balzrufe etwas anders als bei Zwergfledermaus
Rauhautfledermaus (35) 37-41 (42)	36-70 →35-41	(5) 7-10 (12)	7,7-10,0 *5,0-10,0*	50-60	dreiteiliger Balzruf mit 2 Trillern; liebt Wassernähe
Weißrandfledermaus (35) 36-41 (42)	35-60 →35-42	(5) 6-10 (12)	7,7-11,1 *4,3-11,1*	40-50	Triller-Balzruf niedriger als bei Zwergfledermaus
Alpen-Fledermaus (31) 32-35 (36)	35-50 →31-36	(6) 7-11 (12)	5,0-5,6 *2,7-5,6*	50 -60	getragener Rhythmus wie bei Nordfledermaus
Langflügelfledermaus (49) 51-55 (56)	55-80 →49-55	(6) 7-13 (15)	7,1-15,4	40	verhältnismäßig schneller Flug
Europäische Bulldoggfledermaus (8) 10- 14 (15)	10-22 →10-14	(10) 12-20 (27)	1,8-2,2 *1,2-1,5*	130-160	hörbar auch mit bloßem Ohr; Rufe sehr laut

Endfrequente fallende (abnehmende) Rufe

Art Hauptfrequenz in kHz	Anfang → Ende in kHz	Ruf- länge in ms	häufige/ *weitere* Rufe/s	Hör- weite in m	Besonderheiten der Rufe
Wasserfledermaus (37) 40-47 (55)	55-95 →25-40	3-7	10,5-15,4	40-50	direkt über Wasser zirkelnd; oft Interferenzen durch gespiegelte Wasseroberflächen
Langfußfledermaus (40) 41-49 (55)	50-90 →28-38	3-7	10,5-15,4	40-50	wie Wasserfledermaus

Teichfledermaus A: (36) 37-41 (42) B: (28) 30-36 (38)	60-85 →20-30 40-60 →25-35	5-9 12-23	8,3-12,5 4,0-12,5	50-60 70 -100	A: meist fast geradliniger Flug; an größeren Gewässern B: oft kurze und laute »wachtelähnliche« Rufe
Große Bartfledermaus (37) 39-46 (50)	65-100 →23-30	4-7	9,1-12,5 *5,3-12,5*	20-35	Rufabstand verhältnismäßig gleichmäßig
Kleine Bartfledermaus (40) 41→52 (57)	65-100 →28-35	3-6	11,1-14,3	20-30	oft etwas höhere Frequenz als Große Bartfledermaus
Nymphenfledermaus (48) 50-60 (65)	100-130 →41-47	2-4	11,1-20,0	20-30	hohe Hauptfrequenz; typische Endfrequenz
Wimperfledermaus (48) 50-65 (75)	90-140 →30-40	1,5-4	11,1-25,0	20-30	hohe Hauptfrequenz; schnelle Rufe
Fransenfledermaus (28) 32-48 (53)	80-150 →12-25	2-5	9,1-13,3	20-30	an- und abschwellende Rufe; Endfrequenz niedrig
Bechsteinfledermaus (38) 41-48 (50)	80-100 →25-40	2,5-6	9,1-11,1	20-30	bedeutende Änderung der Frequenz in Wald und Wiese
Großes Mausohr (27) 28-35 (37)	50-75 →21-26	5-10	6,3-11,1	30-40	hindernisreich sehr ähnlich der Breitflügelfledermaus
Kleines Mausohr (28) 30-37 (40)	50-80 →21-26	5-10	6,3-11,1	30-40	ähnlich wie Großes Mausohr
Punisches Mausohr	ähnlich wie Großes Mausohr				

Starke zweite Harmonische

Art Hauptfrequenz in kHz	Anfang → Ende in kHz	Ruflänge in ms	häufige/ *weitere* Rufe/s	Hörweite in m	Besonderheiten der Rufe
Braunes Langohr (22) 25-35 (40)	45-60 →18-23	2-5	12,5-25,0 *8,3 25,0*	3-7	Balzrufe als »Ticken« hörbar wie Rufe eines Rotkehlchens
Alpen-Langohr	wie Braunes Langohr				
Kanaren-Langohr	vermutlich wie Braunes Langohr				
Sardisches Langohr	vermutlich wie Braunes Langohr				
Graues Langohr (22) 23-28 (32)	35-50 →20-25	2-6	7,7-12,5 *6,7-16,7*	12-35	Rufe lauter als Braunes Langohr
Balkan-Langohr	wie Graues Langohr				

10 Körperbau einer Fledermaus

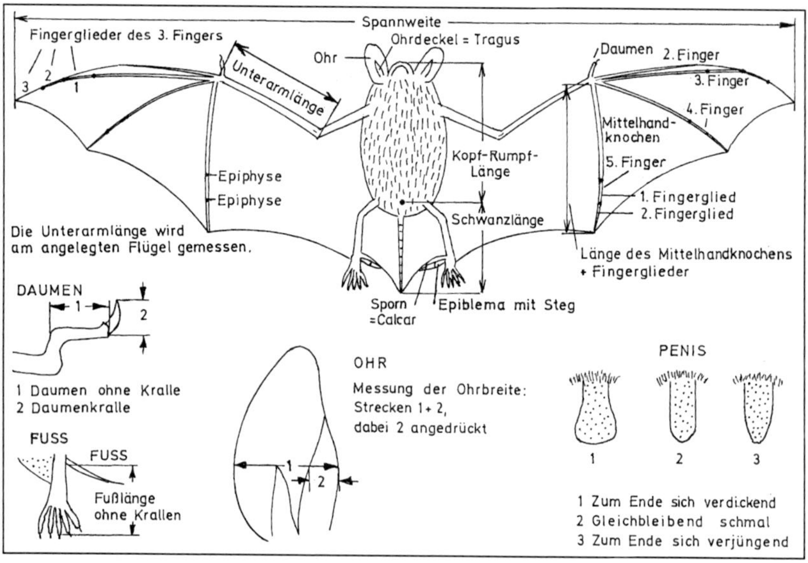

Abb. 87: Körpermerkmale zum Bestimmen einer Fledermaus.

11 Artbestimmung von Fledermäusen durch Kot

Nicht selten besteht ein Verdacht auf Fledermausvorkommen, wenn besonders tagsüber zahlreiche kleine Kotballen (Pellets) am Boden von Kirchen, an sonstigen Gebäuden, unter Hausdächern, Fensterbänken und -läden, Rollläden, auf und unter Balkonen und unter Türrahmen, manchmal auch sonst am Erdboden gefunden werden.

Zunächst ist dann zu klären, ob es sich tatsächlich um Kot von Fledermäusen gehandelt hat. Dieser besteht aus unverdaulichen Resten der gefangenen Insekten, in erster Linie aus manchmal frisch glänzenden Chitin-Außenhüllen, Beinen und Antennen, aber auch aus filzartigen Bestandteilen von pelzigen Insekten und Flügelschuppen von Tag- und Nachtfaltern. Entsprechend ist der Fledermauskot bröckelig. Der formähnliche Kot von Mäusen ist fest mit verhältnismäßig glatten Oberflächen ohne Chitinreste. Vogelkot besitzt häufig weiße Bestandteile.

Sofern aus solchen Quartieren die tagsüber meist versteckten Fledermäuse in der Nacht aus- und einfliegen, lässt sich häufig mit dem Ultraschall-Detektor ihre Art feststellen, teilweise auch in der Abenddämmerung durch einfache Sicht oder Fotos. Sind die Fledermäuse abgewandert, z.B. weil die Wochenstuben inzwischen verlassen wurden, so kann nur noch durch Kotballen die Bestimmung der Art in etwa eingegrenzt werden. Es muss jedoch darauf hingewiesen werden, dass eine Artbestimmung durch Kot in vielen Fällen nicht sicher möglich ist. Zu achten ist nämlich auch darauf, dass Form, Farbe, Länge und Durchmesser des Kots einer Fledermausart je nach Alter, Geschlecht und Möglichkeiten des Insektenfangs etwas unterschiedlich sein können. Experten ist es möglich, durch eventuell im Kot vorhandene Bestandteile die Fledermausart noch besser zu bestimmen, z.B. durch Insektenteile, Fledermaushaare, Ektoparasiten und auch durch aufwendige Genanalysen von Zellbestandteilen. Abb. 88 zeigt die Kotballen der wichtigsten europäischen Fledermäuse. Weitere Angaben dazu befinden sich in der Zeitschrift Nyctalus (Skiba 2004).

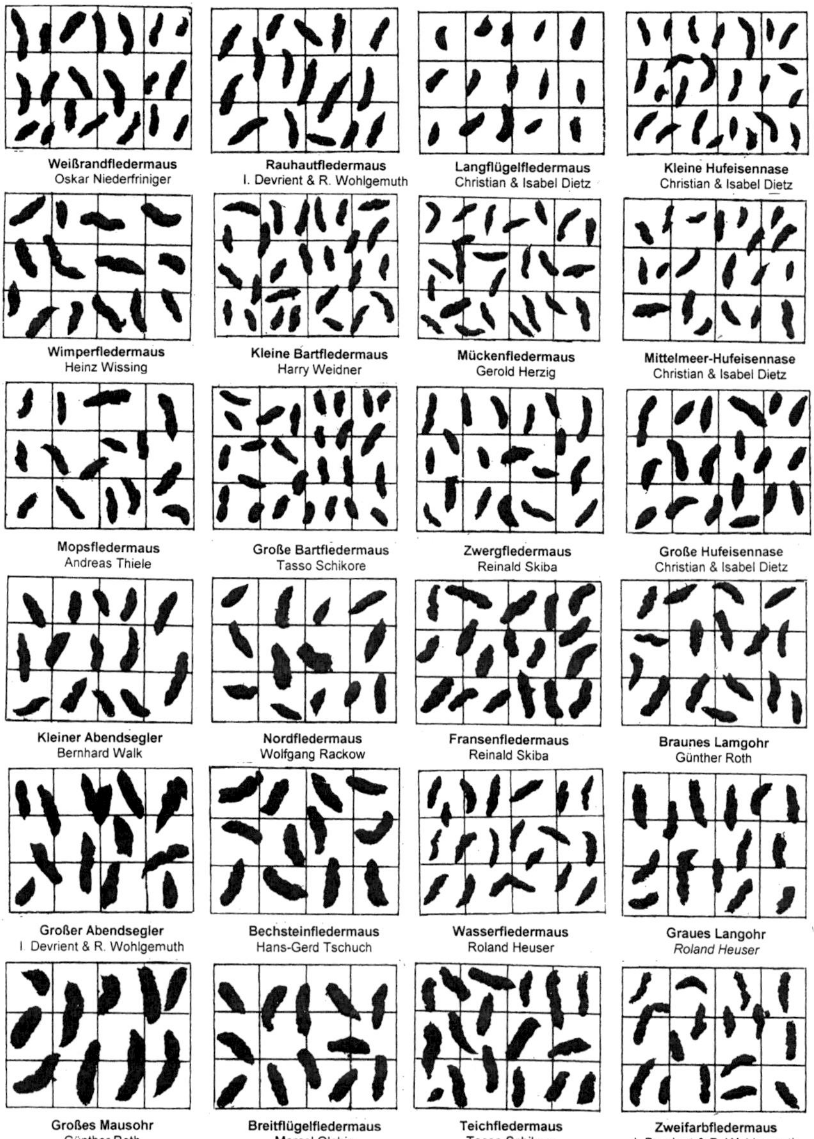

Abb. 88 (1-24): Kotballen von ausgewählten europäischen Fledermausarten. Die Bilder wurden verkleinert. Die Normalgröße der Kästchen in den Bildern beträgt 1 cm x 1 cm. Falls diese Normalgröße zu Vergleichszwecken erwünscht wird, empfiehlt sich eine Vergrößerung mittels Drucker auf DIN A4.

12 Erklärung der Fachausdrücke

Amplitude: Größter Ausschlag einer Schwingung aus der Mittellage.

Art: Gesamtheit aller Individuen, die in Korperbau und Leistung wesentlich über einstimmen und unter natürlichen Bedingungen miteinander fruchtbare Nachkommen erzeugen können.

Dezibel (dB): 1 dB = 0,1 B (Bell; benannt nach Alexander Graham Bell). Hilfsmaßeinheit zur Kennzeichnung des dekadischen Logarithmus des Verhältnisses zweier gleichartiger Energiegrößen; in der Akustik z.B. des Schalldruckpegels. → **Schalldruckspektrum**, → **Schallpegelspektrum**.

Doppler-Effekt: Frequenzverschiebung infolge relativer Bewegung zwischen Sender und Empfänger. Benannt nach dem Physiker Christian Doppler (1803-1853).

Digitalisierung: Darstellung einer Information durch eine Folge von Zahlen (Gegenteil: analoges Vorgehen). Analoge Messwerte, z.B. elektrischer Spannung, werden für die Digitalisierung durch Zahlenteile gekennzeichnet und aufgenommen. Die Abtastrate muss mindestens das Doppelte der Tonfrequenz besitzen, also Töne bis 160 kHz mindestens 320 kHz (= Teilstücke je Sekunde).

FFT = Fast Fourier Transformation: Algorithmus (Rechenart) zur schnellen Bestimmung des Frequenzspektrums eines digitalen Zeitsignals. Das Rechenverfahren beruht darauf, dass durch Addition der Wellen eines Haupttones zu Wellen mit schwächeren Tönen eine Gesamtwelle entsteht, aus der sich die anteiligen Wellen mit unterschiedlichen Frequenzen zurückrechnen und grafisch darstellen lassen. Benannt nach dem Physiker Jean Babtiste Joseph de Fourier (1768-1830).

Frequenz: Allgemein: Anzahl von (periodischen) Ereignissen pro Zeiteinheit. In der Akustik: Schallschwingungen pro Sekunde; z.B. Schwingungen eines Tones (hier: Harmonische von Fledermäusen) als Schwingungen/Sekunde. Zur Kenntnis über einen Ton einer Fledermaus sind Anfangs-, Haupt- und Endfrequenz sowie gesamter Frequenzverlauf besonders wichtig. Einheit der Frequenz ist das → **Hertz**.

Frequenzbandbreite: Die während der Zeit eines Rufes vorhandene unterschiedliche Anzahl von Frequenzen gemessen in kHz.

Frequenzmodulation: Veränderung der Frequenz in kHz während des zeitlichen Verlaufs eines Tones.

Gentechnik: Disziplin der Biotechnologie, die auf Kenntnissen der Molekularbiologie und Genetik aufbaut und die gezielte Manipulation des Erbgutes (Genom) ermöglicht.

Geräusch: Komplex von Tönen unterschiedlicher Frequenz, die zueinander keine geregelte mathematische Beziehung haben. Bei Fledermäusen werden Geräusche fast nur als Sozialrufe vorwiegend von Jungtieren erzeugt. Bei der Detektorarbeit erzeugen vorbeifahrende Autos und manchmal auch Heuschrecken typische störende Geräusche. → **Klang**, → **Ton**.

Harmonische: Töne, deren Wellenlängen durch ein ganzzahliges Vielfaches miteinander in Beziehung stehen. Beträgt beispielsweise die 1. Harmonische 25 kHz, so betragen die 2. Harmonische 50 kHz und die 3. Harmonische 75 kHz usw. → **Klang**, → **Ton**.

Hauptfrequenz = Frequenzmaximum (fm): Die lautstärkste Frequenz in einem Geräusch oder Ton. Der grafische Ausweis erfolgt in einem frequenzabhängigen → **Schalldruck-** oder → **Schallpegelspektrum**.

Hauptton: Zeitabhängiger Frequenzverlauf eines Tons, der in einem Tongemisch den größten Schalldruck bzw. Schallpegel besitzt. Der Hauptton ist bei Fledermäusen in der Regel die 1. Harmonische, bei Hufeisennasen jedoch die 2. Harmonische.

Hertz (Hz): Einheit der → **Frequenz** (nach dem Physiker HEINRICH RUDOLF HERTZ). 1 Hz = 1 Schwingung/Sekunde. Bei hochfrequenten Vorgängen/Schwingungen ist meist die Angabe in **Kilohertz (kHz)** sinnvoll: 1 kHz = 1000 Hz = 1000 Schwingungen/Sekunde. Der Hörbereich des menschlichen Ohrs liegt etwa zwischen 20 Hz (untere Hörschwelle) und 20 kHz (obere Hörschwelle). Frequenzen oberhalb der oberen menschlichen Hörschwelle werden als Ultraschall bezeichnet. Fledermäuse und viele andere Tiere können Teile des Ultraschalls wahrnehmen.

Hindernisarmer Flug: Rufe im offenen oder fast offenen Gelände, meist auch beim Transferflug.

Hindernisreicher Flug: Flug in unmittelbarer Nähe von Bäumen, Sträuchern, Lampen, Gebäuden u.a.

Klang: Aus mehreren in der Frequenz parallel verlaufenden Tönen zusammengesetzter Laut. Bei Fledermäusen handelt es sich fast immer um alle Harmonischen. → **Ton**.

Morphologie: In der Biologie die Lehre von Form, Gestalt und Struktur der Organismen.

Oszillogramm: Grafische Darstellung der zeitabhängigen Schwingungen, bei einem reinen Ton in Sinusschwingungen.

Parabolscheibe: Hohlspiegel zur Bündelung von Wellen.

Pascal (Pa): Einheit des Drucks (benannt nach BLAISE PASCAL), so auch des Schalldrucks = durch Schallschwingungen erzeugter Wechseldruck der Luft (allgemein: des Schallübertragungsmediums); hier durch Rufe der Fledermäuse erzeugt. 1 Pa = 1 kg/(m·s^{-2}) = 1 N/m.

Periodogramm: Grafische Darstellung des zeitabhängigen Frequenzverlaufs einer 1. Harmonischen ohne Berücksichtigung des Schalldrucks und ohne eventuell vorhandene weitere Harmonische.

Rufabstandsklassierung: Darstellung der Häufigkeit von Rufabständen als Histogramm mit Abstandsklassen. In den Skizzen erfolgte eine Einteilung in 5- oder 10-ms-Klassen. Aufgenommen wurden in der Regel 200 Rufabstände.

Rufrate: Durchschnittliche Zahl der Rufe/s. In den grafischen Darstellungen wurden in der Regel 200 Rufabstände aufgenommen.

Schalldruckspektrum: Grafische Darstellung des Schalldruckverlaufs eines Geräusches in Abhängigkeit von der Frequenz. Die Spitze in der Kurve ist die Hauptfrequenz in kHz.

Schallpegelspektrum: Grafische Darstellung des Schall(druck)pegels eines Geräusches in Abhängigkeit von der Frequenz. Der Schallpegel steht in einem logarithmischen Verhältnis zum Schalldruck. Die Spitze in der Kurve ist die Hauptfrequenz.

Schwärmen: Ständiger Flug mehrerer Fledermäuse an einem Ort, selten auch einer einzelnen Fledermaus.

Sonagramm: Grafische Darstellung des zeitabhängigen Frequenzverlaufs eines Geräusches unter Berücksichtigung des Schalldrucks mit Hilfe eines Sonagrafen.

Spektrogramm: Grafische Darstellung des zeitabhängigen Frequenzverlaufs eines Geräusches unter Berücksichtigung des Schalldrucks mit Hilfe von PC-Software. Heute besser geeignet als das frühere Sonagramm.

Transferrufe: Rufe in gerader Flugstrecke, um Nahrungsgebiete und Quartiere auf Wanderungen zu erreichen.

Ton: Die durch eine harmonische sinusförmige Schallwelle ausgelöste Gehörempfindung. → **Harmonische** und → **Klang**.

Unterart: Gesamtheit aller Individuen, die sich innerhalb der Art von dieser einheitlich in besonderen Merkmalen unterscheiden (z.B. Morphologie, Schallerzeugung, Verhalten, Genetik usw.) und ein geografisches Teilgebiet des Areals der Art bewohnen.

Volt (V): Einheit der elektrischen Spannung (benannt nach dem italienischen Physiker ALESSANDRO VOLTA), hier durch den Schalldruck (Pa) im Oszillogramm dargestellt. Daher kann man im Oszillogramm statt Pa auch V benutzen.

13 Literaturverzeichnis

Ahlén, I. (1980/81): Field identification of bats and survey methods based on sounds. – Myotis 18/19, 128-136.

Ahlén, I. (1981): Identification of Scandinavian bats by their sounds. – Rapport 6, The Swedish University of Agricultural Sciences, Department of Wildlife Ecology, Uppsala/S, 56 S.

Ahlén, I. (1990): Identification of bats in flight. – Swedish Society for Conservation of Nature & The Swedish Youth Association for Environmental Studies and Conservation, Stockholm/S, 50 S.

Aihartza, J.R., U. Goiti, R. Almenar & I. Garin (2003): Evidences of piscivory by *Myotis capaccinii* (Bonaparte 1837) in Southern Iberian Peninsula. – Acta Chiropterologica 5, 193-198, Warszawa/PL.

Barataud, M. (1996): The world of bats. – Sitelle Publishers, Mens/F, 47 S.

Barlow, K.E. & G. Jones (1997): Differences in songflight calls and social calls between two phonic types of vespertilionid bat *Pipistrellus pipistrellus*. – Journal of Zoology 241, 315-324, London/GB.

Barlow, K.E. & G. Jones (1999): Roosts, echolocation calls and wing morphology of two phonic types of *Pipistrellus pipistrellus*. – Zeitschrift für Säugetierkunde 64, 257-268, Hamburg/D u.a.

Benk, A. (2000): Territoriallaute der hoch rufenden Zwergfledermaus *Pipistrellus »pygmaeus/mediterraneus"* aus dem Stadtwald (Eilenriede) von Hannover. – Mitteilungen der Arbeitsgemeinschaft Zoologischer Heimatforschung Niedersachsen 6, 1-10, Hannover/D.

Berg, J. (1985): Die Bedeutung der Fledermäuse in Religion, Mythos und Aberglauben und sich daraus ergebende Gefahren für das Leben der Fledertiere. – Nyctalus 2, 147-170, Berlin/D.

Bontadina, F., T. Holz & K. Märki (2006): Die Kleine Hufeisennase im Aufwind. – Haupt, Bern/CH u.a., 79 S.

Boshamer, J.P.C. (1993): Vondst van een Noordse vleermuis *Eptesicus nilssonii* op productieplatform K 12 Bravo, Noordzee. – Lutra 36, 86-88, Leiden/NE.

Braun, M. & U. Häussler (1993): Der Kleine Abendsegler in Nordbaden. – Carolinea 51, 101-106, Karlsruhe/D.

Briggs, B. & D. King (1998): The Bat Detective. – Begleitheft zur CD. Stag Electronics, Shoreham-by-sea/GB, 56 S.

Cabrera, D.A. (1904): Ensayo monografico sobre los quirópteros de España. – Memorias de la Sociedad Española de Historia Natural 2, 249-287, Madrid/E.

Corbet, G. & D. Ovenden (1982): Pareys Buch der Säugetiere. – Parey, Hamburg/D u.a., 240 S.

Dense, C. (1991): Beobachtung einer bisher nicht beschriebenen Lautäußerung und Verhaltensweise bei einer Bartfledermaus *Myotis brandti/mystacinus* (Chiroptera: Vespertilionidae). – Naturschutz und Landschaftspflege in Niedersachsen 26, 141-142, Hannover/D.

Devrient, I., R. Wohlgemuth & A. Jasper (1997): The noctule`s new home. – Bats 15 (3), 16-17, Austin/USA.

Dietrich, S., D.P. Szameitat, A. Kiefer, H.-U. Schnitzler & A. Denzinger (2006): Echolocation signals of the plecotine bat, *Plecotus macrobullaris* Kuzyakin, 1965. – Acta Chiropterologica 8, 465-475, Warszawa/PL.

Dietz, C., O. von Helversen & D. Nill (2007): Handbuch der Fledermäuse Europas und Nordwestafrikas. – Kosmos, Stuttgart/D, 399 S.

Dürr, T. (2002): Fledermäuse als Opfer an Windkraftanlagen in Deutschland. – Nyctalus 8, 115-118, Berlin/D.

Felten, H. (1971): Eine neue Art der Fledermaus-Gattung *Eptesicus* aus Kleinasien. – Senckenb. Biol. 52, 371-376.

Felten, H., F. Spitzenberger & G. Storch (1977): Zur Kleinsäugerfauna West-Anatoliens, Teil III a. – Senckenb. Biol. 58, 1-44.

Gebhard, J. (1988): Die Forschungsstation »Hofmatt«. Ein künstliches Fledermausquartier mit zahmen, in Gefangenschaft geborenen, frei fliegenden und wilden, zugeflogenen Abendseglern *(Nyctalus noctula)*. – Myotis 26, 5-21, Bonn/D.

Gebhard, J. (1997): Fledermäuse. – Birkhäuser, Basel/CH u.a., 381 S.

GEBHARD, J. (1998): Das Fledermausbrevier. – Sonderdruck aus Schweizer Tierschutz STS – Du + die Natur Nr. 2/1996 u. Nr. 3/1997. Basel/CH, 78 S. Vertrieb: Zentralsekretariat Schweizer Tierschutz STS, Dornacherstrasse 101, CH-4008 Basel.

GEBHARD, J. (1999): Falsch gemessen: Flugrekord eines Großen Abendseglers (*Nyctalus noctula*). – Pro Chiroptera aktuell 16, 20-21, Basel/CH.

GODMANN, O. & M. FUHRMANN (1992): Einsatz eines Anlockkastens für Abendsegler, *Nyctalus noctula* (SCHREBER, 1774) während der Migrationszeit im Rhein-Main-Gebiet. – Nyctalus 4, 293-301, Berlin/D.

GREENAWAY, F. & J.E. HILL (1987): A British record of the Northern bat *Eptesicus nilssoni*. Bat news 10, 1-2, London/GB.

GRIFFIN, D.R. (1974): Listening in the dark. – 2. Aufl., Yale University Press, Dover Publication Inc.; New York/USA, 413 S.

HABERSETZER, J. & B. VOGLER (1983): Discrimination of surface-structured targets by echolocation bat *Myotis myotis* during flight. – Journal of Comparative Physiology A 152, 275-282, Berlin/D u.a.

HANÁK, V. (1987): Bat-banding in Czechoslowakia: results of a 40 years study: 1948-1987. – Poster of Fourth European bat research symposium; Prag/CZ.

HAVEKOST, H. (1960): Die Beringung der Breitflügelfledermaus (*Eptesicus serotinus* SCHREBER) im Oldenburger Land. – Bonner zoologische Beiträge 11, 222-233, Bonn/D.

HÄUSSLER, U., A. NAGEL, G. HERZIG & M. BRAUN (1999): *Pipistrellus »pygmaeus/mediterraneus«* in SW-Deutschland: ein fast perfekter Doppelgänger der Zwergfledermaus *Pipistrellus pipistrellus*. – Der Flattermann 21, 13-19, Karlsruhe/D.

HÄUSSLER, U., A. NAGEL, M. BRAUN & A. ARNOLD (2000): External characters discriminatory sibling species of European pipistrellus, *Pipistrellus pipistrellus* (SCHREBER, 1774) and *P. pygmaeus* (LEACH, 1825). Myotis 37, 27-40, Bonn/D.

HEBLICH, K. (1986): Flügelschlag und Lautaussendung bei fliegenden und landenden Fledermäusen. – In: NACHTIGALL, Hrsg. Bat flight – Fledermausflug, 139-156. BIONA-report 5, Fischer Stuttgart/D.

HEIB, S. (2007): Soziallaut-Aufnahmen von jagenden Zwergfledermäusen (*Pipistrellus pipistrellus*) – stützen sie die »food patch-defence«-Hypothese? – Nyctalus 12, 320-324, Berlin/D.

HELLER, K.-G. & O. VON HELVERSEN (1989): Resource partitioning of sonar frequency bands in rhinolophoid bats. – Oecologia 80, 178-186, Berlin/D u.a.

HELVERSEN, VON, O. (1989): Bestimmungsschlüssel für die europäischen Fledermäuse nach äußeren Merkmalen. – Myotis 27, 41-60, Bonn/D.

HELVERSEN, VON, O. (1989a): Sozialrufe eines Abendsegler-Weibchens *Nyctalus noctula*. – Myotis 27, 23-26, Bonn/D.

HELVERSEN, VON, O. (1998): *Eptesicus bottae* (Mammalia, Chiroptera) auf der Insel Rhodos. – Bonn. Zool. Beitr. 48 (2), 113-121, Bonn/D.

HELVERSEN, VON, O., K.-G. HELLER, F. MAYER, A. NEMETH, M. VOLLETH & P. GOMBKÖTÖ (2001): Cryptic mammalian species: a new species of whiskered bat (*Myothis alcathoe* n. sp.) in Europe. – Naturwissenschaften 88, 217-223, Berlin/D u.a.

HELVERSEN, VON, O. & M. HOLDERIED (2003): Zur Unterscheidung von Zwergfledermaus (*Pipistrellus pipistrellus*) und Mückenfledermaus (*Pipistrellus mediterraneus/pygmaeus*) im Feld. – Nyctalus 8, 420-426, Berlin/D.

HEMMER, C., A. BENK & E. LAPRELL (1997): Lautäußerungen einer gerade flugfähigen Kleinen Bartfledermaus *Myotis mystacinus*. – Mitteilungen der Arbeitsgemeinschaft zoologischer Heimatforschung Niedersachsen 3, 24-30, Hannover/D.

HEYMER, A. (1964): Résultats du baguage de chauves-souris dans les Pyrénées-Orientales de 1945 à 1959. – Vie et Milieu 15, 765-799.

HILL, J.E. & D. SMITH (1988): Bats, a Natural History. – 3. Aufl. University of Texas Press, Austin/USA, 243 S.

HINKEL, A. & W. RACKOW (1994): Unfälle von Fledermäusen auf Kletten, Kakteen oder Stacheldraht. – Nyctalus 5, 3-10, Berlin/D.

HINKEL, A. (1999): Zum 200. Todestag von LAZZARO SPALLANZANI (1729-1799). – Nyctalus 7 (2), 185-187, Berlin/D.

HINKEL, A. (2000): SVEN DIJKGRAAF (1908-1995) und seine Experimente mit Fledermäusen. – Lutra 43, 51-60, Leiden/NE.

IBÁÑEZ, C. & R. FERNÁNDEZ (1985) Systematic status of the Longeard Bat *Plecotus teneriffae* BARRET-HAMILTON, 1907 (Chiroptera, Vespertilionidae). – Säugetierkundliche Mitteilungen 31 (2), 143-149, München/D.

JONES, G., T. GORDON & J. NIGHTINGALE (1992): Sex and age differences in the echolocation calls of the lesser horseshoe bat, *Rhinolophus hipposideros*. – Mammalia 56, 189-193, Paris/F.

JONES, G. & S.M. VAN PARIJS (1993): Bimodal echolocation in *pipistrelle* bats: are cryptic species present? Biological sciences, Proceedings of the Royal Society of London B 251, 119-125, London/GB u.a.

JONES, G. & R.D. RANSOME (1993): Echolocation calls of bats are influenced by maternal effects and change over a lifetime. – Zoological Society of London, B 252, 125-128 London/GB u.a.

JONES, G. & T. KOKOKUREWICZ (1994): Sex and age variation in echolocation calls and flight morphology of Daubenton´s bats *Myotis daubentonii*. – Mammalia 58, 41-50, Paris/F.

JONES, G. (1995): Flight performance, echolocation and foraging behaviour in noctula bats *Nyctalus noctula*. Journ. Zool. 237, 307-312, London/GB u.a.

JÜDES, U., U. BECKER & K.H. BECKER (1988): Zum Abwehr- und Drohverhalten der Zweifarbfledermaus *(Vespertilio discolor* Natterer in KUHL 1877). – Myotis 26, 167-171, Bonn/D.

KALKO, E.K.V. & H.-U. SCHNITZLER (1989): The echolocation and hunting behavior of Daubenton´s bat, *Myotis daubentoni*. – Behavioral Ecology and Sociobiology 24, 225-338, Berlin/D..

KALKO, E.K.V. & H.-U. SCHNITZLER (1989a): Two-wave-front interference patterns in frequency-modulated echolocation signals of bats flying low over water. – The Journal of the Acoustic Society of America 85 (2), 961-962, Woodbury/ USA.

KALKO, E.K.V. (1991): Das Echoortungs- und Jagdverhalten der drei europäischen Zwergfledermausarten, *Pipistrellus pipistrellus* (SCHREBER, 1774), *Pipistrellus nathusii* (KEYSERLING et BLASIUS, 1839) und *Pipistellus kuhlii* (KUHL, 1819) im Freiland. – Dissertation Universität Tübingen, 314 S.

KALKO, E.K.V. (1994): Coupling of sound emission und wingbeat in naturrally foraging European pipistrelle bats (Microchiroptera: Vespertilionidae). – Folia Zoologica 43 (4), 363-376, Brno/CZ.

KALKO, E.K.V. (1995): Insect pursuit, prey capture and echolocation in pipistrelle bats (Microchiroptera). Animal Behavior 50, 861-880, London/GB.

KIEFER, A. & M. VEITH (2001): A new species of long-eared bat from Europe (Chiroptera: Vespertilionidae). – Myotis 39, 5-16, Bonn/D.

KIEFER, A. & M. MUCEDDA (2004): *Plecotus sardus* – Sardisches Langohr. – In: F. KRAPP (Hrsg.): Handbuch der Säugetiere Europas 4-II, 1067-1070, Aula, Wiebelsheim/D.

KOCH, C.U. & O. VON HELVERSEN (2000): *Pipistrellus »pygmaeus/mediterraneus«*: Erstnachweis für Bayern. Nyctalus 7 (3), 329-330, Berlin/D.

KOLB, A. (1959): Über die Nahrungsaufnahme einheimischer Fledermäuse vom Boden. – Zoologischer Anzeiger 22, 162-168.

KOLB, A. (1971): Das Ortungsprinzip bei Fledermäusen. Zeitschrift für Säugetierkunde 35, 306-320.

KOZHURINA, I.E. (1996): What may the »songs« of noctule bats disclose to an observer? – Myotis 34, 5-15, Bonn/D.

KRAPP, F., Hrsg. (2001 u. 2004): Fledertiere. – Handbuch der Säugetiere Europas 4/I u.II, Aula, Wiebelsheim/D, 1186 S.

LEACH (1825): Description of the *Vespertilio pygmaeus*, a new species, recently discovered in Devonshire by Dr. Leach. Zoological Journal 1, Art. LX VIII, 559-561, London/ GB.

LIMPENS, H.J.G.A. & A. ROSCHEN (1995): Bestimmung der mitteleuropäischen Fledermausarten anhand ihrer Rufe. – Begleitheft zur Audio-Kassette. NABU-Umweltpyramide, Bremervörde/D, 47 S.

LIMPENS, H.J.G.A. & A. ROSCHEN (1996): Bausteine einer systematischen Fledermauserfassung. Teil 1 – Grundlagen. – Nyctalus 6, 52-60, Berlin/ D.

LIMPENS, H.J.G.A. & A. ROSCHEN (2002): Bausteine einer systematischen Fledermauserfassung. Teil 2 – Effektivität, Selektivität und Effizienz von Erfassungsmethoden. Nyctalus 8, 159-178, Berlin/D.

MAC ARTHUR, C.W.P. (2000): Louis Jurine's papers on the hearing of bats and on their parasites: a retrospect with new information. – La Rhinolophe 14, 1-35, Genf/CH.

MAREK, G. (2005): Tollwutübertragung durch Fledermäuse – kein Konflikt zwischen Artenschutz und Infektionsprophylaxe! – Nyctalus 9, 539-543, Berlin/D.

MARKOVETS, M.J., N.P. ZELENOVA & A.P. SHAPOVAL (2004): Beringung von Fledermäusen in der Biologischen Station Rybachy, 1957-2001. – Nyctalus 9, 259-268.

MAYER, F., C. DIETZ & A. KIEFER (2007): Molecular species identification boosts bat diversity. – Frontiers in Zoology 4, 4.

MILLER, L. A. & H.J. DEGN (1981): The acustic behavior of four species of vespertilionid bats studied in the field. – Journal of Comparative Physiology 142 A, 67-74, Berlin/D.

MITCHELL-JONES, A.J., G. AMORI, W. BOGDANOWICZ, B. KRYŠTUFEK, P.J.H. REIJNDERS, F. SPITZENBERGER, M. STUBBE, J.B.M. THISSEN, V. VOHRALIK & J. ZIMA (1999): The atlas of European mammals. – T & AD Poyser, London/GB, 140 S.

MUCEDDA, M., A. KIEFER, E. PIDINCHEDDA & M. VEITH (2002): A new species of long-eared bat (Chiroptera, Vespertilionidae) from Sardinia (Italy). – Acta Chiropterologica 4, 121-135, Warszawa/PL.

MÜLLER, T. & C. FREULING (2006): Zur Frage der Fledermaustollwut. – Nyctalus 11, 190-197, Berlin/D.

NEUWEILER, G. (1993): Biologie der Fledermäuse. – Thieme, Stuttgart/D, 350 S.

OAKELEY, S.F. & G. JONES (1998): Habitat around maternity roosts of the 55 kHz phonic type of pipistrelle bats (*Pipistrellus pipistrellus*). Journal of Zoology 245, 222-228, London/GB u.a.

OHLENDORF, B. & L. OHLENDORF (1998): Zur Wahl der Paarungsquartiere und zur Struktur der Haremsgesellschaften des Kleinen Abendseglers (*Nyctalus leisleri*) in Sachsen-Anhalt. – Nyctalus 6, 476-491, Berlin/D.

OHLENDORF, B., B. HECHT, D. STRASSBURG, A.THEILER & P.T. AGIRRE-MENDI (2001): Bedeutende Migrationsleistung eines markierten Klein-abendseglers (*Nyctalus leisleri*) Deutschland–Spanien–Deutschland. – Nyctalus 8, 60-64, Berlin/D.

OHLENDORF, B. & C. FUNKEL (2008): Zur Determination und Biometrie der Nymphenfledermaus *Myotis alcathoe* (VON HELVERSEN UND HELLER, 2001), Teil 2. – Nyctalus im Druck, Berlin/D.

PALMEIRIM, J.M. (1979): First record of *Myotis myotis* on the Azores islands (Chiroptera: Vespertilionidae). – Arquivos do museu Bocage 7 (46), 1-2, Lissabon/P.

PALMEIRIM, J.M. (1991): A morphometric assessment of the systematic position of *Nyctalus* from Azores and Madeira (Mammalia: Chiroptera). – Mammalia 55, 381-388, Paris/F.

PARK, K.J., J.D. ALTRINGHAM & G. JONES (1996): Assortative roosting in the two phonic types of *Pipistrellus pipistrellus* during the mating season. – Biological sciences, Proceedings of the Royal Society of London B 263, 1495-1499, London/GB u.a.

PETERSONS, G. (2004): Seasonal migrations of north-eastern populations of Nathusius' bat *Pipistrellus nathusii* (Chiroptera). – Myotis 41/42, 29-56, Bonn/D.

PFALZER, G. (2002): Individuelle Sozialrufe beim Abendsegler (*Nyctalus noctula*) und bei der Zwergfledermaus (*Pipistrellus pipistrellus*). – Nyctalus 8, 359-386, Berlin/D.

PFALZER, G. (2002 a): Inter- und intraspezifische Variabilität der Soziallaute heimischer Fledermausarten (Chiroptera: Vespertilionidae). – Mensch & Buch, Berlin/D, 251 S.

RACKOW, W. (1990): Massengrab infolge von Invasionen der Zwergfledermaus (*Pipistrellus pipistrellus*, SCHREBER 1774) in Osterode am Harz entdeckt. – Natur und Landschaft 65, 500, Stuttgart./D.

ROER, H. (1997): Erfahrungen mit einem Anlockkasten für Abendsegler (*Nyctalus noctula*) im Rheinland. – Myotis 35, 41-48, Bonn/D.

ROER, H. (2001): *Myotis dasycneme* (BOIE, 1825). – Teichfledermaus. In: Handbuch Säugetiere Europas 4.I, S. 303-319. Aula, Wiebelsheim/D.

RUSSO, D. & G. JONES (2002): Identification of twenty-two bat species (Mammalia: Chiroptera) from Italy by analysis of time-expended recordings of echolocation calls. – The Zoological Society of London 258, 91-103, GB.

RYDELL, J. & M.R. YOUNG (2002): The ecology and evolution of lepidopteran defences against bats. – In: A.M. EMMET & J.R. LANGMAID, Hrsg.: The moths and butterflies of Great Britain and Ireland 4 (1), 11-41, Harley Books, Colchester/GB.

SAINT GIRONS, M.-C. (1973): Les mammifères de France et Benelux. – Edition Doin, Paris/F, 481 S.

SCHNITZLER, H.-U. (1968): Die Ultraschall-Ortungslaute der Hufeisennasen-Fledermäuse (Chiroptera – Rhinolophidae) in verschiedenen Orientierungssituationen. – Zeitschrift für vergleichende Physiologie 57, 376-408, Berlin/D u. a.

SCHNITZLER, H.-U. (1971): Fledermäuse im Windkanal. – Zeitschrift für vergleichende Physiologie 73, 209-221, Berlin u.a./D.

SCHNITZLER, U., E. KALKO, L. MILLER & A. SURLYKKE (1987): The echolocation and hunting behavior of the bat *Pipistrellus kuhli*. – Journal of Comparative Physiologie A 161, 267-274, Berlin/D u.a.

SCHOBER, W. (1998): Die Hufeisennasen Europas. – Neue Brehm Bücherei 647, Westarp Wissenschaften, Hohenwarsleben/D, 163 S.

SCHOBER, W & E. GRIMMBERGER (1998): Die Fledermäuse Europas: Kennen, bestimmen, schützen. – Kosmos, Stuttgart/D, 265 S.

SCHUMM, A., D. KRULL & G. NEUWEILER (1991): Echolocation in the Notch-eared bat, *Myotis emarginatus*. – Behavioral Ecology and Soziology 28, 255-262, Berlin/D u.a.

SENDOR, T., I. ROEDENBECK, S. HAMPL, M. FERRERI & M. SIMON (2002): Revision of morphological identification of pipistrelle bat phonic types (*Pipistrellus pipistrellus* SCHREBER, 1774). – Myotis 40, 11-17, Bonn/D.

SIEMERS, B.M. & H.-U. SCHNITZLER (1997): Vegetationsnahe Ressourcennutzung mittels Echoortung: die Nische der Fransenfledermaus *Myotis nattereri*. – Zeitschrift für Säugetierkunde 62 (Sonderheft), 45-46, Jena/D u.a.

SIEMERS, B. & D. NILL (2000): Fledermäuse. Das Praxishandbuch. – BLV, München/D u.a., 127 S.

SIEMERS, B.M., P. STILZ & H.-U. SCHNITZLER (2000): Warum jagen Fledermäuse über Wasserobeflächen? – Zeitschrift für Säugetierkunde, 65 (Sonderheft), 42-43, Jena/D.

SKIBA, R. (1996): Nachweis einer Zwergfledermaus, *Pipistrellus pipistrellus* (SCHREBER 1774), auf der Azoreninsel Flores (Portugal). – Myotis 34, 81-84, Bonn/D.

SKIBA, R. (2000): Zur Ausbreitung der Nordfledermaus, *Eptesicus nilssonii* (KEYSERLING & BLASIUS, 1839), im südwestfälischen Bergland. – Nyctalus 7, 310-316, Berlin/D.

SKIBA, R. (2001): Fledermäuse an der Wupper im Stadtgebiet von Wuppertal. – Jahresberichte des Naturwissenschaftlichen Vereins in Wuppertal 54, 50-67, Wuppertal/D.

Skiba, R. (2004): Möglichkeiten und Grenzen der Artbestimmung von Fledermäusen mit Hilfe von Kot. – Nyctalus 9, 477-488, Berlin/D.

Skiba, R. (2007): Die Fledermäuse im Bereich der Nordsee unter Berücksichtigung der Gefährdungen durch Windenergieanlagen (WEA). Nyctalus 12, 199-220, Berlin/D.

Skiba, R. (2007a): Zum Vorkommen der Fledermäuse in Kreta (Griechenland). – Nyctalus 12, 52-60, Berlin/D.

Speakman, J.R. & P.A. Racey (1991): No cost of echolocation for bats in flight. – Nature 350, 421-423, London/GB.

Speakman, J.R. & P.I. Webb (1993): Taxonomy, status and distribution of the Azorean bat (*Nyctalus azoreum*). – Journal of Zoology. 231, 27-38, London/GB.

Stratmann, B. (2006): Zur Kollisionswahrscheinlichkeit fliegender und jagender Fledermäuse bei der Querung von Verkehrswegen. – Nyctalus 11, 268-276, Berlin/D.

Straube, M. (1996): Zur gegenwärtigen Bedeutung von Umweltgiften für Fledermäuse. – Nyctalus 6, 71-83, Berlin/D.

Tian, B. & H.-U. Schnitzler (1997): Echolocation signals of the greater horseshoe bat (*Rhinolophus ferrumequinum*) in transfer flight and during landing. – The Journal of the Acoustical Society of America 101 (4), 2347-2364, Woodbury/USA.

Trapp, H., D. Fabian, F. Forster & O. Zinke (2002): Fledermausverluste in einem Windpark der Oberlausitz. – Naturschutzarbeit in Sachsen 44, 53-56.

Trappmann, C. (2005): Die Fransenfledermaus in der Westfälischen Bucht. Laurenti, Bielefeld/D, 120 S.

Tress, C. (1994): Zum Wanderverhalten der Nordfledermaus (*Eptesicus nilssonii,* Keyserling & Blasius 1839). Naturschutzreport 7, 367-372, Jena/D.

Trujillo, D. & R. Barone (1991): La fauna de quiropteros del archipielago Canario. In: J. Benzal & O. de Paz, Hrsg.: Los murcielagos de España y Portugal, S. 93-111. – Ministerio de agricultura, Pesca y alimentacion, Icona, Madrid/E.

Tupinier, Y. (1996): L`univers acoustique des chiroptères d`Europe. – Société Linnéenne de Lyon, Lyon/F, 133 S. Deutsche Übersetzung von A. Barre 1997: Die akustische Welt der europäischen Fledermäuse. Editions Sitelle, Mens/F, 123 S. Vertrieb: Dorothea Barre, Schneiderkoppel 21, D-42109 Melsdorf.

Vaughan, N., G. Jones & S. Harris (1997): Effects of sewage effluent on the activity of bats (Chiroptera: Vespertilionidae) foraging along rivers. – Biological conservation 78 (3), 337-343, GB.

Weid, R. (1988): Occurrence of the particoloured bat *Vespertilio murinus* (Linné, 1758) in Greece and some observations on its display behaviour. – Myotis 26, 117-126, Bonn/D.

Weid, R. (1994): Sozialrufe männlicher Abendsegler *(Nyctalus noctula).* – Bonner zoologische Beiträge 45, 33-38, Bonn/D.

Zingg, P.E. (1988): Eine auffällige Lautäußerung des Abendseglers, *Nyctalus noctula* (Schreber) zur Paarungszeit (Mammalia: Chiroptera). – Revue Suisse de Zoologie 95, 1057-1062, Genf/CH.

Zingg, P.E. (1990): Akustische Artidentifikation von Fledermäusen (Mammalia: Chiroptera) in der Schweiz. – Revue Suisse de Zoologie 97, 263-294, Genf/CH.

14 Bezugsnachweise

Tel. Inland-Nummern. Bei grenzüberschreitendem Tel. ist die erste 0 fortzulassen, außerdem muss die Ländervorwahl vorgesetzt werden.

AMPLE, Musikverlag Edition, Untere Bahnhofstr. 58, D-82110 Germering, Tel. 089- 89428391, <ample@ample.de>: CDs, auch für andere Tiere.

Arbeitsgemeinschaft Ziegeldach, Schaumburg-Lippe-Str. 4, D-53113 Bonn. <fischer@ziegel.de>, <www.ziegeldach.de>: Fledermausziegel.

Avisoft-Bioacoustics, R. Specht, Kirchstr. 11, D-13158 Berlin. Tel. 030-48476986, <sale@avisoft.com>, <www.avisoft.com>: PC-gestützte Ultraschall-Aufnahmegeräte, Umfangreiche Analytik-Software von Rufen der Fledermäuse und anderer Tiere.

Barataud, M. 1996, Doppel-Audio-CD. Balladen aus einer unhörbaren Welt, 27 europäische Fledermausarten u. Heft. Im Handel.

Barre-Ultraschall, Schneiderkoppel 21, D-24109 Melsdorf. Tel. 04340-1460, <info@barre-ultraschall.de>, <www.barre-ultraschall.de>: Ultraschalldetektoren von Pettersson, auch Horchbox u. Langzeitgerät, und von Stag. Rufanalyse-Software, Audio-CDs, Hefte u.a.

Briggs, B. & D. King, Stag Electronics 1998: The bat detective, 12 Arten + Heft. (Kap. 13). Im Handel.

BUND Naturschutzzentrum Westlicher Hegau, Erwin-Dietrich-Str. 3, D-78244 Gottmadingen, Tel. 07731-977105, <bestellung@all-about-bats.net>, <www.all-about-bats.net>: SSF-Ultraschalldetektoren, CDs, Dias u.a.

BVL von Laar, Gut Klein Görnow, D-19406 Klein Görnow. Tel. 03847-451145, <info@laartech.biz>, <www.laartech.biz>: Ultraschalldetektoren, Analyse-Software, Hefte, Audio-CDs, auch über andere Tiere, z.B. Heuschrecken, außerdem Leuchten, Infrarottechnik, Dias u.a.

ChiroTec – K. Kugelschafter, Hollersgraben 27, D-35102 Lohra, Tel. 06462-912896, <info@chirotec.de>, <www.chirotec.de>: Verhaltenssensorik. Technische Geräte zum Erfassen von Fledermäusen, auch Video-Überwachungssysteme.

Conrad Electronic, Klaus-Conrad-Str. 1, D-92240 Hirschau und an vielen Orten. Tel. 0180-5312111: Versand von Elektrogeräten und Zubehör nach umfangreichem Katalog.

CSE, A. Lenk, Meginhardstr. 50, D-88356 Ostrach, Tel. 07585-3541, <armin.lenk@freenet.de>: Ultraschalldetektor.

ELV Elektronik AG, Maiburger Str. 29-36, 24789 Leer. Tel. 0491-6008-88, <info@elv.de>: Bausatz für einfachen Ultraschalldetektor, Mischverfahren.

Limpens, H. & A. Roschen 1995: Bestimmung der mitteleuropäischen Fledermausarten anhand ihrer Rufe. Audio-CD u. Heft. (Kap. 13). Im Handel.

Netze und Harfen: Vertrieb nur mit schriftlicher Genehmigung der Naturschutzbehörde gestattet. Bei der Verwendung von Netzen sind zu beachten: Maschenweite, Garnstärke, Teleskopstangen u.a.

- Avifaunistische Untersuchungen R. Vohwinkel, Meiberger Weg 26, D-42553 Velbert. Tel. 02053-80163, <reinvohwinkel@aol.com> (besonders empfehlenswert): Japan- und Monofile-Netze (ähnlich wie Puppenhaarnetze), Teleskopstangen 0,96 bis 3,40 m Länge, Zubehör für Hochnetzanlagen bis 12 m Höhe.

- U. Hermanns, Bremer Straße 17, D-18057 Rostock. Tel. 0174-1830881, <uwe.hermanns@gmx.de>. Netze, Puppenhaarnetzvertrieb, Zubehör.

- Ecotone, ul. Olgierda 119A, PL - 81 - 534 Gdynia. Tel. +48 58 552 33 73, <office@ecotone.pl>, <http://www.ecotone.pl>, Japannetze (Vertrieb in Deutschland über: R. Vohwinkel, siehe oben).

Weitere Bezugsmöglichkeiten für Netze sind im Internet zu finden über Google → Fangnetze Vogelwarte Radolfzell, Möggingen, dort Listen von der Vogelwarte Helgoland.

Harfenfallen eignen sich vorwiegend bei Fledermausflügen aus engen Quartiereingängen, z.B. an Kästen, Höhlen und Brunnen. Einzelheiten hierzu bei Trappmann (2005, S. 22/23). In der Regel werden solche Geräte selbst gebaut. Man kann sie auch aus der Schweiz erhalten: Eidg. Forschungsanstalt WSL, Zürcherstr. 111, CH-8903 Birmensdorf. Tel. +41 44-739-21-11, <wslinfo@wsl.ch>.

NHBS Environment Bookstore, 2-3 Wills Road, Totnes, Devon TQ9 5XN, UK. Tel. +44(0)1803-865913, <customer.service@nhbs.co.uk>: u.a. Mini-3 u. Magenta Bat 4 Ultraschalldetektoren.

Pettersson Elektronik AB, Dag Hammarskjolds v. 34A, S-75183 Uppsala, Tel. +46(0)18-303880, <info@batsound.com>. Ultraschallrecorder, auch Horchbox u. Langzeitgerät, Analyse-Software, Zubehör. Vertrieb in Deutschland: Barre-Ultraschall.

Prestel, D., Fachbuchversand Natur, Beiert 11A, 53809 Ruppichteroth. Tel. 02247-912324, <prestel-dieter@web.de>: Fledermausliteratur des In- und Auslandes u.a.

Runkel, Marckmann & Schuster GbR, Reindelstraße 2, D-90402 Nürnberg. <info@ecoobs.de>, <www.ecoobs.de>: Ultraschalldetektor »Batcorder« mit Langzeitgerät, automatische und manuelle Analyse-Software u.a.

Schwegler Vogel- und Naturschutzprodukte, Heinkelstr. 35, D-73614 Schorndorf, Tel. +49 (0)7181-977450, < info@schwegler-natur.de>, <www. schwegler-natur.de>: Vertrieb von Ultraschalldetektoren, Literatur über Fledermäuse, Vogel- u. Fledermausnisthöhlen.

Stag Electronics, 1 Rosemundy, GB-St. Agnes, Cornwall, TR5 OUF. Tel. +44 0872-553441. Einfacher Detektor Misch- u. Teilverfahren. Vertrieb in Deutschland: Barre-Ultraschall.

Tupinier, Y. (1996): »Die akustische Welt der europäischen Fledermäuse« (von A. Barre ins Deutsche übersetzt); siehe auch die CD von Barataud. Erhältlich bei Barre-Ultraschall.

15 Register

Fette Zahlen verweisen auf Seiten, auf denen der betreffende Begriff ausführlich behandelt wird.

Aktive Ortung **43, 44**
Alpen-Fledermaus 46, **178-180, 202**
Alpen-Langohr **181, 184, 185, 203**
Amplitude u.a. **207**
Analysegeräte **67-69**
Art u.a. **207**
Artbestimmung **79, 80**
Audiorekorder 12, 37, 67, 69
Aufnahmegeräte **61-66**
Aufzucht **25-26**
Ausrüstung **69-71**
Azoren-Abendsegler 15, 37, 56, 141-144, 201

Balkan-Langohr **181**, 184, **189, 203**
Balzrufe → Sozialrufe
Batdetektor → Ultraschalldetektor
Bechsteinfledermaus 21, 27, 45, 99, **120-122**, 184, **203**, 206
Beringung u.a. 18
Bestimmungsschlüssel **200-203**
Bezugsnachweise **215-217**
Bioindikation 75
Blasius-Hufeisennase 84, **91-93, 201**
Braunes Langohr 15, 17, 38, 42, 45, 51, 74, 77, 78, 88, 94, 118, 119, **180-184**, 185-187, 189, **203**, 206
Breitflügelfledermaus 11, 18, 20-22, 26, 46, 47, 51, 54, 59, 60, 68, 74, 78, 79, 125, 129, 138, 141, 146, **147-150**, 151, 152, 155, 156, 159, **201**, 206
Bulldoggfledermaus 17, 33, 35, 40-43, 52, 94, 196-199, 202

Dezibel (dB) u.a. **207**
Digitale Geräte u.a. **66, 67**
Digitalisierung (Begriff) **207**
Dokumentationsgeräte u.a. 61, **66, 67**
Dopplereffekt u.a. **39, 40**, 52, 53, 83, **207**

Echoortung u.a. **30-60**
Einsprechmöglichkeiten **66**, 70
Evolution **14, 15**, 33

Fachausdrücke **207-209**
Fangerfolg **56**
Fangruf u.a. **44, 45**, 50, 55
Fast Fourier Transformation (FFT) 46, 48, **207**
Fledermauskästen **22**, 80, 95, 105, 108, 116, 120, 129, 133, 136, 153, 172, 174, 182
Flügelschlag u.a. **41**, 52, 53, 131, 147
Flughunde **81, 82**
Fortpflanzung **17, 18**
Fossile Funde **14**
Fransenfledermaus 15, 33, 57, 74, 99, 107, 113, **116-119**, 184, **203**, 206
Frequenz u.a.. **34, 35**, 37, 39, 45, 46, **48-50, 207**
Frequenzbandbreite u.a. **44**, 49, 52, 55, 63, 65, 69, **207**
Frequenzmodulation u.a. 38, 46, **49, 50**, 52, 53, 58, 63, **207**
Frequenzteilverfahren → Teilverfahren
Frequenzverlauf u.a. 38, **48, 49**, 64, 65, 68

Gehör 39, **40-43**
Gentechnik u.a. **207**
Geräusch u.a. **38, 39**, 48, **207**
Glattnasen 38, 40-42, 44, 50, 52, 83, 90, **94-196**
Graues Langohr 29, 45, 74, 77, 88, 94, 118, 119, 181, 184-186, 187-189, 203, 206
Grenzen der Detektortechnik **77-80**
Große Bartfledermaus 59, 78, 79, 99, **104-107**, 110, 111, 196, **203**, 206
Große Braune Fledermaus 32, 54, 56
Große Hufeisennase 27, 53, 54, 79, **84-87**, 89, 90, **201**, 206
Großer Abendsegler 10, 11, 16-18, 21, 22, 33, 37, 46, 47, 51, 57-60, 68, 73, 77, 79, 119, **129-135**, 136, 137, 139-141, 144-147, 159, 163, 199, **201**, 206
Großes Mausohr 15, 20, 22, 27, 28, 33, 56, 75, 77, 85, 99, **122-125**, 126-128, 131, 144, 150. 193, **203**, 206
Grundton u.a. **38**

Handscheinwerfer → Taschenlampe
Harfen → Netzfang
Harmonische u.a. **38, 39**, 41, 46, 47, 48, 51, 58, 65, **207**
Hauptfrequenz u.a. 44-46, **48**, 63, 64, 70, **208**
Hauptton u.a. **38, 208**
Hertz (Hz) u.a. **208**
Heterodyne-Verfahren → Mischverfahren
Hindernisarmer Flug u.a. **208**
Hindernisreicher Flug u.a. **208**
Holzschutzmittel → Schadstoffe
Hörbild 37, 43, 55, **57**
Horchbox 13, **70**
Höreindruck u.a. **51, 52**
Hufeisennasen 35, 38-43, 46, 49, 50, 51-55, 74, 77, **83-94**, 107, 114
Hummelfledermaus 15, 26

Infraschall **34**
Insekten u.a. 14, 21, 43, 44, **55**, 205
Insektizide → Schadstoffe
Interferenz 42, **47**, **48**, 54, 55

Jagdruf → Suchruf

Kanaren-Langohr **185**, **186**, **203**
Kartierung **73**, **74**, 80
Kästen → Fledermauskästen
Klang u.a. **38-39**, 63, **208**
Kleine Bartfledermaus 59, 78, 79, 99, 104, 107, **108-111**, 196, **203**, 206
Kleine Braune Myotis 32, 56
Kleine Hufeisennase 20, 27, 52, 53, 78, 84, **87-90**, 91-94, **201**, 206
Kleine Wasserfledermaus **99**
Kleiner Abendsegler 18, 21, 22, 47, 51, 58-60, 68, 73, 79, 132, 133, **135-141**, 142, 143, **201**
Kleines Mausohr 15, 18, 20, 22, 37, 56, 85, 99, 122, **125-127**, 128, **203**
Kommentare → Einsprech-möglichkeiten
Kontaktrufe → Sozialrufe
Kot **2o5-206**
Küstenfledermaus **151-153**, **202**

Langflügelfledermaus 27, 85, 163, 169, **193-196**, **202**, 206
Langfußfledermaus **99-101**, **202**
Leistungsvermögen **52-57**

Madeirafledermaus 141, 164, **169-171**, **202**
Mehely-Hufeisennase 50, 78, 84, 90, 91, **93**, **94**, **201**
Mikrofon u.a. **61**, **62**
Mischverfahren u.a. 46, 48, 51, 59, 62-64, 66, 68-70, 77, 79
Mittelmeerhufeisennase 54, 78, 84, **90**, **91**, **201**, 206
Mopsfledermaus 15, 18, 20, 27, 94, **190-193**, **200**, 206
Morphologie u.a. **208**
Mückenfledermaus 15, 111, 113, 114, 162, 163, **164-169**, 170, 196, **202**, 206

Nachtsichtgerät u.a. **70**, 72, 80, 122
Nahrungsgrund u.a. **21**, 75
Natriumlampe u.a. 11
Netzfang u.a. **80**
Nilflughund **81-82**, **200**
Nordfledermaus 15, 20-22, 24, 51, 56, 60, 68, 79, 141, 152, **153-156**, 159, 178, 180, **202**, 206
Nymphenfledermaus 15, 99, **111-113**, 116, **203**

Oberton u.a. **38**
Ordnungswidrigkeit **29**
Oszillogramm u.a. 35, 39, 47, 48, 64, 68, 70, **208**
Oszilloskop u.a. 32-34, 35, 46

Paarungsquartiere u.a. **17**, 21, 58, 133, 140, 166, 172
Parabolscheibe **208**
Parasiten **25**
Pascal (Pa) u.a. 35, **208**
Passive Ortung 42, **45**, 125
Periodogramm u.a. **48**, **208**
Personal Computer (PC) u.a. 62, **68**, **69**
Pestizide → Schadstoffe
Pflege **25-26**
Physikalische Grundlagen **34-40**
Punisches Mausohr **127**, **128**, **203**

Quarzlampe 11, **21**, 73
Quecksilberdampflampe u.a 11, **21** .

Rauhautfledermaus 17, 18, 22, 40, 45, 46, 51, 57-59, 68, 73, 74, 78, 98, 141, 160, 163, 165, **171-175**, 178, **202**, 206
Rechtsgrundlagen **26-28**
Referenzaufzeichnungen **68**, 78
Riesenabendsegler 15, 33, 37, 133, 135, **144-146**, **201**
Rufabstände u.a. 41, **50**, 51, 53, 70
Rufabstandsklassierung u.a. **208**
Ruflänge u.a. 44, **50**, 53
Rufrate u.a. 44, **50**, 58, 63, 78, **208**
Rufreihe u.a. **44**, 50-52, 66-70, 77, 79
Ruhestadien **15**

Sardisches Langohr **186**, **203**
Schadstoffe 20, 22, 25, **27**, 75, 85, 88, 91, 100, 102, 105, 109, 117, 123, 126, 130, 136, 147, 172, 182, 187, 190, 194
Schallabsorption **37**
Schalldruck u.a. **35**, **37**, 38, 39, 48, 51,
Schalldruckspektrum u.a. **45-47**, **208**
Schallgeschwindigkeit **34**, **37**
Schallpegelspektrum 208 → Schalldruckspektrum
Scheinwerfer → Taschenlampe
Schutz **18-29**
Schwärmen **18**, **19**, 59, 74, 107, 117, 119, 121, **208**
Sehvermögen **56**
Sommerquartier u.a. **21**, **22**, 72, 74, 75, 80
Sonagramm **48**, 68, **208**
Sozialruf u.a. 33, 35, 37, 39, 50, 52, 55, **58-60**, 64, 65, 75, 78, 79
Spektrogramm u.a. 32, 36, **48**, 49, 65, 68, 70, 79, **208**
Suchruf u.a. **43**, **44**, 51, 52, 53,
Systematik 14, 15

Tagesquartier → Sommer-quartier
Taschenlampe und Scheinwer-fer 10, 12, **70**, 72, 79, 80, 122, 141, 150
Teichfledermaus 18, 27, 47, 57, 98, **101-104**, **203**, 206
Teilverfahren u.a. 46, 48, 62, 63, **64**, **65**, 67, 69, 70, 78, 79
Telemetrie **80**
Tipps **10-13**
Tollwut **26**, 147, 151
Ton u.a. 34, **35**, 37, 38-39, 48, 51, 59, 64, 65
Transferflug u.a. **41**
Transferruf u.a. **44**, **208**

Ultraschall u.a. 33, 34, **61-71**
Ultraschallaussendung **40**, **41**
Ultraschalldetektor u.a. 51, 53, 59, 61, 69, **72-76**, 77-80
Ultraschallerzeugung **41-43**
Unfälle → Verunglückung
Unterart u.a. **209**

Vergehen (strafrechtlich) **29**
Verunglückung 20, **25**, **26**
Volt (V) **209**

Wanderung u.a. **18**, **19**, 29, 44, 50, 57, 73, 75
Wasserfledermaus 10-12, 15, 17, 18, 20, 21, 47, 51, 54, 56, 57, 59, 73-76, 88, **95-99**, 99-101, 103, 104, 107, 116, 119, 129, 164, **202**, 206
Weißrandfledermaus 58, 59, 64, 78, 141, 163, 171, **175-178**, **202**, 206
Wellenlänge **37**, **38**, 45, 48, 55
Wimperfledermaus 27, 74, 85, 88, 99, 113, **114-116**, **203**, 206
Windenergieanlage 20, **29**, 130, 136, 157, 172
Winterquartier u.a. **22**, 29, 57, 72, 74, 75, 80
Wochenstube u.a. 12, 17, 18, **21**, **22**, 25, 27, 29, 73, 74

Zeitdehnverfahren u.a.13, 46, 48, 51, 58, 60, 62, 64, **65**, 67-70, 78, 79
Zweifarbfledermaus 17, 18, 23, 46, 47, 51, 56, 58, 59, 68, 73, 141, **156-160**, **202**, 206
Zwergfledermaus 10, 11, 17, 18, 20-22, 27, 46, 47, 50, 51, 56-58, 64, 68, 73, 74, 78, 79, 94, 98, 114, 139, 141, 148, 150, 156, **160-164**, 165-173, 175, 176, 178, 196, **202**, 206